KIELER GEOGRAPHISCHE SCHRIFTEN

Begründet von Oskar Schmieder

Herausgegeben vom Geographischen Institut der Universität Kiel
durch J. Bähr, H. Klug und R. Stewig

Schriftleitung: S. Busch

Band 74

NORBERT BRUHN

Substratgenese - Rumpfflächendynamik

Bodenbildung und Tiefenverwitterung in saprolitisch zersetzten granitischen Gneisen aus Südindien

KIEL 1990

IM SELBSTVERLAG DES GEOGRAPHISCHEN INSTITUTS
DER UNIVERSITÄT KIEL

ISSN 0723 - 9874
ISBN 3 - 923887 - 14 - 0

CIP-Titelaufnahme der Deutschen Bibliothek

Bruhn, Norbert:
Substratgenese - Rumpfflächendynamik: Bodenbildung und Tiefenverwitterung in saprolitisch zersetzten granitischen Gneisen aus Südindien / von Norbert Bruhn. Geogr. Inst. d. Univ. Kiel. - Kiel: Geograph. Inst., 1990
(Kieler geographische Schriften; Bd. 74)
Zugl.: Kiel, Univ., Diss., 1989 u.d. T.: Bruhn, Norbert: Zur Genese tropischer Alfisole und Ultisole aus saprolitisierten granitischen Gneisen in Südindien
ISBN 3-923887-16-7
NE: GT

Gedruckt mit Unterstützung des Rektorats der Christian-Albrechts-Universität zu Kiel

Druckvorlage: H.-D. Bruhn, Freiburg i. Br.

Vorwort

Diese Arbeit entstand im Rahmen des Forschungsprojektes »Tropische Verwitterung« der Deutschen Forschungsgemeinschaft (Br 303/19 1-4), der ich für die finanzielle Ausstattung danke. Besonders ist in diesem Zusammenhang die Förderung der Geländearbeit einschließlich der Probennahme in Südindien, Gujarat und Nepal im Januar bis März 1987 zu erwähnen.

Einen wesentlichen Beitrag zur erfolgreichen Durchführung dieser Forschungsreise leisteten indische Kollegen: Prof. Dr. Merh (Univ. of Baroda), Prof. Dr. Rajaguru (Univ. of Poona), Dr. Sahasrabudhe (Poona), Prof. Dr. Kothandaraman (Tamil Nadu Agr. Univ. Coimbatore), Prof. Dr. Sidharamappa (University of Bangalore), Dr. Monteith, Dr. Virmani und Dr. Rego (ICRISAT-Patancheru/Hyderabad) sowie Frau Dr. Corvinus (Universität Erlangen z.Z. Nepal). Ihnen allen gebührt mein Dank für die sachkundige Führung und die anregenden Diskussionen im Gelände.

Für die mineralogischen Analysen, speziell die Phasenkontrastmikroskopie, danke ich Herrn Dr. Kalk (Inst. f. Pflanzenernährung und Bodenkunde der Univ. Kiel). Ebenso bin ich Herrn Dr. Ensling (Inst. f. Anorganische und Analytische Chemie d. Univ. Mainz) zum Dank dafür verpflichtet, daß er einige Proben Mössbauer-spektroskopisch untersucht hat.

Eine besonders positive Lernerfahrung stellte die gemeinsame mikromorphologische Arbeit während einer Woche im Herbst 1987 mit Herrn Prof. Dr. Stoops (Rijksuniversiteit Gent) dar.

Für die zeitaufwendige Gewinnung der Tonfraktionen sowie die ruhige Hand beim Anfertigen einer Reihe von Abbildungen danke ich Frau Silke Backer.

Mein besonderer Dank aber gilt an dieser Stelle Herrn Prof. Dr. Bronger, auf dessen Initiative dieses Forschungsprojekt eingerichtet wurde, für seine engagierte Unterstützung und Diskussionsbereitschaft. Sein Rat und seine freundliche Geduld waren mir stets eine Orientierung.

Diese Arbeit wurde unter dem Titel »Zur Genese tropischer Alfisole und Ultisole aus saprolitisierten Gneisen in Südindien - ein Beitrag zur Frage rezenter Rumpfflächendynymik« der Mathematisch - Naturwissenschaftlichen Fakultät der Christian - Albrechts - Universität zu Kiel als Dissertation vorgelegt.

Kiel im Juni 1989

Inhaltsverzeichnis

Verzeichnis der Abbildungen

Verzeichnis der Tabellen

1. Einleitung und Zielsetzung

1.1. Einführung

Das von J. BÜDEL (1957, 1965, 1977, 1986) entwickelte Modell zum Mechanismus der »exzessiven Flächenbildung« in den wechselfeuchten Tropen hat im deutschsprachigen Raum großes Echo, aber auch Kritik (vgl. Kap 1.2.1.) gefunden und dadurch die geomorphologische Forschung in den Tropen nachhaltig befruchtet (MENSCHING 1984). Das Modell hat Büdel besonders am Forschungsraum Südindien überprüft (BÜDEL 1965) und weiterentwickelt (BÜDEL 1986) und damit dieser Region den Stellenwert eines Modellraumes für die rezente Flächenbildung durch den »Mechanismus der doppelten Einebnung« im wechselfeuchten Tropenklima zugewiesen.

Exzessive Flächenbildung erfolgt nach Büdel durch die Prozesse der PROFUNDATION und NIVELLATION (1986:13), wobei die Profundation auf dem »Mechanismus der doppelten Einebnung« beruht: Die Tieferlegung geschieht durch den Prozeß der Tiefenverwitterung, die der oberflächlichen Abspülung vorauseilt und von ihr durch einen 4-10 m mächtigen »Arbeitsboden« getrennt ist. Diese Tiefenverwitterung liefert durch Zersatz des Anstehenden das Feinmaterial, das durch seine Korngrößenzusammensetzung (Feinsand und Ton) oberflächlich leicht abtransportierbar ist. »Der Ort der Verwitterung (Verwitterungs-Basisfläche) und derjenige der Abtragung (Einebnungsfläche, Spül-Oberfläche) sind *räumlich und funktional* völlig getrennt« (1965:18). Die hohe Intensität der Tiefenverwitterung gleicht fast alle gesteinsbedingten Unterschiede aus und liefert unabhängig von der petrographischen Zusammensetzung des Anstehenden ähnliches Feinmaterial. Die subterrane Materialabfuhr der bei der Verwitterung in Lösung gehenden Stoffe fördert die Tieferlegung durch Materialverlust, ist aber nicht der eigentlich flächenbildende Prozeß. Die oberflächliche Abspülung erfolgt nur bei schütterer Vegetation, die nur bei wechselfeucht tropischem Klima gegeben ist: »Trockenheit ist die Voraussetzung für die Entfaltung der flächenhaften Abspülung« (1986:28). Das von Büdel angegebene hygrische Spektrum einer rezenten Dynamik reicht von zehn humiden Monaten (ca. 3000 mm Niederschlag) bis zu ein bis zwei humiden Monaten (unter 500 mm Jahresniederschlag) (1965:39). Dieses weite Spektrum erlaubt die Annahme einer kontinuierlichen Flächenbildung z.B. im Bereich der Tamilnad-Ebene (Südindien) seit dem Miozän, denn jede mögliche Klimaschwankung seitdem dürfte den von Büdel angenommenen Rahmen kaum verlassen haben. Eine zunehmende Trokkenheit führt nach Büdel (1978:95) allenfalls zur Verlangsamung oder zum Stillstand der Flächenbildung. Die Persistenz der Bodendecke verhindert aber eine Flächenzerstörung während einer trockeneren Periode (ebenda: 95).

Die Leistung der Prozesse der Profundation beträgt für die Tamilnad-Fläche ca. 1 cm/ka (BÜDEL 1986:64) und hat somit im Vergleich zur ektropischen Erosion eine geringe Tiefenwirkung, aber eine enorme Flächenwirkung. Für die Ausbildung einer Fläche bedarf es einer langen Phase weitgehender tektonischer Ruhe und einer stabilen Bezugsbasis, z.B. dem Meer. Diese ist bei einer stärkeren Hebung nicht mehr gegeben, und Rumpfflächen werden zu Altflächen (Beispiel: Mysore Plateau), die sich allenfalls am Oberrand weiterbilden können (BÜDEL 1965:59).

Von besonderem Interesse sind die Ausführungen Büdels zu den Böden auf den Rumpfflächen, die bei ausreichender Mächtigkeit die periodische Feuchte lange konservieren sollen und so die Tiefenverwitterung selbst bei geringerer Humidität nicht abreißen lassen. Die Reduktion der Böden auf Verwitterungsdecken belegen u.a. den geringen genetischen Stellenwert der Böden bei Büdel: »...der Boden ist ein statisches Produkt des Gesamtvorganges der Reliefbildung. ...Aus der Analyse des statischen, durch einzelne örtliche Varianten beeinflußbaren Produktes, welches die Bodenbildung darstellt, und was das Ziel der Wissenschaft der Bodenkunde ist, kann niemals der Gesamtablauf der dynamischen Vorgänge abgelesen werden, die zur Reliefbildung selbst führen« (1986:17). Die Differenzierung und nähere Analyse der Böden in Südindien erschien Büdel nicht sinnvoll, da die Unterschiede morphologisch nicht wirksam seien, außer daß die »Bodendecke die gleiche leichte Abtragbarkeit der Oberfläche sicherstellt« (1986:14). Diese mangelnde Differenzierung führt sowohl zu einer Fehlinterpretation von Bodensedimenten[1] wie auch zur Vernachlässigung des bodengenetischen Unterschiedes zwischen »Rotlehmen« und »Regurböden« (Vertisolen). Die folgende Aussage mag dies verdeutlichen: Infolge hohen CO_2-Partialdruckes sei die Verwitterungsintensität in den Vertisolen ähnlich hoch wie in den »Latosolen« (1986:25/26).

Gerade das geringe Einbeziehen von Struktur und Genese der Bodendecke offenbart den sehr deduktiven Charakter der Büdelschen Theorie (vgl. THOMAS 1974:3). Der postulierte Prozeß der intensiven Tiefenverwitterung und Bodenbildung muß sich an konkreten Eigenschaften der Böden qualitativ und (bedingt) quantitativ festmachen lassen und damit eine empirische Überprüfung ermöglichen (THOMAS 1974:7). Dies soll der Zweck dieser Untersuchung sein.

---

1 die im Gelände an der fehlenden oder nur geringmächtigen (z.B. wenige Zentimeter) Zersatzzone zu erkennen sind; dem festen Anstehenden liegt dann häufig ein mächtiger, uniformer Boden auf, der aber keiner »in-situ« Bodenbildung entstammt, sondern sedimentären Ursprungs ist. Büdel (1986:12) interpretierte diese Bodensedimente als »in-situ« Bildungen und als Beleg für eine intensive Tiefenverwitterung. Der Saprolit (Zersatzzone) ist aber eine conditio sine qua non der tropischen Bodenbildung auf Festgesteinen (vgl. FÖLSTER 1971).

BRONGER (1985) stellte bereits Büdels Ausführungen über die Mächtigkeiten und den monogenetischen Charakter der Böden Südindiens und damit den »Mechanismus der doppelten Einebnung« in Frage. Besonders die mikromorphologische Analyse von Dünnschliffen des »Patancheru Soils« aus der Umgebung von Hyderabad (760 mm Niederschlag, drei humide Monate) lieferte erste Hinweise auf stark verlangsamte Verwitterung und Bodenbildung in den Alfisolen. Vor allem die Carbonatmetabolik ließ auf einen reliktischen Charakter vieler Verwitterungsmerkmale (z.B. Rubefizierung, Eisenkonkretionen und starker Biotitzersatz) schließen. Auch das großflächige Auftauchen des Grundhöckerreliefs in Form von Schildinselbergen legte die Annahme nahe, daß die Tiefenverwitterung sich minimalisiert hat und es durch fortdauernde, durch den Menschen noch beschleunigte Erosion zu einer ***Flächenzerstörung*** kommt.

Als logische Konsequenz aus diesen Ergebnissen galt es, die Untersuchungen auf ein sowohl räumlich wie auch klimatisch breiteres Spektrum an Böden auszudehnen. Insbesondere sollten die physikalischen, chemischen und mineralogischen Eigenschaften der Böden möglichst umfassend beschrieben werden.

Um den Büdelschen Arbeiten eine umfassende, empirisch fundierte Kritik bezüglich der Verhältnisse in Südindien entgegenzustellen, sollten folgende Hypothesen überprüft werden:

a) Der »Mechanismus der doppelten Einebnung« gilt nicht für das heutige klimatisch-hygrische Spektrum der Rumpfflächenlandschaften Südindiens. Die Tiefenverwitterung ist infolge zu großer Trockenheit stark verlangsamt oder zum Stillstand gekommen.
b) Der Prozeß der Tiefenverwitterung ist anhand chemischer und mineralogischer Eigenschaften des Saprolits nachvollziehbar und in seiner quantitativen Wirkung abschätzbar.
c) Die »Rotlehme« (im weiteren »Tropische Alfisole«) sind Paläoböden, deren überwiegende Eigenschaften unter einem anderen, weitaus feuchteren Klima als heute entstanden sind.
d) Die Böden auf den Rumpfflächen sind recht unterschiedlicher Genese und Alters; sie reflektieren durch ihre Morphologie und Eigenschaften die ökologischen Randbedingungen ihrer Entstehung (vgl. LESER 1985:9ff).
e) Die Rumpfflächenlandschaften Südindiens tendieren heute zur *Flächenzerstörung* . Die anhaltende flächenhafte Abspülung fördert das Grundhöckerrelief der Verwitterungs-Basisfläche zutage, dadurch gewinnt die linienhafte Abspülung zunehmend an Bedeutung.

1.2. Zum Stand der Forschung

1.2.1. Zur Kritik an Büdels Konzept der tropischen Rumpfflächengenese

Büdels Konzept der tropischen Rumpfflächengenese ist seit seinen ersten Veröffentlichungen heftig umstritten und Anlaß zu empirischen Überprüfungen an diversen Regionalbeispielen gewesen.

LOUIS (1964) grenzt den Spielraum aktiver Rumpfflächenentwicklung auf 500-1000 mm Niederschlag ein und sieht den Prozeß auch noch bei stärkerer tektonischer Heraushebung (Epirovarianz) wirken. Zentraler Widerspruch zu Büdel ist aber die Funktion der Flachmuldentäler bei der Rumpfflächengenese: Nach Louis sind die Flachmuldentäler wichtige morphogenetische Einheiten und nicht ausschließlich hydrologische Abflußeinheiten (BÜDEL 1965:26).

Häufig konnte nur die intensive Flächenspülung bestätigt werden, ohne nach dem Mechanismus und der Intensität der Verwitterung, die das zu transportierende Material bereitstellt, eingehender zu forschen (vgl. MEYER 1967).

ROHDENBURG (1970, 1982) kommt nach empirischen Untersuchungen in Nigeria und Brasilien zu dem Schluß, daß eine Flächenbildung unter dem rezenten Klima nicht stattfindet und eines trockeneren Klimas mit akzentuierteren Niederschlägen bedarf.Er lehnt den »Mechanismus der doppelten Einebnung« als zu vereinfachend ab und favorisiert den Prozeß der Pedimentation, d.h. der Rückverlegung von Stufen, als flächenbildenden Prozeß. Der allochthone Charakter der Bodendecke auf den untersuchten Rumpfflächen dient ihm als Indiz dafür. Die Entwicklung eines Flächenreliefs ist nur aus der Interferenz von Tektonik, Meeresspiegelschwankungen und Klimaabfolgen zu rekonstruieren (Aktivitätsphasen nach ROHDENBURG 1983:432). Jede Flächenbildung setzt aber eine Degradierung der Vegetation voraus, die den Boden relativ schutzlos der Abtragung ausliefert. Die Bildung einer mächtigen Bodendecke ist dagegen nur unter stabilen Bedingungen mit ausreichenden Niederschlägen und dichterer Vegetation möglich und ist jeder Abtragungsperiode vorangestellt (ROHDENBURG 1982).

Auch ZEESE (1983) sieht nirgendwo in NO-Nigeria den »Mechanismus der doppelten Einebnung« als gleichzeitigen und rezenten Formungsprozeß bestätigt. Die Tiefenverwitterung und die Flächenabspülung sind auch seiner Ansicht nach zeitlich getrennte Prozesse. Er bestätigt damit die Meinung von THOMAS (1974), daß »etching« (Tiefenverwitterung) und »stripping« (Abspülung) Prozesse unterschiedlicher Feuchtebedingungen und somit die Rumpfflächenlandschaften polyklimatischen Ursprungs sind (THOMAS 1978). Dabei ist die Tiefenverwitterung unter ausreichend humiden Klimabedingungen nach seiner Meinung durchaus in der Lage, ca. 30-50 m kristallines Gestein in 10^5-10^6 (evtl. 10^7) Jahren aufzuarbeiten, das dann in einer trockeneren Periode in kürzerer Zeit (10^3-10^4 Jahre) flächenhaft abgetragen werden kann (THOMAS 1978:33).

H.BREMER (1986:105) wendet sich gegen ein Zwei-Phasen-Modell, räumt aber ein, daß zu einer das Ausgangsgestein nivellierenden Flächenbildung eine sehr intensive Tiefenverwitterung Vorbedingung ist. Diese Verwitterung ist heute nur bei Niederschlägen >1600 mm gegeben, wie rezente Rotlehmbildungen in Sri Lanka dokumentieren. Der Umfang der Tieferlegung durch die Prozesse der subterranen Materialabfuhr, der »Tonaufschlämmung« und der eigentlichen Abspülung liegt dann bei ca. 100 m in 2-3 Ma (BREMER 1981) bzw. 3-6 Ma (BREMER 1986:104).

Statt rezenter Flächenbildung sieht SPÄTH (1983) in NO-Australien eher die Tendenz zur Flächenzerstörung. Unter ca. 600 mm Niederschlag reicht die Verwitterungsintensität nicht mehr aus, und durch das Herauspräparieren des Grundhöckerreliefs ist eine zunehmende Strukturierung der Rumpffläche zu beobachten. Die Böden sind durchweg reliktischer Natur und weitgehend geköpft (ebenda:197).

Gegen eine ausschließlich klimamorphologische Interpretation von Rumpfflächenlandschaften wendet sich besonders WIRTHMANN (1981). Auf der Basis von Untersuchungen in Südindien und damit in Büdels eigenem Modellraum kommt er zu dem Schluß, daß die Rumpfflächenlandschaften auf den alten, seit dem Jura auseinandergebrochen Gondwana-Kontinent beschränkt sind, der nur noch sehr verwitterungsresistentes Material (Granite, Gneise, Charnockite) der Oberfläche darbietet, das eine linienhafte Erosion verhindert. Besonders durch die Kieselsäure-Mobilisation bei der Verwitterung und deren Ausfällung in Gerinnebetten kommt es zu einer starken Resistenz dieser Gerinnebetten und zur Bildung von Felsschwellen, die die Erosion verhindern und eine Flächenbildung erzwingen. Im Kontrast zu Büdel bejaht Wirthmann die Existenz rezent-dynamischer Flächenstockwerke (Altflächen nach Büdel), da die Felsschwellen eine ausreichend konstante Erosionsbasis darstellen. Dieser strukturbetonende Ansatz ist aber im einzelnen kaum empirisch überprüft worden.

Eine Abhängigkeit der flächenhaften Abspülung von der Bodentextur belegt FRÄNZLE (1976) für Swaziland: Die geringe Infiltrationskapazität unter Savannen-Vegetation führt zur flächenhaften Abtragung von Luvisolen und Vertisolen, während auf Lockervarianten (gröbere Textur) der Luvisole, Acrisole und Ferralsole unter Regenwald Kerbtal- und »Röhrenerosion« vorherrschen.

Nach SEUFFERT (1978, 1986, 1989) ist die exzessive Flächenspülung nirgendwo in Indien der uniforme geomorphodynamische Prozeß, wie ihn Büdel sieht. Flächenbildung setzt für ihn eine lichte oder fehlende Vegetation sowie hochintensive und hochvariable Niederschläge voraus und dominiert nur im arideren Klimabereich Indiens. Als Grenze gibt Seuffert (1989) ca. drei humide Monate - in Ausnahmen auch bis zu fünf humide Monate - an. Eingriffe des Menschen (z.B. Entwaldung) können diese Grenze aber entscheidend ausdehnen. Seuffert sieht allerdings nicht, daß diese Flächenerosion sehr schnell das Grundhöckerelief erreicht und mangels Tiefenverwitterung wieder in ein stärker linienhaftes Korsett gezwängt wird.

Zusammenfassend läßt sich feststellen, daß das Büdelsche Konzept die Diskussion über Prozesse der tropischen Flächenbildung stimuliert hat - oft auch als Widerlager für abweichende Konzepte. Bisher konnte aber nirgends unter ähnlichen klimatischen Bedingungen wie in Südindien der »Mechanismus der doppelten Einebnung« empirisch belegt werden.

1.2.2. Zur Genese tropischer Alfisole und Ultisole

Die Bedeutung der Pedologie für die Rekonstruktion geomorphologischer Prozesse wird heute allgemein anerkannt und hat der Bodenkunde ein wichtiges Standbein außerhalb des agrarischen Kontextes gesichert (BIRKELAND 1974). Böden spiegeln die geoökosystemaren Randbedingungen ihrer Entstehung wider (LESER 1985). Die Analyse der Bodendecke ist somit integraler Bestandteil bei der Klärung landschaftsgenetischer Fragestellungen. Besonders Fragen nach der relativen Stabilität einer Oberfläche sind aus der Profildifferenzierung und der genauen Kenntnis der Bodeneigenschaften ableitbar.

1.2.2.1. Der Prozeß der Tiefenverwitterung

Der Prozeß der Tiefenverwitterung ist räumlich und funktional von der eigentlichen Bodenbildung zu trennen. Die Tiefenverwitterung liefert das bodenbildende Ausgangsmaterial (FÖLSTER 1971:48). Sie basiert weitgehend auf der chemischen Verwitterung unter »Nonequilibrium-Bedingungen« (COLMAN & DETHIER 1986); dies macht die Prozesse und die Selektivität der einzelnen Verwitterungssysteme sehr komplex (zusammenfassend: COLMAN & DETHIER 1986) und erschwert die Übertragung gesicherter Laborerkenntnisse auf die natürlichen Bedingungen. Die chemische Verwitterung dringt dort am schnellsten gegen das feste Gestein vor, wo freie Energie im Überfluß vorhanden ist (z.B. Kristalldefekte oder Mikroklüfte), und die Ausbreitung ist wesentlich davon abhängig, ob diese Wege der Diffusion sich erweitern oder von sekundären Verwitterungsprodukten blockiert werden. Pyroxene und Amphibole zeigen sich in der Regel am wenigsten verwitterungsresistent und bilden häufig nur noch Pseudomorphosen aus sekundären Eisenoxiden (vgl. EMBRECHTS & STOOPS 1982). Die Gibbsitisierung oder Kaolinisierung von Feldspäten ist das Ergebnis rascher Kieselsäureabfuhr und wird deshalb durch die verfügbare Menge und die Durchflußgeschwindigkeit des Wassers gesteuert (u.a. PAVICH 1986). Die schnelle Enteisenung von Biotiten und deren Umwandlung zu Kaoliniten bzw. Smektiten ist ebenfalls typisch für die intensive Tiefenverwitterung (vgl. u.a. BISDOM et al.1982). Verwitterungsprodukte, die die Primärminerale in einer dünnen Schicht umhüllen, verlangsamen den Prozeß der Verwitterung sukzessive, so daß viele verwitterbare Primärminerale nicht vollständig umgesetzt werden. Zusammenfassend läßt sich sagen, daß bei der chemischen Tiefenverwitterung schon viele Verwitterungsprodukte entstehen, die als Endprodukte ferralitischer Verwitterung typisch sind (FÖLSTER 1971).

Die Abfuhr der löslichen Verwitterungsprodukte führt zu einem signifikanten Massenverlust (FÖLSTER 1971; BREMER 1979), aber kaum zu einer Volumenabnahme. Im Gegenteil, durch Spaltenbildung kann das Volumen sogar steigen. Trotz dieser intensiven Umsetzung bleiben die Struktur und das Gefüge des Ausgangsgesteins meist erhalten, wenn auch häufig Primärminerale durch Pseudomorphosen ersetzt sind. Hydromorphierung kennzeichnet nur einen Teil der Saprolite und kann deshalb nicht als ein charakteristisches morphologisches Element angesehen werden. Häufig ist diese Hydromorphierung durch eine geringe Mächtigkeit bedingt, wobei das feste Anstehende als Staukörper wirkt.

Die Geschwindigkeit der Tiefenverwitterung ist in erster Linie vom Klima abhängig; bei gleichen klimatischen Randbedingungen ist sie abhängig vom Ausgangsgestein. Dabei stellt das am leichtesten verwitterbare Mineral in einem Gestein das schwächste Glied der Kette dar. So können schon geringe Anteile eines leicht verwitterbaren Minerals (z.B. Biotite oder Almandine in Gneisen) die Resistenz eines Gesteins erheblich senken. PYE (1986) kommt in einer Studie über die Resistenz granitischer Gesteine zu dem Schluß, daß der Anteil an verwitterungsresistenteren Kalifeldspäten und Quarzen sowie die Permeabilität, die bei stärkerer tektonischer Beanspruchung steigt, die Intensität der Verwitterung beeinflussen. Für Granite bzw. granitische Gneise unter den humiden Bedingungen Sri Lankas nimmt BREMER (1986) eine Intensitätsrate von 100 m in 2-6 Mio. Jahren an (s.o.). THOMAS (1978) geht unter ähnlichen Bedingungen von ca. 30 m in bis zu 10^7 Jahren aus (s.o.). Durch eine genaue Massenbilanz eines Wassereinzugsgebietes im Piedmontgebiet der USA (unter 1040 mm Niederschlag und sehr viel niedrigere Wintertemperaturen als in den Tropen) kommt PAVICH (1986) zu einer Verwitterungsintensität von vier Metern in 1 Mio. Jahren. Den Massenverlust des grano-dioritischen bis granitischen Gesteins (Adamellit) gibt er mit ca. 0.8 g/cm^3 an. Bei der Bodenbildung in diesem Saprolit kommt es zu weiterer Kieselsäureabfuhr und Massenverlusten, so daß vier Meter Saprolit letztendlich einen Meter Boden (Ultisol) ergeben (PAVICH 1986). Ebenfalls auf der Basis einer geochemischen Massenbilanz eines Wassereinzugsgebietes in den südlichen Blue Ridge Mountains der USA kommt VELBEL (1985) zu einer Saprolitisierungsrate von ca. 3.8 cm/ka (=38 m/ma). Die Diskrepanz der Werte trotz vergleichbarer Randbedingungen belegt die Unsicherheiten der Methode ebenso wie die Probleme der großräumigen Extrapolation von lokalen Meßwerten.

Diese Zahlen sind nur mit Vorsicht auf tropisch wechselfeuchte Bedingungen zu übertragen, obwohl die Temperatur nach Ansicht von OLLIER (1983) eine untergeordnete Bedeutung für die Intensität der Tiefenverwitterung hat.

Mit abnehmender Durchfeuchtung kommt es nach FÖLSTER (1971) zu einer zunehmenden Kongruenz zwischen Tiefenverwitterung und Bodenbildung. Doch eine solche Kongruenz kann auch durch eine Tieferlegung der Erosionsbasis bedingt sein. Eine qualitative Bestimmung der Verwitterungsintensität anhand mineralogischer Analysen kann mögliche Ursachen deutlich unterscheiden.

Leider gibt es noch keine regional-spezifischen Untersuchungen zur Tiefenverwitterung des südindischen Kratons.

1.2.2.2. Merkmale und Klassifikation tropischer Alfisole und Ultisole

Die Kenntnisse über die Genese und Eigenschaften tropischer Böden können sich auf eine Vielzahl empirischer Untersuchungen stützen und haben sich oft aus der Untersuchung bestimmter Phänomene, wie z.B. Laterite, entwickelt (MOHR et al. 1972). Dabei ist die Zahl der Veröffentlichungen zu den Böden, speziell der immerfeuchten Tropen (Oxisole, Ferralsole, Latosole) fast unüberschaubar. Über die Prozesse und Eigenschaften der Böden in den *wechselfeuchten* bis *semiariden* Tropen ist weit weniger bekannt. Besonders die tropischen Alfisole sind nach ALLEN und FANNING (1983) bisher kaum ausreichend untersucht worden, obwohl sie z.B. in Indien eine Fläche von ca. 720 000 km^2 einnehmen (KRANTZ et al.1978). Viele Untersuchungen leiteten sich von den schlechten agraren Nutzungsmöglichkeiten dieser Böden ab. Krustenbildung und geringe Infiltration sind in diesem Zusammenhang die gravierendsten Probleme (KRANTZ et al. 1978; EL-SWAIFY et al.1985)

Ultisole und Alfisole sind Böden, die durch die Prozesse der Entbasung (=Verwitterung) und Tonverlagerung entstanden sind. Dabei sind die Ultisole als basenärmer (<35%) im Vergleich zu den Alfisolen definiert (SOIL SURVEY STAFF 1975, 1987). Die geringere Basensättigung kann durch basenärmeres Ausgangsmaterial, intensivere Verwitterung oder durch ein höheres Alter bedingt sein (MILLER 1983; RUST 1983).

Die Konzeption der Orders der Ultisole bzw. Alfisole leitet sich von den »red-yellow podzolic soils« und den »gray-brown podzolic soils« im Osten der USA ab und war auf die dortigen regionalen Verhältnisse abgestimmt (SMITH 1978). Im Verlauf der weltweiten Verbreitung der »Soil Taxonomy« (SOIL SURVEY STAFF 1975; BRONGER 1980) zeigten sich sehr schnell Probleme, weil sich vor allem tropische Böden nur schwer in das System einfügen ließen. Besonders die Abgrenzung der Ultisole und Alfisole von den Oxisolen wie auch von den Inceptisolen auf der Basis des »argillic horizon« machte zwei Probleme deutlich. Im Grenzbereich Ultisole-Oxisole gab es viele Böden mit Tonanreicherungshorizont, aber sehr niedriger Austauschkapazität der Tonfraktion (≤16meq/100g). Häufig war die Identifikation des »argillic horizon« in diesen Böden schwierig, weil entweder der Eluvialhorizont gekappt war oder aber der Tonanreicherungshorizont sehr weit in das Profil hinabreichte. Erst die Bildung der »kandic great group« der Alfisole und Ultisole erleichterte die Klassifikation (BEINROTH & PANICHAPONG 1978; SOIL SURVEY STAFF 1987). Auf der anderen Seite gibt es viele tropische Böden, die ohne Tonanreicherungshorizont eine intensive Bodenbildung repräsentieren. Ausreichend hohe Gehalte an verwitterbaren Primärmineralen und/oder eine 16 meq/100g übersteigende Austauschkapazität der

Tonfraktion unterscheiden diese Böden von den Oxisolen. Auch wenn man vielen dieser Böden einen allochthonen Charakter nicht absprechen kann, so ist doch eine Einordnung als Inceptisole unbefriedigend und entspricht nicht den genetischen Ansprüchen des Systems (SMITH 1983; vgl. auch MCKEAGUE 1983; BRONGER & BRUHN 1989).

Die Aufnahme der »rhodic great group« (Hue <5YR) bei den Ultisolen und Alfisolen trägt der besonderen Morphologie vieler tropischer Böden Rechnung und beweist die Flexibilität der »Soil Taxonomy« sowie ihren offenen, vorläufigen Charakter im Sinne G. Smiths (SMITH 1983).

1.2.2.3. Tropische Alfisole und Ultisole als Paläoböden?

In der Pedologie wird von einem Gleichgewicht der rezenten Böden mit ihrer rezenten Umwelt ausgegangen, obwohl viele Autoren dazu neigen, immer mehr Eigenschaften von Böden aus vorhergehenden Perioden mit abweichenden Bildungsbedingungen zu erklären (vgl. u.a. HALL 1983:131). Eine Wahrnehmung dieser reliktischen Merkmale ist oft aber nur dann möglich, wenn ein eindeutiges Ungleichgewicht zu den heutigen Umweltbedingungen besteht. Das Wahrnehmen einer solchen Diskrepanz ist häufig sehr subjektiv. Die Unterscheidung reliktischer von rezenten Eigenschaften erfordert in jedem Fall eine genaue Kenntnis der rezent ablaufenden Prozesse (vgl. BRONGER & CATT 1989). Nach BLUME et al.(1985) ist der Nachweis rezenter oder reliktischer Prägung möglich über den Horizontvergleich diagnostischer Eigenschaften bzw. den Bodenvergleich in der Bodenlandschaft. Auch hier führt das Erkennen reliktischer Eigenschaften, sofern es sich um klimatisch bedingte Eigenschaften handelt, über den Vergleich mit den Bodenbildungen in feuchteren Klimaten.

Paläoböden sind geographisch nicht auf eine klimatische Region begrenzt, wie es die Vielzahl der Publikationen zu pleistozänen Böden vermuten läßt, sondern sind immer dann zu erwarten, wenn auf sehr alten Landoberflächen keine Verjüngung der Bodendecke, wie z.B. durch glaziale und periglaziale Prozesse, erfolgt ist. Die Annahme klimatischer Stabilität über einen längeren erdgeschichtlichen Zeitraum ist mit den zunehmenden Kenntnissen aus der Plattentektonik auch für viele heute tropische und subtropische Regionen problematisch. So liegt die Vermutung nahe, daß viele tropische Böden in ihrer Morphologie und ihren Eigenschaften nicht in Einklang mit den heutigen klimatischen Randbedingungen stehen, sondern in früheren, wesentlich feuchteren Perioden gebildet wurden (BRONGER 1985).

1.2.3. Zur Genese tropischer Alfisole und Ultisole im Untersuchungsraum

1.2.3.1. Südindien

In den letzten Jahren ist eine Erweiterung der Kenntnisse über die Böden Indiens und ihrer regionalen Differenzierung zu beobachten. So erschien 1980 im »Atlas

of Agricultural Ressources of India« (DAS GUPTA 1980) eine Bodenkarte Indiens, die in vereinfachter Form für das Untersuchungsgebiet in *Abbildung 1* wiedergegeben ist (vgl. BRONGER 1985). Auch die Ausweisung von 100 »Benchmark Soils« und die Veröffentlichung der erweiterten Beschreibungen dieser Pedons sowie der Analysedaten (MURTHY et al.1982) müssen als großartige Leistung gewertet werden. Nach Auskunft indischer Kollegen des NBSS&LUP in Nagpur steht die vollständige Bodenkartierung Indiens vor dem Abschluß, allerdings weitgehend auf der Basis von Satellitenphotos. Gleichwohl ist die indische bodenkundliche Forschung aus verständlichen Gründen stärker an praktischen Problemen denn an bodengenetischen Fragestellungen interessiert. Das Dilemma der bodenmineralogischen und -chemischen Beiträge ist ihr mangelhafter pedologischer Kontext[2], d.h. gewonnene Ergebnisse werden nicht im Zusammenhang mit bodenbildenden Prozessen und den bodenbildenden Faktoren interpretiert, so daß es kaum befriedigende bodengenetische Studien gibt.
Verfolgt man die indische bodenkundliche Literatur[3] zur Genese der »Red Soils«[4], so sind vier Ansätze erkennbar, die auch eine Entwicklung der Forschung widerspiegeln:

a) die einfachen Beschreibungen von Böden anhand morphologischer, chemischer oder mineralogischer Parameter.
b) die Anwendung des Catena-Prinzips.
c) die Beschreibung der Bodenbildungsintensität in Abhängigkeit von rezentem Klima und/oder Ausgangsmaterial.
d) differenzierende, die bodenbildenden Faktoren einbeziehende Beschreibungen.

---

2 Anläßlich der 45. Jahrestagung der Indian Society of Soil Science am 12.9.1980 wurden ausdrücklich die Defizite in der bodengenetischen Forschung herausgestellt (RANDHAWA 1981:293). Die Tatsache, daß es kein Postgraduierten-Programm für Pedologie gibt, unterstreicht noch die Problematik.

3 Für die IBG-Tagung 1982 in Delhi hat die »Indian Society of Soil Science« in einer zweibändigen Sammlung von Überblicksartikeln den Stand der Forschung in Indien dokumentiert. Die Themenschwerpunkte, u.a.»Bodengenese« (DIGAR & BARDE 1982)und »Bodenmineralogie« (GHOSH & KAPOOR 1982; KRISHNA MURTHI 1982; ROONWAL & GARALAPURI 1982; SARMA & SIDHU 1982), sind sehr knapp dargestellt. Sie erleichtern aber die bibliographische Arbeit.

4 Der Begriff »Red Soil« wird immer dann benutzt, wenn er in der Originalliteratur verwendet wird oder eine genaue Zuordnung der beschriebenen Böden nicht möglich ist. Laterite und »lateritic soils« fallen nicht unter diesen Begriff.

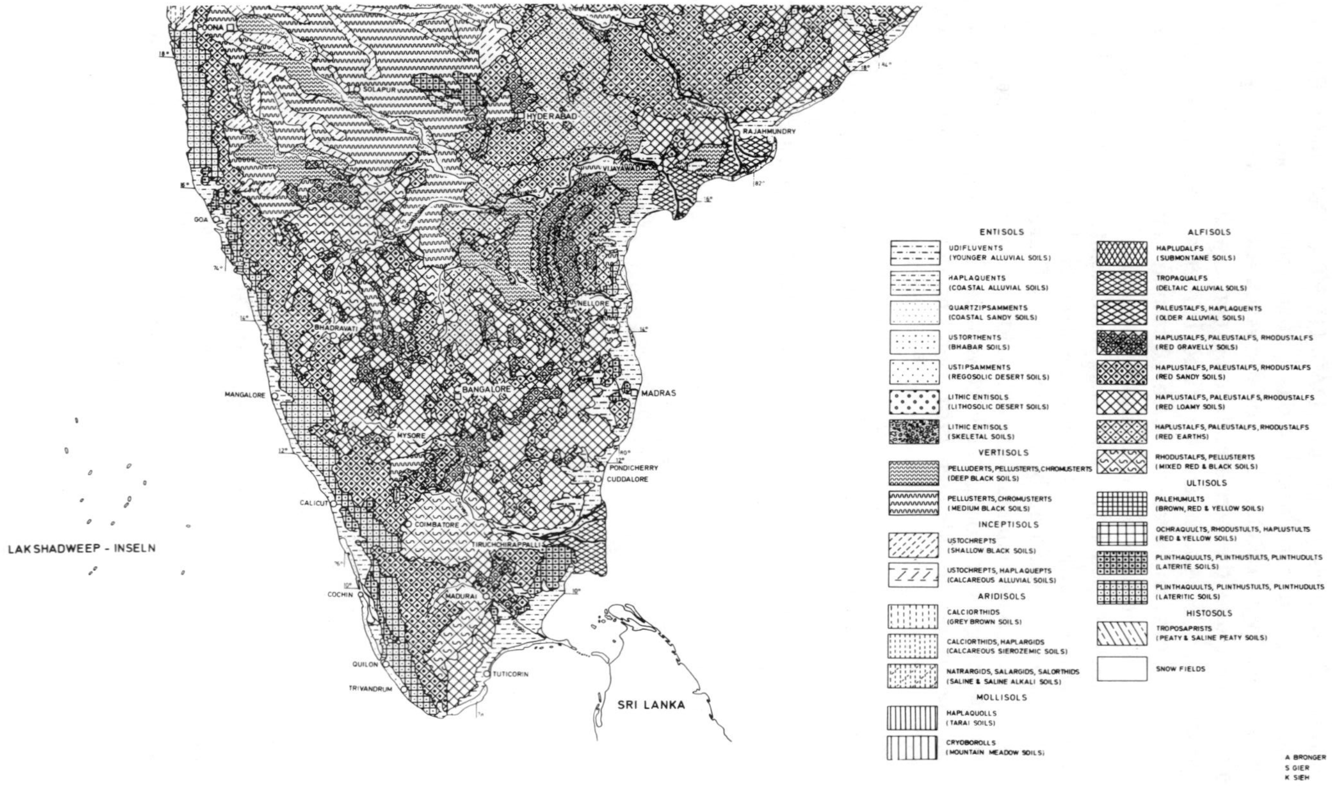

Abb.1: Bodenkarte Südindiens (aus BRONGER 1985)

Zu (a): Aufgrund von Gelände- und Laboruntersuchungen definierte GERASSIMOV (1958:211) die »ferric laterites (ferrites)« als den zonalen Bodentyp auch des inneren Deccan. Sie werden nur in den am stärksten ariden Gebieten von Vertisolen (Regurs) abgelöst. Zu einem ähnlichen Schluß kommen GOVINDA RAJAN & GOPALA RAO (1978), die die »Red Soils« als in-situ-Bildungen unter dem rezenten Klima ansehen. Die Karbonatmetabolik in einigen Böden ist ihrer Meinung nach durch hohe Ca-Feldspatanteile im Ausgangsmaterial bestimmt. Die Laterite werden aber von den »Red Soils« unterschieden und aus den spättertiären Umweltbedingungen erklärt, d.h. sie besitzen heute einen reliktischen Charakter.

In einer frühen Studie zum Mineralbestand verschiedener indischer Böden konnte RAO (1963) in zwei »Red Soils« jeweils einmal eine Illitdominanz und eine Kaolinitdominanz nachweisen. Zu ähnlichen Tonmineralzusammensetzungen in »Red Soils« aus Karnataka kommen DAS & DAS (1966) und SARKAR & RAJ (1973). Beide Autorenteams differenzieren ihre Ergebnisse aber nicht nach Horizonten. Gleichfalls ohne eine solche Unterscheidung und unter Außerachtlassen der verschiedenen Ausgangsmaterialien kommen BISWAS et al. (1978) für »Red Soils« zu dem Ergebnis, daß bei zunehmendem Niederschlag Kaolinite gegenüber Illiten und Smektiten zunehmen.

Für »Red Soils« und Laterite aus Orissa stellten SAHU et al. (1983) einen hohen Illitanteil in der Tonfraktion fest. Bei Niederschlägen von 1380-1610 mm wird diese Illitpräsenz mit dem glimmerhaltigen Ausgangsmaterial und hohen K-Feldspatgehalten erklärt. Dadurch ist die Kalium-Ionenkonzentration in der Bödenlösung so hoch, daß Illite stabil sind. In den zwei untersuchten »Red Soils« zeigte der stärker tonhaltige Boden eine deutliche Kaolinitdominanz. Eine mögliche Erklärung, wie z.B. höheres Alter, wird dafür nicht gegeben. Ähnlich hohe Illitgehalte (bis 60%) fanden CHATTERJEE & DALAL (1976) in »Red Soils« aus kalkhaltigem Alluvium, aber auch in lateritischen Böden in Bihar und West-Bengalen unter 1100-1800 mm Niederschlag.

Zu (b): An einer Catena in Machkund/Südostindien konnten GOVINDA RAJAN & DATTA BISWAS (1968) die Reliefabhängigkeit der Verbreitung von Ultisolen und Alfisolen bestätigen. Ultisole beschränkten sich auf Oberhanglagen und gingen bei zunehmender Basensättigung und Tonzunahme hangabwärts in Alfisole über. In Ranchi Distrikt (Bihar) konnten SINHA et al. (1962) die Verteilung von basenarmen (Ultisole) und basenreicheren Alfisolen durch das Relief erklären. In ebener Lage (bis 3° Neigung) dominierten basenreiche, an den Hängen (8°-15° Neigung) basenarme »Red Soils«.

Zu (c): In einer Reihe von Untersuchungen spielte der Aspekt »Intensität der Bodenentwicklung« zwar keine zentrale Rolle, doch lassen sich aus den Ergebnissen indirekte Schlüsse ziehen. DATTA & ADHIKARI (1969) untersuchten

Böden auf pleistozänen Terrassen im perhumiden Nordosten Indiens. Auch in diesen Böden dominierten Illite weit vor den Kaoliniten. Die Autoren erklären die hohen Illitgehalte durch Neoformation aus den Verwitterungsprodukten von K-Feldspäten. Nach FANNING & KERAMIDAS (1977) ist jedoch die Neoformation von Illiten aus amorphen Zwischenprodukten noch ziemlich spekulativ, denn in vielen Beispielen war der atmosphärische Staubeintrag für Illite in Böden aus weitgehend glimmerfreiem oder -armem Ausgangsmaterial verantwortlich. Die von DATTA & ADHIKARI (1969) nachgewiesene Illitdominanz ließe sich vielleicht aus dem Ausgangsmaterial erklären, dazu werden aber keine Hinweise gegeben.

Bei einem Vergleich von einer Lithosequenz (Basalt-Charnockit-granitischer Gneis) unter ähnlichen Niederschlagsbedingungen mit einer Klimasequenz (zunehmender Niederschlag) von Böden Südindiens auf Basalt konnten KARALE et al. (1969) nachweisen, daß bei niedrigen Niederschlägen (500-600 mm) das Ausgangsmaterial weitgehend die Bodenbildung determiniert. Auf Basalten und Charnockiten entstehen tendenziell eher Vertisole, auf granitischem Gneis (»Peninsular Gneis«) eher Alfisole. Bei hohen Niederschlägen wirkt sich das Ausgangsmaterial kaum noch aus. Im Niederschlagsbereich 1875-2500 mm überwiegten die Kaolinitbildung und die Genese von »Red Soils«. Im Widerspruch dazu steht eine Studie von GODSE & TAMHANE (1966), die in West-Maharashtra Mollisole auf Basalt unter 2500 mm Niederschlag mit ausgeprägter Trockenzeit als Klimaxböden beschreiben. Auch hier zeigt sich, daß der Faktor »Zeit« stärker in die Untersuchungen hätte einbezogen werden sollen.

KRISHNAMOORTHY & GOVINDA RAJAN (1977) kommen bei einem Vergleich von »Black Soils« und »Red Soils« aus granitischem Gneis zu dem Schluß, daß geringfügige Unterschiede in der Mineralzusammensetzung als Erklärung der divergierenden Genese ausreichen. Da sich die mineralogischen Analysen auf die Böden beschränken und den granitischen Gneis als das Ausgangsmaterial der Tiefenverwitterung nicht einbeziehen, liegt die Gefahr des Zirkelschlusses auf der Hand: der unterschiedliche Mineralbestand kann nicht nur Ursache, sondern auch Folge unterschiedlicher Bildungsbedingungen oder eines unterschiedlichen Alters sein.

Zu (d): Die Aussage, daß Eigenschaften der »Red Soils« in Südindien teilweise reliktisch sind, findet sich erstmals im Ansatz bei BRUNNER (1969), der Böden und Verwitterungsdecken auf dem östlichen Mysore-Plateau untersucht hat. Die Unterscheidung der Verwitterungstypen »Kaolinlager« (i), »älterer, tonreicher Zersatz« (ii), »Kaolinlager mit Oxisole als Hangendes« (iii) und »jüngerer, tonarmer Zersatz« (iv) bei seiner Klassifikation von Böden und Sedimenten bezieht den Faktor »Zeit« mit ein. Die Typen (i) und (ii) sind eindeutig vor dem Aufstieg der West-Ghats (Miozän-Pliozän) entstanden und müssen unter dem heutigen Klima als reliktisch gesehen werden (BRUNNER 1969). Die Oxisole (iii) als rezente Bildungen einzustufen ist zumindest fragwürdig und auf bestimmte

Reliefpositionen beschränkt. Diese hinsichtlich der Genese der Bodendecke noch unbefriedigende Differenzierung wurde von LOTSE et al. (zit. in DIGAR & BARDE 1982) dahingehend aufgegriffen, daß die »Red Soils« als Bodenbildungen in lateritischem Erosionsmaterial anzusehen sind. Dieses lateritische Erosionsmaterial allochthonen Charakters soll einmal ganz Südindien bedeckt haben. Für einige Böden Südindiens mag der Gedanke zutreffend sein, und er erklärt auf einfache Weise den häufig intensiven Verwitterungsgrad der Böden. Doch eigene Geländebefunde widerlegen diese Annahme, dies nicht nur für die beprobten Pedons, sondern ebenso für viele andere auch, die vergleichend studiert wurden. Eine kontinuierliche Profilentwicklung vom Saprolit (häufig noch mit Gneisstruktur) bis zum Oberboden weist sowohl das saprolitische Ausgangsmaterial als auch die Böden als in-situ-Bildungen aus. Für ein gesehenes Pedon der »Vijayapura Series« auf dem G.K.V.K.-Universitätscampus in Bangalore (vgl. auch MURTHY et al. 1982:291) ist die Annahme allochthonen und vorverwitterten Ausgangsmaterials wahrscheinlich zutreffend.

In detaillierten tonmineralogischen Studien an Alfisolen des Mysore-Plateaus konnten MURALI et al. (1974; 1978) und auch RENGASAMY et al. (1978) eine Kaolinitdominanz feststellen. Diese intensive Kaolinitbildung ist aber nach Ansicht der Autoren nicht mit dem heutigen Klima zu erklären. Smektite in den Böden belegen eher eine Bildung dieser Minerale unter dem rezenten Klima. In diesen Studien wird erstmals explizit der reliktische Charakter einiger Merkmale der Alfisole herausgestellt. Interessant an den o.g. Untersuchungen ist die Entdeckung hoher Gehalte (bis ±30%) an amorphen Substanzen in der Tonfraktion. Diese AFAS (»amorphous ferri-alumino-silicates«) sollen aus der Verwitterung von Feldspäten und Glimmern unter Berücksichtigung einer hohen Eisendynamik stammen und bilden nach Ansicht der Autoren das Ausgangsprodukt der Kaolinitbildung (RENGASAMY et al.1975). Daß unter den rezenten Niederschlagsbedingungen (ca. 1000 mm Niederschlag bei 3-4 humiden Monaten) und einem saprolitisch zersetzten granitischen Ausgangsmaterial eine derart intensive Tonbildung stattfinden soll, ist bemerkenswert. Diese AFAS wurden auch von RAO et al. (1977) in Böden alluvialer Sedimente der Ganges-Ebene gefunden. Nach WADA (1977) sind Allophane jedoch auf vulkanische Aschen beschränkt und spielen selbst in älteren Sedimenten aus diesen keine Rolle mehr. Zwar können Kaolinite durch Ausfällung aus Gelen entstehen (DIXON 1977), doch dieser Vorgang läuft sehr schnell ab, so daß ein quantitativer Nachweis dieser Gele sehr schwer ist. Diese AFAS müssen als fragwürdige Bildungen gelten, besonders wenn man die Randbedingungen der Bodenbildung in den untersuchten Böden einbezieht. Auch wurde in keiner der Studien die Tonfraktion weiter differenziert, so daß keine Informationen über die Fraktion $<0.2 \mu m$, die vor allem pedochemischen Ursprungs ist, vorhanden sind.

1.2.3.2. Gujarat und Nepal

Zwei Pedons aus dem unteren Mahi-River-Gebiet nördlich von Baroda und ein »Red Soil«-Pedon aus einem Dang-Tal in den Siwaliks/Nepal wurden als Referenzprofile in die Untersuchungen mit aufgenommen, weil das Ausgangsmaterial - spätquartäre äolische Sedimente - zeitlich datierbar ist. In der indischen Literatur findet eine Reihe von Böden, die meist bodenmineralogisch untersucht worden sind, Erwähnung, deren ökologische Randbedingungen denen in den Referenzräumen in etwa entsprechen:

In sehr jungen Alluvien (Spätpleistozän?) konnten BARDE & GOWAIKAR (1965) nur eine schwache Bodenentwicklung feststellen. SIDHU & GILKES (1977) untersuchten Böden in Sedimenten der Indo-Ganges-Ebene (»Indo-Gangetic Plain«) in Punjab unter 500 mm Niederschlag. Außer einer Verbraunung und leichten Gefügebildung (=»cambic horizon«, SOIL SURVEY STAFF 1987) waren keine tonmineralogischen Veränderungen im Profil erkennbar. Der gesamte Tonmineralbestand ist durch das Ausgangsmaterial vererbt.

SAXENA & SINGH (1983; 1984) konnten in Böden Rajasthans unter semiariden Bedingungen im wesentlichen eine Illitdominanz bestätigen. In »non calcic brown soils« und »brown soils (saline phase)« sollen Smektite dominieren. Aus den veröffentlichten XRD-Diagrammen ist erkennbar, daß die Autoren den 18Å-Peak bei der Abschätzung des Phasengemisches nicht abdiskontiert (vgl. Kap. 3.4.2.3.) und so die Smektitgehalte überschätzt haben. In einem »red loam soil« im humiden Teil Rajasthans sollen gleichviele Illite wie Smektite (45%) in der Tonfraktion sein. Aber bei allen analysierten Profilen wurde das Ausgangsmaterial nicht mituntersucht. Somit sind Aussagen über eine Verwitterungstendenz in den Böden ohne Grundlage. Auch finden sich keine Korngrößenanalysen in den Veröffentlichungen. Aus der Literatur ist zusammenfassend feststellbar, daß in den Böden Nordwest-Indiens aus äolischen oder fluvialen Sedimenten Illite dominieren und eine Verwitterung zu Smektiten oder Kaoliniten nicht nachgewiesen werden konnte.

Am Südabfall der Siwalik-Range sowie in den zahlreichen intermontanen Becken dieser pliozän/pleistozänen Auffaltung finden sich ehemals mächtige äolische Sedimentdecken, die aber fast vollständig erodiert sind. Außer einigen Studien zur Erosionproblematik dieser Sedimente und Böden sind keine Studien zur Genese der sehr stark rubefizierten Böden, die sich in diesen jungen Sedimenten gebildet haben, bekannt.

Zwei Alfisole in den Siwaliks von Himachal Pradesh/Indien wurden von GHABRU & GOSH (1985) mineralogisch untersucht. Das Ausgangsmaterial der Böden sind diagenetisch schwach verfestigte, polyzyklische Verwitterungsprodukte aus den Himalayas, die als Siwaliks im Pliozän/Pleistozän aufgefaltet worden sind. Trotz hoher Niederschläge (»excessive rainfall«) konnte die Bildung von Kaoliniten nicht nachgewiesen werden. Spuren von Kaoliniten, Smektiten und pedogenen Chloriten sowie eine deutliche Illitdominanz finden sich in allen Bodenhorizonten. Da das Ausgangsmaterial nicht untersucht wurde, sind

Verwitterungsfolgen wie Glimmer-Illite-Smektite-pedogene Chlorite oder ansatzweise Feldspäte-Kaolinite, die die Autoren beschreiben, ohne wirkliche Vergleichsbasis. Die vollständige Verwitterung der Pyroxene und Amphibole ist unter dem gleichen Gesichtspunkt auch ein fragwürdiges Faktum.

Die vorgestellten Studien belegen die eingangs gemachten Aussagen über den Stand der bodengenetischen Forschung in Indien. Der Wissensstand über die Genese der Ultisole, noch mehr aber über die Genese der Alfisole muß zumindest als sehr lückenhaft bezeichnet werden. Die systematische Differenzierung bodenbildender Prozesse nach Bodenhorizonten einschließlich des Saprolits als das bodenbildende Ausgangsmaterial sowie der Vergleich der Bodenmerkmale mit den heutigen ökologischen Randbedingungen sind unabdingbar, um diesen Kenntnisstand zu erweitern und für übergeordnete Fragestellungen fruchtbar zu machen.

1.3. Topographische und physiographische Abgrenzung des Untersuchungsraumes

Für die Untersuchung wurden neun Pedons ausgewählt sowie drei weitere als Referenzpedons hinzugezogen. Indien gliedert sich nach WADIA (1985) in drei große physiographische Einheiten: Gebirge, Deccan Halbinsel und die Ebenen. *Tabelle 1* gibt die topographische und physiographische Lage der Pedons nach ATLAS OF INDIA (DAS GUPTA 1982) wieder (vgl. auch *Abb.2*).

1.4. Auswahl der Böden

Ausgehend von der skizzierten Fragestellung wurde auf zwei Forschungsreisen 1984 und 1987 eine Klimasequenz von Böden auf saprolitisch zersetztem granitischen Gneis in Südindien beprobt (vgl. *Abb.2*). Diese Böden repräsentieren hygrische Regime von ein bis zehn humiden Monaten und damit Bodenfeuchteregime von »udic« bis nahezu »aridic« (SOIL SURVEY STAFF 1975; VAN WAMBEKE 1985).

Tab. 1: Topographische und physiographische Lage der Pedons

Pedon	Bundesstaat	physiographische Region	Landschaft	Höhe ü.NN
Karpurpallam	Kerala/Idukki Distrikt	South Sahyadri	Periyar Plateau	915 m
Vandiperiyar	Kerala/Idukki Distrikt	"	"	915 m
Palghat	Kerala/Palghat Distrikt	Kerala Plains	Palghat Gap	150 m
Palathurai	Tamil Nadu/Coimbatore Distrikt	Tamil Nad Uplands	Kongunad Upland	400 m
Irugur	Tamil Nadu/Coimbatore Distrikt	"	"	380 m
Anaikatti	Tamil Nadu	Karnataka Plateau	Mysore Plateau	550 m
Channasandra	Karnataka/Bangalore Distrikt	"	Bangalore Plateau	850 m
Patancheru I	Andhra Pradesh Medak Distrikt	Telangana Plateau	Golconda Plateau	550 m
Patancheru II	Andhra Pradesh Medak Distrikt	"	"	550 m
Purohit	Gujarat/Baroda Distrikt	Gujarat Plains	Baroda Plains	50 m
Raika	Gujarat/Baroda Distrikt	"	"	50 m
Arjun Khola	Lamahi/Nepal	Siwaliks	Dun Kurepani	235 m

Die Position in der Landschaft ist bei den Pedons 3-9 eine ebene Plateaulage auf Rumpfflächen; die Hangneigung beträgt maximal ca. 1°. Die Pedons »Karpurpallam« und »Vandiperiyar« wurden in den West Ghats auf schwächer geneigten Unterhängen beprobt. Bei diesen Böden ist die Gefahr der Profilstörung durch allochthones Material gegeben, sie wird an anderer Stelle diskutiert (vgl.Kap.4.1.).

Zur genaueren Bewertung der rezenten Verwitterungsdynamik wurden zusätzlich noch drei Böden aus dem Mahi-River-Gebiet nördlich von Baroda/Gujarat und aus Südnepal ausgewählt und beprobt, deren Ausgangsmaterial,

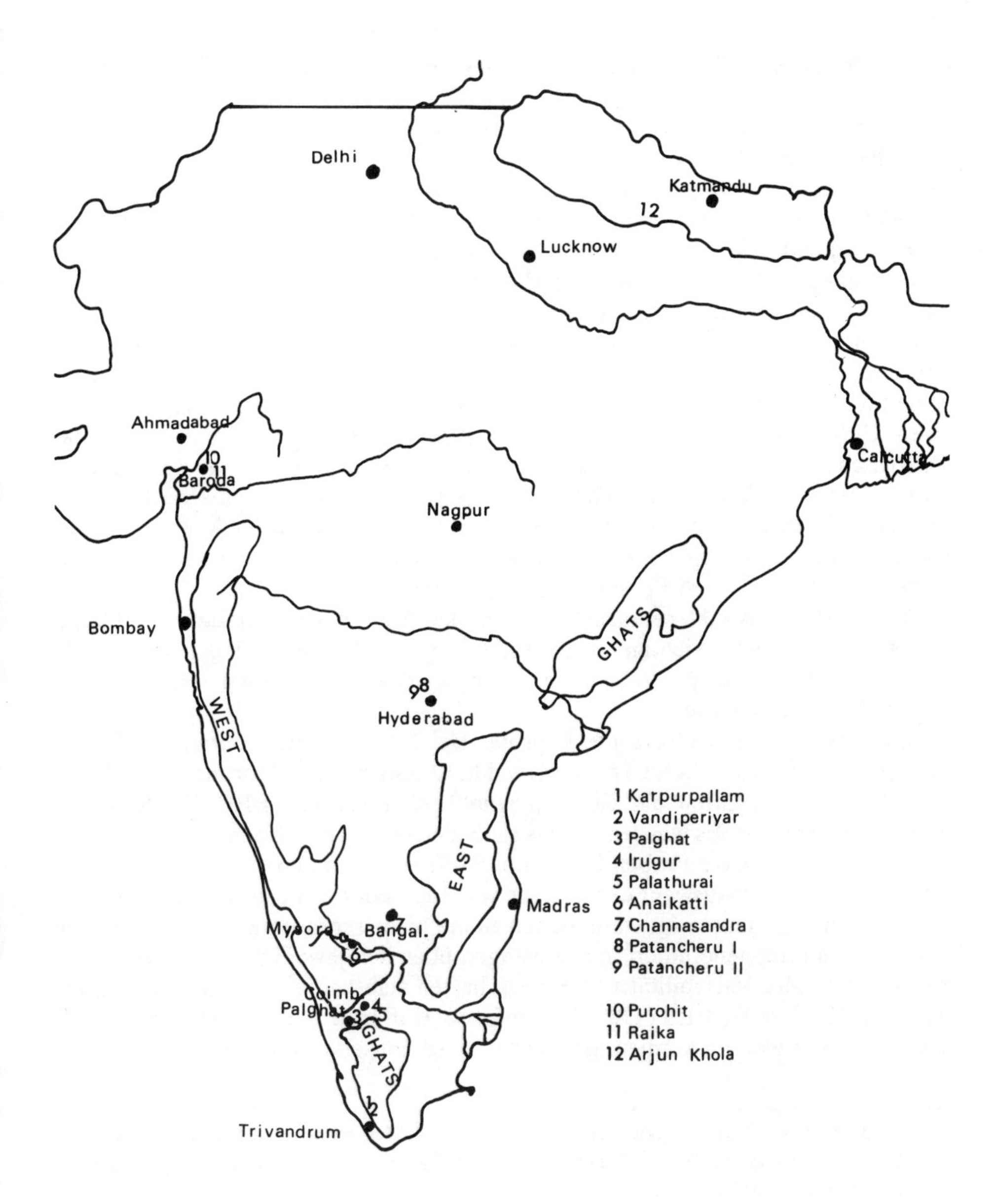

Abb. 2: Lage der beprobten Pedons

ein lößähnliches Sediment, auf pleistozänes bis spätpleistozänes Alter datierbar ist[5].

Ein besonderes Problem für bodengenetische Fragestellungen, die in einen landschaftsgenetischen Ansatz eingebettet sind, stellt die räumliche Repräsentativität der ausgewählten Pedons dar. Die Auswahl der beprobten Pedons erfolgte in Anlehnung an das »Benchmark Soil« Konzept (MURTHY et al. 1982), dem ein flächendeckendes Wissen über die Bodendecke zugrundeliegt. Ein »Benchmark Soil« stellt einen für eine größere Flächeneinheit repräsentativen Boden dar oder hat eine Schlüsselposition für ein Klassifikationskonzept (MURTHY 1982). Vier von neun Pedons stimmen weitgehend mit ausgewiesenen »Benchmark Soils« überein. Neben dem Gesichtspunkt der räumlichen Repräsentativität wurde gezielt auf ein breites morphologisches Spektrum der Böden wertgelegt, um aus ihren Unterschieden zu differenzierteren Aussagen über ihre Genese und die ökologischen Rahmenbedingungen zu kommen. Die übrigen Pedons wurden aufgrund eigener Geländeuntersuchungen ausgewählt, wobei uns indische Kollegen mit ihrer Erfahrung sehr halfen (siehe Vorwort). Der Grad der Vollständigkeit eines Profils war häufig ein entscheidendes Kriterium für die Auswahl, da viele Böden großflächig durch Erosion abgetragen sind.

Neben der Auswahl repräsentativer Böden kommt der Art der Beprobung dieser Pedons eine wichtige Rolle zu. Die große Spannweite der Hierarchie »sample, ped, horizon, profile, pedon, polypedon, catena, landscape« (SMECK et al. 1983) verdeutlicht dies.

Es wurden jeweils Horizonte beprobt. Bei Übergangshorizonten wurde der pedogen stärker entwickelte Teil ausgewählt. Offensichtliche Störungen im Profil, z.B. durch »stone-lines« als Reste pegmatitischer Gänge (BRONGER 1985), wurden ausgegrenzt. Es wurden jeweils ca. 500-1000 Gramm Bodenmaterial sowie ein bis zwei orientierte Proben für Dünnschliffe entnommen. Trotz großer Sorgfalt sowohl bei der Auswahl der Pedons wie auch bei der Probennahme sind die gewonnenen Ergebnisse im statistischen Sinne nicht repräsentativ für die Fläche und lassen streng genommen nur Aussagen über den jeweiligen Punkt im Profil zu. Auf die hohe Variabilität von Eigenschaften selbst in einem Horizont haben u.a. WILDING & DREES (1983) hingewiesen. Daß trotzdem übergeordnete Aussagen gemacht werden können, ist nur bei einer konservativen Interpretation der

5 Die darin entwickelten spätpleistozänen bis holozänen Böden wurden von Frau Silke Backer im Rahmen einer Diplomarbeit im Labor eingehend analysiert. Für die Erlaubnis, einige Ergebnisse übernehmen zu dürfen, danke ich ihr.

Zur Stratigraphie der äolischen Sedimente des unteren Mahi-River-Gebietes vgl.ZEUNER (1950). Gegenwärtig arbeiten Prof. Dr. Merh (Universität Baroda) und Dr. Pant (PRL Ahmedabad) an einer exakteren stratigraphischen Einordnung. Die Sedimente in Süd-Nepal sind stratigraphisch meines Wissens noch nicht beschrieben worden. Eine Einordnung sowie eine absolute Altersdatierung mit Hilfe der TL-Methode ist Gegenstand eines laufenden Projektes unter Prof. Dr. Bronger.

gewonnenen Ergebnisse möglich. Ein anderes Arbeitskonzept, das der räumlichen Variabilität und deren geostatistischer Lösung stärker Rechnung trägt (vgl. WILDING & DREES 1983), war leider im Rahmen dieser Arbeit nicht zu verwirklichen, ohne den vorgegebenen zeitlichen, technischen und finanziellen Rahmen zu sprengen.

Die Klassifikation der Böden bis auf das taxonomische Niveau der »soil family« geschah nach der »Soil Taxonomy« (SOIL SURVEY STAFF 1975, 1987) und nach der FAO-Klassifikation (FAO 1974). Die Benennung der Horizonte entspricht ebenfalls der »Soil Taxonomy« (SOIL SURVEY STAFF 1987), die die Horizontbezeichnungen der FAO (1974) weitgehend übernommen hat.

Zur Einteilung der Textur nach Korngrößenklassen sowie der Benennung der Bodenreaktion wurde auf den Vorschlag der Ämter für Bodenforschung (AG BODENKUNDE 1982) zurückgegriffen. Grundlage für die Bodenreaktion bildete der in destilliertem Wasser gemessene pH-Wert. Die Bestimmung der Bodenfarbe nach MUNSELL erfolgte ausschließlich im trockenen Zustand, die Benennung leitet sich aus der Übersetzung der englischen Bezeichnungen ab.

2. Die bodenbildenden Faktoren und ihre regionale Differenzierung

Der Boden als »...ein an der Oberfläche entstandenes Umwandlungsprodukt mineralischer und organischer Substanzen mit eigener morphologischer Organisation...« (SCHROEDER 1978) ist das Ergebnis der bodenbildenden Faktoren. Unter dem Einfluß der bodenbildenden Faktoren besteht die Tendenz, ein dynamisches Gleichgewicht (steady state) im System »Boden« auszubilden: »...it is suggested herein that from a morphological viewpoint and within a pedogenic timeframe, soil systems can represent steady states which are time-invariant with respect to normal fluctuations in environmental conditions« (SMECK et al. 1983:66).

Das weitverbreitete Faktorenmodell von JENNY (1941, 1980) versteht den Boden als Funktion von fünf Faktoren, die den aktuellen Zustand und die Entwicklung des Bodens bedingen:

$$S = f(cl,o,r,p,t,...)$$

S = Boden
cl = Klima
o = Fauna und Flora
r = Relief
p = Ausgangsmaterial
t = Zeit

Die Punkte stehen für weitere, nicht spezifizierte Faktoren.

Obwohl die einzelnen Faktoren einen empirischen Gehalt haben, ist eine mathematische Differenzierung der Funktion praktisch unmöglich. Der univariante Charakter und die gegenseitige Bedingtheit der Faktoren lassen eine mathematische Lösung nur schwer zu (SMECK et al. 1983). JENNY (1961, 1980) schlug eine Vereinfachung dieser Funktion durch Ordination vor: Veränderungen im System »Boden« resultieren aus der Veränderung eines Faktors, wenn alle übrigen Faktoren konstant gehalten werden. Die Untersuchung von Klima-, Topo-, Litho- oder Chronosequenzen haben sich bei der Lösung bodengenetischer Fragestellungen als nützlich erwiesen.

Der Versuch, die Entwicklung von Böden anhand mathematischer Modelle, z.B. Energiemodelle oder Modelle auf der Basis der allgemeinen Systemtheorie (zusammenfassend vgl. SMECK et al. 1983), zu beschreiben, stößt auf erhebliche praktische Probleme. Der Bedarf an differenzierten und quantifizierten Daten sowie die häufig auf kleine räumliche Einheiten eingeschränkte Gültigkeit lassen ihre Verwendung für übergeordnete Fragestellungen noch nicht zu.

Die Konzeption dieser Studie basiert auf dem Faktorenmodell von JENNY (1941,1980) und ist als Klimasequenz zu verstehen, bei der, unter relativer Konstanz der übrigen Faktoren, der Einfluß verschiedener Niederschlagsregime auf die Bodenentwicklung und Tiefenverwitterung überprüft werden soll.

2.1. Das bodenbildende Ausgangsmaterial

2.1.1. Zur geologischen Entwicklung des Untersuchungsraumes

Die räumliche Abgrenzung des Untersuchungsraumes gelingt am ehesten auf geologischer Basis, denn alle beprobten Pedons haben sich aus einem ähnlichen Ausgangsmaterial entwickelt: aus saprolitisch zersetztem granitischen Gneis. Obwohl die Tiefenverwitterung das ursprüngliche Gestein mineralogisch, chemisch und strukturell sehr stark verändert hat, so ist dessen Zusammensetzung doch letztendlich bestimmend für die Intensität der Tiefenverwitterung bei sonst gleichen Randbedingungen und für die Zusammensetzung des Saprolits, der - was noch einmal betont werden soll - das eigentliche bodenbildende Ausgangsmaterial darstellt.

Im südlichen Teil der Deccan-Halbinsel bildet der präkambrische kristalline Sockel die heutige Oberfläche (s. *Abb. 3*). Dieser archaische Kraton, dessen Entwicklungsgeschichte noch nicht völlig geklärt ist, ist durch komplexe Zyklen aus Sedimentation, Vulkanismus, Deformation und Metamorphose in der Zeitspanne von 3400-2500 Ma B.P. entstanden (BECKINSALE et al.1980; RAITH et al. 1982); insgesamt wuchs das kristalline Grundgebirge, der *Peninsular Gneiss* , aus einer Reihe präkambrischer Faltungskomplexe zusammen, in die in schmalen Zonen und Enklaven hochgradig basische und ultramafische Gesteine, Quarzite und Magnetite der *Sargur* -Serie eingelagert sind, deren metamorphe Umwandlung auf ca. 2900 Ma datiert sind (SWAMI NATH et al. 1976). Ebenfalls in den »Peninsular Gneiss«-Komplex ist die *Dharwar* -Serie eingebettet. Sie besteht aus metamorphen Schiefern, Quarziten, Hämatiten und Marmor. Sie ist ca. 2600 Ma alt und aus Verwitterungsmaterial des »Peninsular Gneiss« durch Metamorphose entstanden (WADIA 1985). Die Dharwar- und Sargur-Serien treten im eigentlichen Untersuchungsraum nicht auf, sondern sind hauptsächlich in Zentral-Karnataka aufgeschlossen. Der Peninsular-Gneiss ist östlich der Achse Bangalore-Hyderabad von den Schichten der *Cuddapah* -Serie überlagert. Dabei handelt es sich um tektonisch wenig gestörte, kaum metamorphisierte (Ausnahme: Nallamala und Velikonda Hills NW von Madras) marine Tonschiefer, Sandsteine, Kalke und Quarzite.

Über dem präkambrischen Cuddapah-System lagern die unterkambrischen *Vindhyan* -Schichten. Diese Schichtfolge ist ebenfalls kaum metamorph überprägt und besteht aus Sandsteinen, Schiefern und Kalken. Das Vindhyan-System kommt hauptsächlich an der Nordflanke der Deccan-Halbinsel vor. Zwischen den erwähnten Schichten und den folgenden permischen Schichten besteht eine gewaltige Schichtlücke, die die Deccan-Halbinsel als großes Hebungs- und Abtragungsgebiet seit dem Präkambrium ausweist. Im Perm wurde der gesamte Block von starken tektonischen Bewegungen erfaßt, Abtragung und Sedimentation finden in den *Gondwana* -Schichten ihren Ausdruck. Nach der Auflösung des Gondwana-Kontinents und mit der Drift der indischen Scholle kam es infolge erneuter tektonischer Beanspruchungen zu Lavaergüssen aus ausgedehnten Spaltensystemen. Die Bildung des *Deccan-Trapp* -Systems von der ausgehenden Oberkreide bis zum Eozän führte zur Überdeckung des gesamten nordwestlichen Teils der Deccan-Halbinsel. Das heutige Relief Südindiens wurde im wesentlichen am Ende des Pliozäns angelegt, als durch erneute tektonische Bewegung eine Schrägstellung des Deccan erfolgte. Ob dies als Aufwölbung mit dem Zentrum im Bereich der heutigen West-Ghats geschah oder als komplizierte Kippscholle, ist nicht völlig geklärt (BRUNNER 1970). Da sich der Basement-Komplex als starre Masse verhielt, wurden Teile durch Bruchtektonik horstartig emporgehoben, z.B. die Nilgiris, wobei ältere tertiäre Einebnungsflächen verstellt oder verbogen wurden. Gleichzeitig bildete sich das heutige System treppenartig angeordneter Rumpfflächen (z.B. Tamilnad-Fläche, Mysore-Plateau) heraus. Die ausgewählten Pedons liegen auf diesen verschiedenen Flächenniveaus bzw. in den gehobenen West-Ghats. Eine strittige Frage ist auch, ob die sogenannte »Palghat-Gap« durch Zusammenwachsen verschiedener Rumpfflächen und damit als Durchbruch entstanden ist (SEUFFERT 1986) oder als Grabenbruch (BRUNNER 1970).
Für die Genese der ausgewählten Böden sowie der vorgeschalteten Tiefenverwitterung ist hauptsächlich der präkambrische Kraton von Bedeutung, dessen petrographische Varianz auf eine komplizierte Entstehungsgeschichte schließen läßt.

2.1.2. Genese und Petrographie des präkambrischen Kratons Südindiens

Regional läßt sich der Kraton in zwei Teile gliedern: einen nördlichen Teil (*»gneiss-greenstone terrane«*) und einen südlichen Teil (*»charnockite-khondalite terrane«*, vgl. Abb. 3), die unterschiedlichen Metamorphosegraden entsprechen (RAITH et al. 1982, 1983; SWAMI NATH et al. 1976). Der nördliche Teil liegt in Amphibolit-Grünschieferfazies vor und wird überwiegend aus Migmatiten, Gneisen und plutonischen Gesteinen (*»Peninsular-Gneiss-Complex«*) mit tonalitischer und granodioritischer Zusammensetzung gebildet. Der Grad der

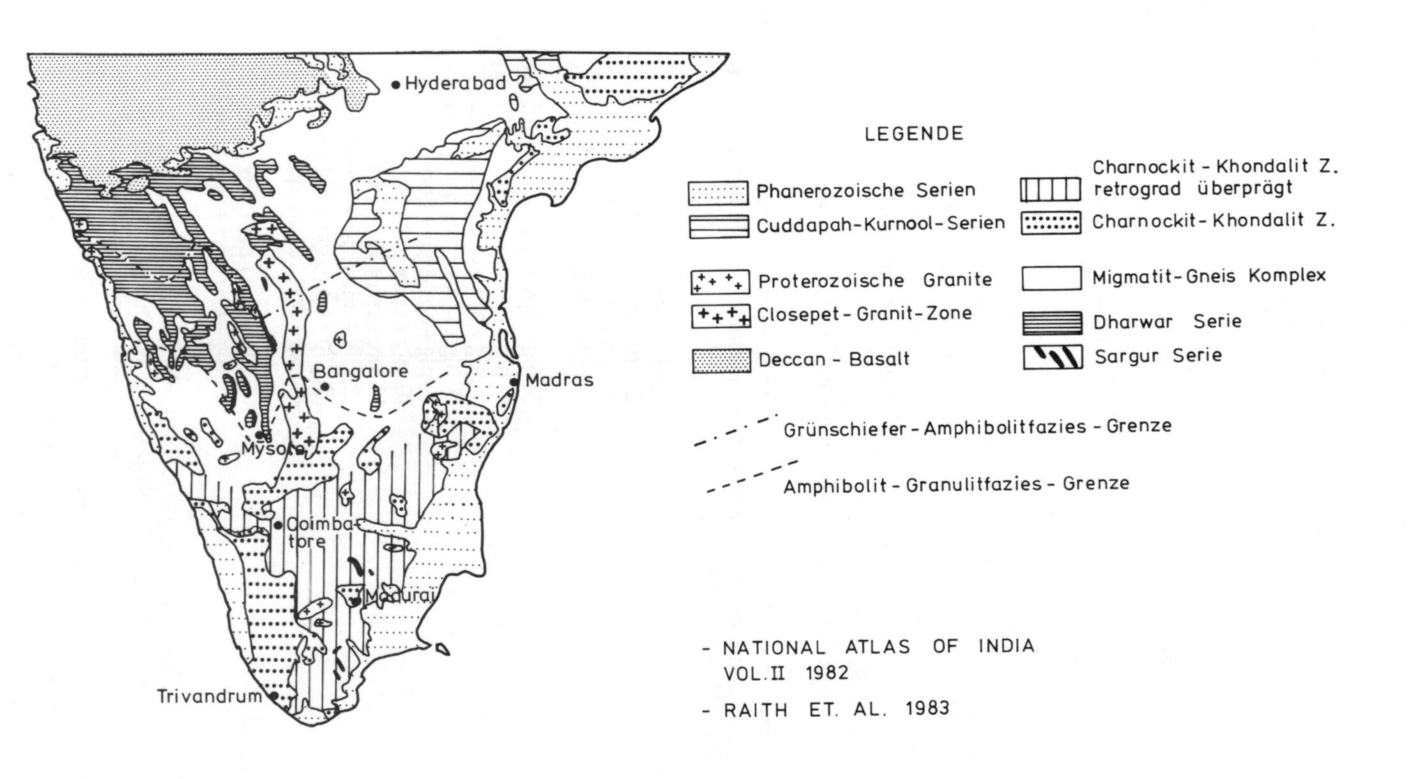

Abb. 3: Geologie Südindiens

Metamorphose steigt nach Süden von Grünschieferfazies bis zur hochgradigen Amphibolitfazies an. Darin eingeschlossen und im Zusammenhang mit einem regionalmetamorphen Ereignis vor 2600 Ma zu sehen ist der »closepet plutonic belt«, eine Zone hochgradiger Anatexis und granitischer Intrusionen.

Der südliche Teil des Kratons (»charnockite-khondalite terrane«) liegt überwiegend in Granulitfazies vor. Die Charnockite enthalten Pyroxene, Granate und Hornblenden mit massigem bis diatexischem Gefüge und gabbroider bis granitischer Zusammensetzung (RAITH et al. 1983). Lokal sind hochgradige Metasedimente eingeschaltet, z.B. Sillimanit/Disthen-Granat-Biotit-Gneise. Die Charnockitisierung erfolgte vor ca. 2600 Ma durch postkinematische Umwandlung eines dem nördlichen Kraton vergleichbaren Kristallins durch CO_2-Zufuhr aus dem oberen Mantel (RAITH et al. 1983). In einer proterozoischen Deformationsphase erfolgte eine retrograde Überprägung der charnockitischen Gesteine bei Bedingungen der Hornblende-Granulit- bis Amphibolitfazies entlang der Scherzonen. Die Bildung zahlreicher Granitintrusionen geschah durch Rehydration dieser Gesteine (RAITH et al. 1983).

Die mineralogische Zusammensetzung variiert oft sehr kleinräumig (vgl. Tab. 2)

Tab.2:Mineralzusammensetzung charnockitischer Gesteine in Südindien (nach RAITH et al.1983:225)

ultrabasisch	1. ol + cpx + hbl
	2. opx + cpx + gar + hbl + (plg)
	3. opx + cpx + hbl ± sp
	4. opx + hbl ± sp
gabroid bis quarz-dioritisch	5. plg + opx + cpx + gar (± qtz,bio)
	6. plg + opx + cpx + gar + hbl (± qtz,bio)
	7. plg + opx + cpx + qtz (± bio)
	8. plg + opx + cpx + hbl (± qtz,bio)
	9. plg + cpx + gar + qtz
	10. plg + cpx + gar + hbl
	11. plg + cpx + gar + bio
	12. plg + opx + gar + (± qtz,bio)
	13. plg + opx + gar + hbl (± qtz,bio)
	14. plg + opx (± bio, qtz)
granodiotitisch	15. plg + ksp + qtz + opx + cpx
	16. plg + ksp + qtz + opx + gar + bio

(bio Biotit, cpx Klinopyroxene, gar Granat, hbl Hornblende, ksp Alkali-Feldspäte, ol Olivin, opx Othopxroxene, plg Plagioklase, qtz Quarz, sp Spinel)

Besonders der Granatgehalt (meist Almandine) schwankt beträchtlich, was direkte Auswirkungen auf den Eisengehalt der darauf entstehenden Böden hat. Aufgrund der Granulitfazies kommen Muskovite kaum vor, und die zahlreichen

Biotite sind durch hohe Titangehalte gekennzeichnet (RAITH et al.1983; WIMMENAUER 1985).

Der »Peninsular-Gneiss-Complex« zeichnet sich aufgrund der tonalitischen bis granodioritischen Zusammensetzung (JANARDHAN 1986) durch höhere Gehalte an Quarzen und Plagioklasen aus. Pyroxene und Amphibole treten in den Hintergrund. Der Peninsular-Gneiss ist ebenfalls granathaltig, auch sind häufig pegmatitische Quarzgänge zu beobachten (WADIA 1985).
Die mineralische Zusammensetzung läßt eine Reihe von Vermutungen über die Verwitterung und Bodenbildung zu. So müssen vor allem die Almandine und die Pyroxene als Einfallstore der Verwitterung betrachtet werden (vgl. Kap.1.2.2.1.). Ihr relativer Anteil könnte die Verwitterungsintensität bei sonst gleichen Randbedingungen steuern. Neben den Biotiten sind es auch die wichtigsten eisenhaltigen Minerale. Die Biotite sind z.T. sehr stark titanhaltig, so daß eine höhere Verwitterungsstabilität angenommen werden muß (SRIKANTAPPA 1987, pers. Mittlg.).

2.1.3. Paläogeographische Auswirkungen der Plattentektonik

Einen wichtigen Aspekt bezüglich der Genese der Bodendecke in Südindien stellt die Kontinentaldrift dar. Die indische Halbinsel war Teil des alten Gondwana-Kontinents, der sich mit der Bildung der Madagassischen Straße im Jura aufzulösen begann (IRVING 1977). In der Oberkreide war die Auflösung in seine Einzelbestandteile, u.a. die indische Scholle, abgeschlossen. Die indische Scholle driftete seit dem beginnenden Tertiär nordwärts (KALE 1983) und passierte dabei den Äquator. Aufgrund paleomagnetischer Daten (KLOOTWIJK & PEIRCE 1979; SOMAYAJULU & SRINIVASAN 1986) errechnet sich die Driftgeschwindigkeit auf ca. 3-6 cm/a. Daraus läßt sich ableiten, daß jeder Punkt der indischen Scholle ca. 15 Ma dem äquatorial feucht-heißen Klima ausgesetzt war. So lag das heutige Bangalore (ca. 13°n.Br.) während des Miozäns direkt auf dem Äquator. Diese warm-humide Phase muß sich nachhaltig auf die Tiefenverwitterung, die Bodenbildung und das Relief ausgewirkt haben. Durch die langsame Austrocknung infolge der fortgesetzten Norddrift, aber auch durch den miozänen-pliozänen Aufstieg der West-Ghats und den damit verbundenen Lee-Effekt für den mittleren und östlichen Teil des Deccan haben sich einige dieser Verwitterungsphänomene konserviert. Bei einer genetischen Betrachtung der Bodendecke in dieser Region sind eventuelle Relikte dieser feucht-tropischen Phase in Rechnung zu stellen.

2.2. Klimatische Randbedingungen

2.2.1. Die rezenten Klimabedingungen und die Bodenfeuchteregime

Das Klima, speziell aber die hygrischen Bedingungen, der südindischen Halbinsel sind durch die Faktoren Monsun sowie Luv- und Lee-Effekt der West-Ghats wesentlich geprägt. Die Temperaturgegensätze zwischen Luv- und Lee-Lage können als minimal bezeichnet werden; so sind z.B. die Jahresdurchschnittstemperaturen in Trivandrum 26.9°C, in Madras 28.2°C. Extreme Unterschiede ergeben sich aus den Niederschlagsverhältnissen, die in Südindien eine Folge des sommerlichen SW-Monsuns und des winterlichen NO-Monsuns sind. Besonders der Sommermonsun, der aus dem Wirkungszusammenhang von außertropischen Westwinden, tropischen Ostwinden und äquatorialen Westwinden entsteht, ist von sehr komplexer Natur. Deshalb führen geringfügige Veränderungen eines der steuernden Elemente zu sehr unterschiedlichen Intensitäten dieses für Südasien so wichtigen Feuchtebringers (WAGNER & RUPRECHT 1975). Diese hohe Variabilität, die besonders in Lee-Lage der West-Ghats zu beobachten ist, macht den Aussagewert von Mittelwertsniederschlägen sehr problematisch. Vom winterlichen NO-Monsun profitiert nur der äußerste südliche Teil der Deccan-Halbinsel.
Die *Abbildungen 4 und 5* spiegeln die rapide Abnahme der Niederschläge von West nach Ost sowie die Zunahme der Aridität wider, wobei sich der Lee-Effekt der West-Ghats nach Osten langsam abschwächt. Gleichfalls läßt sich die Saisonaliät des Niederschlags deutlich erkennen.

In der *Tabelle 3* sind wichtige klimatische Parameter für die gewählten Pedons regional differenziert aufgeführt.

Für eine bodengenetische Betrachtung ist es unverzichtbar, die gebräuchlichen Klimaparameter »Temperatur« und »Niederschlag« um den Faktor »potentielle Evapotranspiration« zu erweitern und in ein Klimamodell des Bodenwasserhaushaltes einfließen zu lassen. Dabei kann die Temperatur als Energie-Input verstanden werden, obwohl der Einfluß der Temperatur auf bodenbildende Prozesse bisher kaum ausreichend quantitativ erforscht ist (YAALON 1983). Die allgemeine van't Hoff'sche-Regel, daß die Geschwindigkeit chemischer Reaktionen sich pro 10°C verdoppelt, muß in diesem Falle genügen. Niederschlag und Evapotranspiration hingegen steuern die Lösungs- und Transportvorgänge im System »Boden« und sind quantitativ in vielen Modellen erfaßt (vgl. SMECK et al.1983).

Tab.3: Niederschlagssumme, humide Monate und Bodenfeuchteregime

Pedon	mittl. Jahres-Niederschl. mm	humide Monate	Bodenfeuchteregime VAN WAMBEKE(1985)
Karpurpallam	2500	10	Udic Tropustic*
Vandiperiyar	2500	10	Udic Tropustic*
Palghat	2115	6	Udic Tropustic
Anaikatti	1550	4	Typic Tropustic
Channasandra	890	3	Typic Tropustic
Patancheru I	760	3	Typic Tropustic
Patancheru II	760	3	Typic Tropustic
Palathurai	590	1	Aridic Tropustic
Irugur	590	1	Aridic Tropustic
Purohit	1000	3	Typic Tempustic
Raika	1000	3	Typic Tempustic
Arjun Khola	1800	5	Wet Tempustic

*vgl. Fußnote 7

Ein wichtiger methodischer Ansatz stellt das Konzept des »soil moisture regime« der Soil Taxonomy (SOIL SURVEY STAFF 1975,1987) dar. Besonders die Weiterentwicklung und Anpassung an tropische Bedingungen durch VAN WAMBEKE (1985) liefert ein brauchbares Konzept für diese Arbeit. Danach werden die Bodenfeuchtebedingungen auf der Basis des Newhall-Simulations-Modells (VAN WAMBEKE 1985:10f) errechnet. Entscheidende Modellannahmen sind eine Nutzwasserkapazität (=Differenz aus Feldkapazität (FK) und Welkepunkt(PWP)) von 200 mm und eine Niederschlagsverteilung, bei der die Hälfte des Monatsniederschlags als einmaliges Starkregenereignis bei vollständiger Infiltration eingeht und die andere Hälfte als zahlreiche Schwachregenereignisse eingehen. Die Schwachregenereignisse infiltrieren nur dann, wenn die Niederschlagshöhe die potentielle Evapotranspiration übersteigt. Die Datengrundlage für diese Modellrechnungen lieferte WERNSTEDT (1972; zit.nach VAN WAMBEKE 1985).

Aufgrund dieser differenzierten Annahmen errechnet sich für den gesamten Untersuchungsraum ein »ustic soil moisture regime« (*s. Abb.6*). Dieses Ergebnis ist überraschend, wenn man es mit den dazugehörigen Klimadiagrammen (*Abb. 4*) vergleicht, die sehr unterschiedliche Niederschlagsregime ausweisen. In der

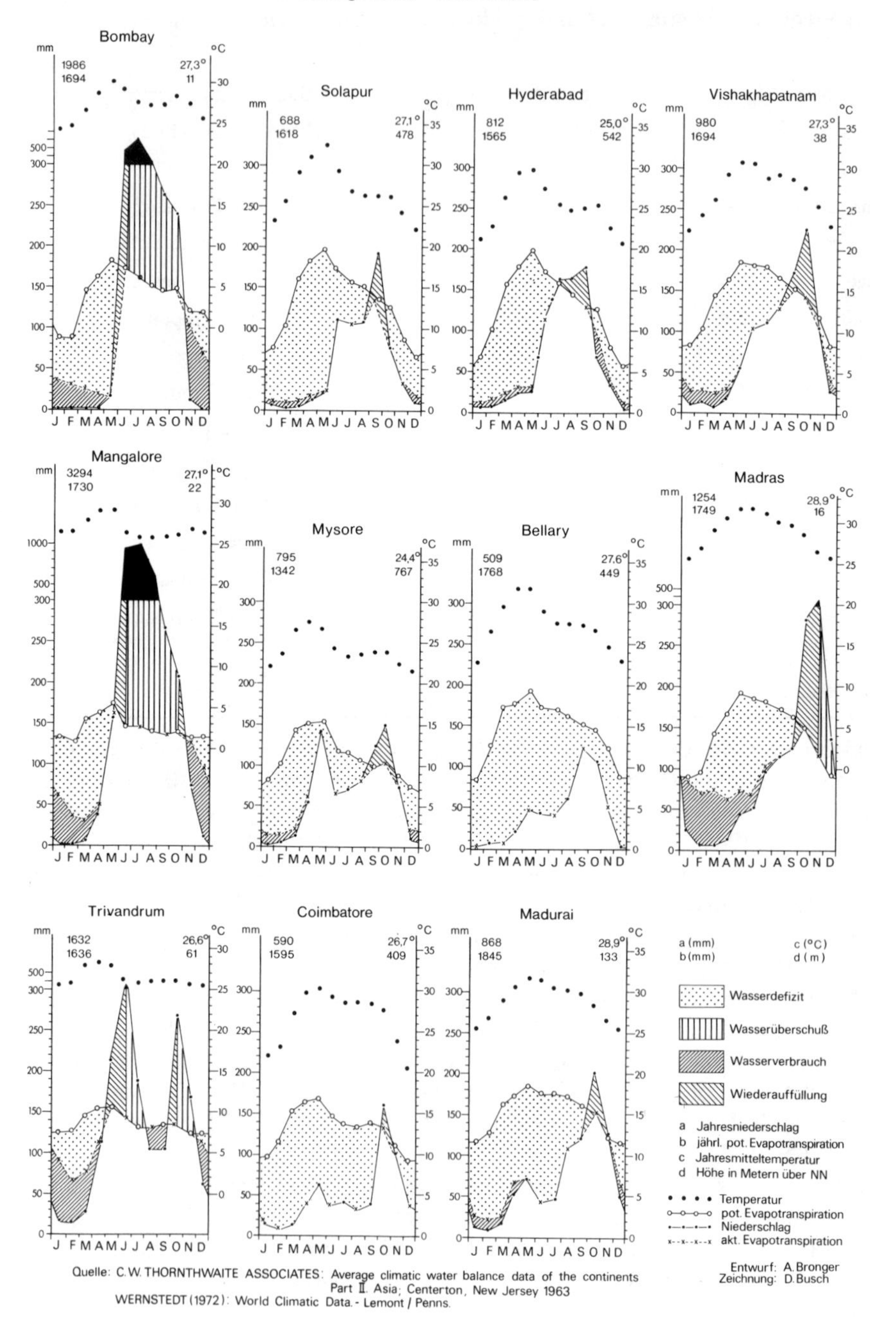

Abb. 4: Klimadiagramme Südindiens

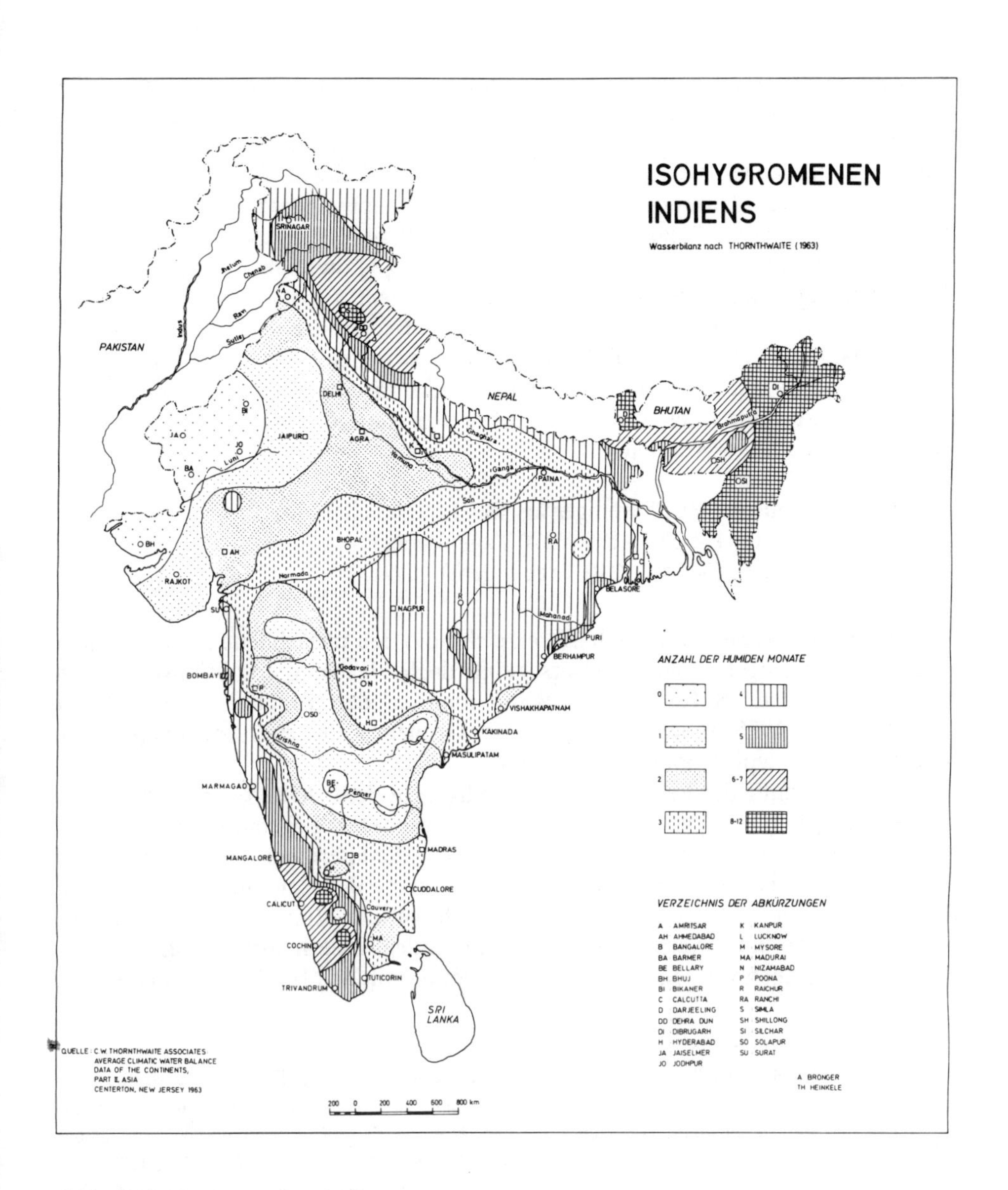

Abb. 5: Isohygromenen Indiens

Konzeption der »soil moisture regime (SMR)« durch die Soil Taxonomy (SSS 1975) soll gerade die Unterscheidung »ustic - udic SMR« die Grenze zwischen »leaching« und »non-leaching conditions« im Boden angeben, auch wenn die Dauer der trockenen Periode stärker als die potentiell zur Verfügung stehende Wassermenge für Transportvorgänge in das Konzept eingeht. Nach YAALON (1983) ist aber unter Bezugnahme auf relativ kurze Zeitintervalle wie Monatsmittel eine realistische Einschätzung des »leaching«-Potentials möglich. Für den Untersuchungsraum muß dies aber in Frage gestellt werden, denn die empirischen Ergebnisse stimmen nicht mit der errechneten Grenze »udic-ustic« überein. Geländebefunde am Westabfall der West-Ghats zwischen Cochin und Trivandrum weisen auf eine aktuelle Lateritisierung hin, die in einem »ustic SMR« schwer vorstellbar ist. Durch eine weitere Differenzierung des »ustic soil moisture regimes« in die Untergruppen

Aridic Tropustic (MCS[6] weniger als 180 Tage feucht)
Typic Tropustic (MCS >180 <270 Tage feucht)
Udic Tropustic (MCS >270 Tage feucht)

wird zwar eine bessere Trennschärfe erreicht, die den tatsächlichen ökologischen Rahmenbedingungen angepaßter erscheint, doch »leaching conditions« reichen weit in das »ustic SMR« hinein. Wenn man an den Ergebnissen von VAN WAMBEKE (1985) festhält, so ist die Grenze wohl eher zwischen »udic tropustic« und »typic tropustic« zu ziehen.

Die Zuordnung der Pedons zu den jeweiligen Bodenfeuchteregimen ist in *Tab. 3* wiedergegeben. Die von van Wambeke errechneten Ergebnisse decken sich weitgehend mit den tatsächlichen Verhältnissen, die allerdings aus Gelände- und Laborbefunden konstruiert werden müssen, da keine präzisen empirischen Daten für die Pedons bekannt sind. Problematisch ist die Einordnung der Pedons »Vandiperiyar« und »Karpurpallam«, deren Bodenwasserhaushalt treffender als »udic« beschrieben werden kann[7]. In Abweichung von den Modellergebnissen von

6 Soil Moisture Control Section

7 Leider ist das Netz der Klimastationen in Südindien sehr weitmaschig. Für den Ort Vandiperiyar habe ich einmal versucht, die klimatische Wasserbilanz zu erstellen. Dazu wurden Temperaturdaten der Station Sengulam, die nach Höhe über NN und Exposition Vandiperiyar vergleichbar ist, aus dem Resource Atlas of Kerala (CENTRE FOR EARTH SCIENCE STUDIES 1984) verwendet und nach THORNTHWAITE (1948) die potentielle Evapotranspiration errechnet. Die Monatsmittelniederschläge (1908-1950) sind aus den nahen Stationen Pirmed und Kumili interpoliert (Datenquelle: INDIA METEOROLOGICAL DEPT. 1971).

VAN WAMBEKE (1985) soll deshalb für die Böden aus den wechselfeuchten West Ghats von einem »udic soil moisture regime« (SOIL SURVEY STAFF (1975) ausgegangen werden.

Die Pedons »Palathurai« und »Irugur« liegen an der Grenze zum »aridic soil moisture regime«. Da die Nutzwasserkapazität des »Palathurai« geringer als die angenommenen 200 mm ist, ist eine Einordnung in das »aridic soil moisture regime« m.E. gerechtfertigt. Ergänzendes Kriterium, das in der Praxis auch gut überprüfbar ist, könnte die Nutzung eines Bodens im Trockenfeldbau sein. Daß der »Palathurai« ohne zusätzliche Bewässerung für die Sorghumproduktion geeignet ist, stützt allerdings die o.g. Modellergebnisse. Die kleinmaßstäbige Auflösung des Modells wird ebenfalls der besonderen Lage des »Anaikatti«-Pedons im Grenzbereich zwischen Nilgiris (»typic udic«) und dem Mysore-Plateau (»aridic tropustic«) nicht gerecht. Aufgrund der Niederschlagsdaten ist aber eine Einordnung in das »typic tropustic SMR« gerechtfertigt.

Die Bodentemperaturregime differieren im Untersuchungsraum nur wenig. Bei einer durchschnittlichen Jahresbodentemperatur von >22°C und einer Jahresamplitude <5°C liegen alle Pedons im »isohyperthermic soil temperature regime (STR)«. Die Pedons aus Gujarat und Nepal liegen allerdings an der Grenze zum »hyperthermic STR« bzw. im »hyperthermic STR«.

2.2.2. Zur paläoklimatischen Entwicklung Südindiens

Ausgehend von der Arbeitshypothese, daß die »Red Soils« im heute semi ariden Südindien im wesentlichen Reliktböden, d.h. Paläoböden sind (vgl.Kap. 1.1.), die unter einem feuchteren Klima als heute gebildet wurden, ist eine Auseinandersetzung mit den paläoklimatischen Randbedingungen notwendig.

Aufgrund der o.g. Erkenntnisse über die Drift der indischen Scholle sind Aussagen über das Klima in Südindien während des Tertiärs leicht ableitbar. Durch die Lage in der äquatorialen Zone muß das Klima zumindest für den Teil östlich der West Ghats wesentlich feuchter als heute gewesen sein. Dies hatte, wie schon angedeutet, erhebliche Auswirkungen auf die Boden- und Reliefentwicklung. Da

---

	J	F	M	A	M	J	J	A	S	O	N	D	Summe
N	82.34	41.22	43.77	147.79	173.96	449.05	532.46	281.64	188.73	338.26	311.40	152.63	2743.26
PET.	72.90	75.13	95.76	107.29	100.40	98.55	100.40	88.34	99.90	106.24	91.85	81.73	1118.49
Über-schuß	9.44	-33.91	-51.99	40.50	73.56	350.50	432.06	193.30	88.83	232.02	219.55	70.90	1624.77

Die Daten können nur als grobe Näherungen gewertet werden, doch sie widerlegen die Annahme eines »ustic soil moisture regime«, denn das Wasserdefizit im Februar und März wird durch die Nutzwasserkapazität in den Böden mehr als ausgeglichen.

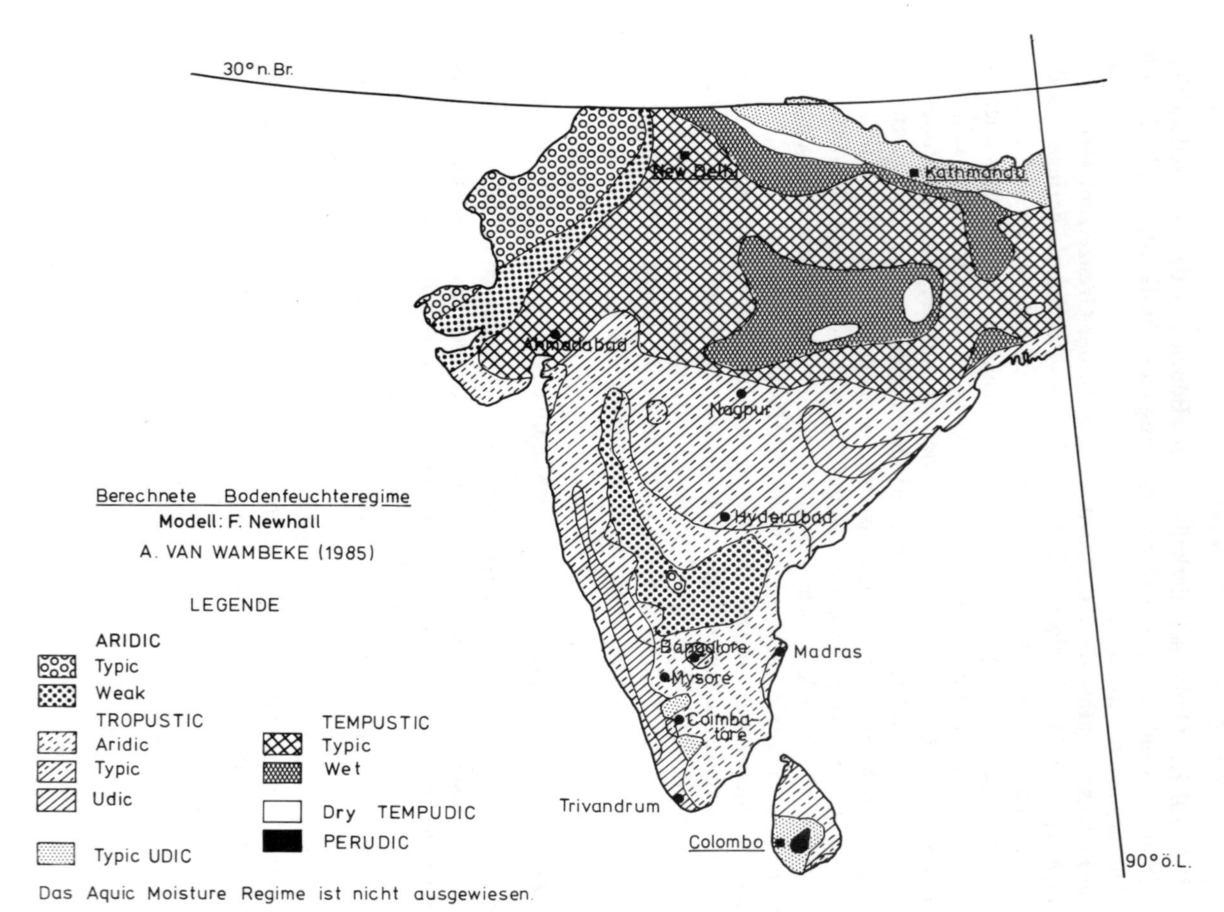

Abb. 6: Bodenfeuchteregime Indiens und Nepals

aber das gesamte Indien permanentes Abtragungsgebiet ist, dürften sich Böden aus dieser Zeit kaum erhalten haben. Das absolute Alter von Böden ist mit den heute zur Verfügung stehenden Mitteln leider nicht bestimmbar, da Böden offene Systeme sind, was z.B. eine Bestimmung von Isotopenverhältnissen unmöglich macht (SOMAYAJULU 1987, pers. Mitt.).

An der Grenze Miozän-Pliozän wird es schwieriger, das Klima zu rekonstruieren, da mit der außeräquatorialen Lage und dem Anstieg der West Ghats die Randbedingungen für ein Klimamodell komplexer geworden sind. Eine lineare Rückschreibung ist angesichts der bekannten Klimaschwankungen während des Pleistozäns in den mittleren und hohen Breiten, die auch Auswirkungen auf dem indischen Subkontinent gehabt haben (TERRA DE 1938; TERRA DE & PATERSON 1939; FLOHN 1985; SEUFFERT 1986:201), unmöglich.

Nach BRÜCKNER (1989) wurden seit dem Pliozän die Bedingungen an der Ostküste des Deccan semiarid. Das Fehlen intensiver Verwitterungsdecken auf den marinen Kudankulam-Kalken (miozäne-pliozäne Bildungen) soll dies belegen. Da es sich um küstennahe Sedimente handelt, könnten allerdings vorhandene Verwitterungsdecken durch eine oder mehrere Meerestransgressionen erodiert sein.

Nach SEUFFERT (1986) kam es im Übergang Tertiär-Quartär auch zu einer Aridisierung im Westteil des Deccan, die durch Schotterterrassen belegt ist.

Auch wenn die Klimaentwicklung in Richtung der heutigen Verhältnisse ging, so postuliert SEUFFERT (1986) für die pleistozänen Kaltzeiten eine Umkehr oder zumindest eine gravierende Änderung der Niederschlagssummen und der regionalen Niederschlagsverteilung in Südindien: Die Vereisung Tibets führte zu einer schwächeren Ausbildung des Hitzetiefs in der Ganges-Ebene. Ein daraus resultierendes geringeres Druckgefälle zwischen ITC und NITC führte zu einem schwächer ausgebildeten SW-Monsun. Eine Verstärkung des winterlichen Subtropenhochs durch die Eiskalotte des Himalaya erhöhte den Druckgradienten zur ITC, so daß der NO-Monsun erheblich an Kraft gewann und zumindest für die Gebiete südlich des 12°n.Br. höhere Niederschläge brachte. Dieses sehr spekulative Modell bildet für SEUFFERT eine hinreichende Erklärung für das Zusammenwachsen von verschiedenen Flächen im Bereich der Palghat-Gap. Diese Annahmen konnten für die letzte Kaltzeit (ca. 18,000 B.P.) indirekt über die Rekonstruktion der Oberflächentemperatur des Indischen Ozeans auf der Basis des $^{18}O/^{16}O$-Verhältnisses planktonischer Foraminiferen bestätigt werden (PRELL et al.1980; DUPLESSY 1982).

Auf der Basis von Parametern zur Rotation und Umlaufbahn der Erde (Obliquität, Präzession und Exzentrizität) hat KUTZBACH (1981; KUTZBACH & OTTO-BLIESNER 1982) ein atmosphärisches Modell mit genügend kleinräumiger Auflösung für das frühe Holozän (9000 B.P.) entwickelt, demzufolge die Sonneneinstrahlung im Nordsommer 7% höher als heute lag und im Winter um 7% niedriger. Daraus resultierte eine verstärkte Monsuntätigkeit im Sommer, die z.B. NW-Indien ca. 50% höhere Niederschläge als heute lieferte. Ob der ver-

stärkte Land-Meer-Temperaturgegensatz im Winter zu einer Verstärkung des NO-Monsuns geführt hat (vgl. SEUFFERT 1986), geht aus dem Modell nicht hervor, wäre aber denkbar. Ebenso ist nicht ableitbar, ob die Niederschläge in Lee der West Ghats um denselben Betrag zugenommen haben wie in Luv. Kutzbach schätz die Aussagefähigkeit seines Modells sehr hoch ein, da die Ergebnisse gut mit Wasserständen in Seen, mit Pollenanalysen und Tiefseekernen korrelieren (KUTZBACH 1981).
Zusammenfassend muß die paläoklimatische Entwicklung der südindischen Halbinsel als noch recht ungeklärt betrachtet werden. Sicher ist die Austrocknung seit dem Tertiär. Daß diese Aridisierung durch feuchtere Episoden besonders am Ostabfall der West Ghats unterbrochen wurde, muß als Hypothese betrachtet werden, die noch einer besseren empirischen Überprüfung bedarf.

2.3. Der Einfluß der Fauna und Flora auf die Bodenbildung

2.3.1. Die Vegetation

Die potentielle natürliche Vegetation sowie die aktuelle Vegetation für die ausgewählten Standorte gibt die *Tabelle 4* wieder.

Diese regionale Differenzierung der Vegetations-Formationen (series) stimmt mit den eigenen Erfahrungen allerdings kaum überein. Nicht nur wegen der starken anthropogenen Überprägung der meisten Standorte, sondern auch bei Berücksichtigung der heutigen klimatischen Parameter scheint die Grenze der Waldformen zu weit in den ariden Bereich verschoben (z.B. Coimbatore). »Palathurai« und »Irugur« sind potentielle Trocken-Dornensavannen-Standorte. Ebenso bleibt fraglich, ob in der Umgebung von Bangalore und Hyderabad bei nur drei humiden Monaten ein geschlossener Teak-Wald existieren könnte.

Die Anwendung des Konzeptes der »potentiellen natürlichen Vegetation« für eine Betrachtung der Böden Südindiens ist aus mehreren Gründen problematisch: Zum einen wird auf den südindischen Plateaus seit ca. 5000 Jahren Ackerbau betrieben (BÜDEL 1965), zum anderen ist es schwierig, für (potentiell) sehr alte Böden eine Klimax-Vegetation anzunehmen, wenn gleichzeitig von erheblichen Klimaschwankungen in der Vergangenheit ausgegangen werden muß. Deshalb kann der mögliche Einfluß bestimmter Vegetationsformen Südindiens auf die Bodenentwicklung nur allgemein skizziert werden.

Tab.4: Aktuelle und potentielle natürliche Vegetation im Untersuchungsraum

Pedon	potentielle nat. Vegetation*	akt.Vegetation
Karpurpallam	Dipterocarpus-Mesua Palaquium-Cullenia	Tee
Vandiperiyar	dito	Tee
Palghat	Tectona-Lagerstroemia-Terminalia	Ödland**
Anaikatti	Anogeissus-Terminalia-Tectona***	Strauchsavanne
Channasandra	Hardwickia-Anogeissus	Acker
Patancheru I	dito	Ödland
Patancheru II	dito	Ödland
Irugur	Albizzia amara-Acacia	Acker
Palathurai	dito	Acker
Purohit	Acacio-Capparis****	Ödland
Raika	dito	Acker
Arjun Kh.	–	Ödland

* nach MEHER-HEMJI (1967)
** definiert als anthropogen stark überprägt, aber z.Z. nicht ackerbaulich genutzt
*** dry decidious teak forest; bei einer zunehmender Degradierung: Savanna-woodland, tree-savanna, shrub-savanna, thicket (=sehr starke Überweidung)
**** tree savanna-type

Neben der Interzeption, die die mechanische Kraft der Starkregen bricht und die Erosion vermindert, ist auch die Beschattung wichtig, die den Energie-Input in den Boden signifikant senkt (MOHR et al.1972). Die Evapotranspirationsleistung von Pflanzen reduziert auch das für Verlagerungsprozesse im Boden zur Verfügung stehende Wasser.

Besonders die Streuproduktion, die morphologisch zur Bildung eines Ah-Horizontes führt, hat tiefreichende chemische Auswirkungen. Die Aufnahme u.a. basischer Nährstoffe durch die Pflanze aus z.T. tieferen Horizonten und der partielle Rückfluß als Streu führt zu einem zweiten Maximum basischer Kationen im Oberboden. Auch fallen durch das Streu und dessen Zersatz reichlich organische Säuren an, die entweder direkt die chemische Verwitterung intensivieren oder aber als Komplexbildner Eluvialprozesse im Boden unterstützen. Die Verlagerung von Eisen und dessen Ausfällung durch Oxidation der organischen Komplexbildner kann zu tiefliegenden Eisenanreicherungshorizonten führen (MOHR et al.1972:222).

Unter Savannenvegetation wurde eine stärkere Desilifizierung von Kaoliniten und die Bildung von Gibbsiten im Oberboden beobachtet. Die aufgenommene

Kieselsäure wurde als Phytolithe von den Pflanzen wieder ausgeschieden (ebenda:222).

Beim Anbau von Tee (camellia sinensis L.), dessen Standortanforderungen offensichtlich optimal in Ultisolen und Oxisolen erfüllt scheinen, fällt durch die fast jährliche Beschneidung ca. 15-40 Tonnen Streu pro Hektar an (MANN & GOKHALE 1960). Hohe Gehalte an organischem Kohlenstoff und an Huminsäuren sind deshalb ins Kalkül zu ziehen. Auch unter Teak-Wäldern fällt sehr viel Streu an, das Verwitterungs- und Verlagerungsprozesse in der oben geschilderten Form intensivieren kann.

2.3.2. Die Fauna

Der Einfluß der Bodenorganismen auf die Entwicklung und Morphologie von Böden in der tropisch-subtropischen Zone ist eng mit der Frage der Bioturbation verknüpft. Als Hauptakteure gelten die Termiten. Bestandsdichten von 200-450 Termitenhügeln/ha in NO-Australien (BONELL et al.1986) belegen deutlich deren potentiellen Einfluß. Dabei ist es nicht nur die Durchmischung, die bei einem Materialumsatz von bis zu sechs Kilo/m^2 (LEE & WOOD 1971) den Prozessen der Profildifferenzierung entgegenläuft, sondern auch die selektive Entmischung. Nach BREMER (1979) und SPÄTH (1981) tranportieren Termiten bevorzugt Feinmaterial an die Oberfläche, das aufgrund der Korngrößenzusammensetzung leicht erodierbar ist. Diese Entmischung kann zur Bildung von »stone-lines« als residuale Anreicherung an der Untergrenze der Aktivitätszone führen. Im Untersuchungsraum kann die Genese der »stone-lines« aber besser als Relikte von pegmatitischen Quarzgängen erklärt werden.

Der aufwärts gerichtete Materialtransport führt nach MOHR et al. (1972) zu einem »nicht-eluvialen« Charakter des A-Horizontes. Ob allerdings chemische Parameter wie z.B. Basenanteil geeignet sind, dies zu belegen, muß angesichts eines möglichen Biorecyclings durch Pflanzen fraglich bleiben (vgl.u.a. NIEDERBUDDE & KUSSMAUL 1978). Nachgewiesen ist auch, daß die Termitenaktivität die Bodendichte verringert und die Aggregatstabilität erhöht (LEE & WOOD 1971). Die Veränderung bodenchemischer Randgrößen wie pH, KAK, N- und P-Gehalte im Oberboden ist wohl in erster Linie eine Folge der o.g. Entmischung und der biologischen Umsetzung organischen Materials. Die Fähigkeit von Termiten, in tonarmen Böden durch mechanische Zerkleinerung von Glimmern in die Tonfraktion ausreichend Baumaterial zu produzieren, ist empirisch belegt (LEE & WOOD 1971:120).

Im Untersuchungsraum konnte nun aber nirgends eine Termitentätigkeit beobachtet werden. Durch die lange anthropogene Überformung mag dies verständlich sein. Es ist jedoch nicht auszuschließen, daß es in früheren Zeiten eine Termitentätigkeit gegeben hat, die sich bis heute auf die Profildifferenzierung ausgewirkt hat. Makromorphologisch zeigte allerdings kein Pedon Spuren intensiverer Durchmischung. Das Wirken anderer Bodenorganismen ist analog der Termitentätigkeit zu bewerten. Eine quantitative Einschätzung des Einflusses ist aber weitgehend unmöglich.

2.3.3. Der Einfluß des Menschen auf die Bodenbildung

Die Einflußnahme des Menschen auf die bodenbildenden Prozesse war in der Vergangenheit trotz einer seit jahrtausenden bestehenden Ackerkultur auf den südindischen Rumpfflächen gering. Ein Rückgang der organische Substanz durch Pflugkultur, ein Rückgang der Aggregatstabilität und eine verstärkte Krustenbildung können aber konstatiert werden (EL-SWAIFY et al.1985). In der Gegenwart und Zukunft ist es mit Sicherheit der wirtschaftende Mensch, der in Indien - unter besonderem Bevölkerungsdruck - alle anderen bodenbildenden Faktoren mit Ausnahme des Faktors Zeit signifikant verändert bzw. verändern wird. Schon heute bedeutet die Bodenerosion die größte absehbare ökologische Katastrophe in Indien (vgl. NARAYANA & BABU 1983). Die beschleunigte Erosion von bis zu 45 cm/100a auf Hängen von 1-3° Neigung im Bereich des ICRISAT/Hyderabad-Patancheru[8] mag beispielhaft das Ausmaß der Störungen durch den Menschen belegen.

Kein Standort, an dem Proben genommen wurden, war von solchen Störungen unbeeinflußt; meist waren deutliche Störungen im Oberboden - wenigstens durch das Pflügen -, aber häufig auch ein völliges Fehlen des Oberbodens zu beobachten. Die Auswahl der Pedons gestaltete sich dementsprechend schwierig und zeitaufwendig, denn es galt, möglichst ungestörte Pedons zu beproben. Dies gelang aber nicht in allen Fällen gleich gut.

2.4. Der Einfluß des Reliefs auf die Bodenbildung

Alle beprobten Pedons mit Ausnahme von »Vandiperiyar« und »Karpurpallam« liegen in Plateaulage mit maximal 1° Neigung. Hier sind horizontale Verlagerungsprozesse auf die Flächenspülung bzw. Pedimentation beschränkt. Diese dürfte sich aber nur auf die oberen Zentimeter der Böden auswirken. Nach BREMER (1973, 1979) bewirkt die Flächenspülung eine Tonverarmung und residuale Anreicherung von Grobsand. Subterrane Verlagerungsprozesse spielen bei Niederschlägen <2000 mm wohl keine Rolle, wenn eine ausreichende Mächtigkeit zum festen Liegenden gegeben ist, so daß keine Stauwirkung auftritt. Trotz teilweise sehr tief aufgegrabener Bodenprofile war im Januar der Saprolit nirgendwo feuchter als erdfeucht. Auch die in einigen Pedons zu beobachtenden »stone-lines« sind hier nicht Ausdruck geogener Verlagerungsprozesse

---

8 Vortrag anläßlich der Nachexkursion des IBG-Kongresses in Delhi 1982 (zit. nach BRONGER 1985)

(zusammenfassend AHNERT 1983), sondern in-situ-Verwitterung von pegmatitischen Quarzgängen (vgl. BRONGER 1985).

Die Pedons in den West Ghats auf mäßig geneigten Unterhängen sind potentiell stärker von Massenverlagerungen betroffen. Ob oberflächlicher Materialversatz bedeutsam ist, muß bezweifelt werden, denn beide Pedons zeigen eine klare Horizontierung. Die mächtigen A-Horizonte erklären sich auch aus den Besonderheiten der Teekulturen. BREMER (1981) hat auf die relativ hohe Stabilität der Bodendecke selbst an steilen Hängen in Sri Lanka hingewiesen.

Wesentlich bedeutender dürfte die subterrane Materialabfuhr in Lösung durch Hangzugwasser sein. BREMER (1979) hat aufgrund der Signifikanz dieser horizontalen Stofftransporte eine vertikale Stoffbilanz in solchen Böden in Frage gestellt. Nach eigener Anschauung muß sich dieser subterrane Fluß auf den Saprolit beschränken, da dort sehr niedrige Gehalte sekundären Eisens zu beobachten sind, während die Eisengehalte der Böden vergleichsweise sehr hoch sind (vgl. Kap. 4.1.). Bei gesättigtem Fluß in der Horizontalen müßte aber durch Reduktion und Abtransport ein deutlich geringerer Gehalt sekundärer Eisenoxide beobachtbar sein. Dies ist in den Böden nicht der Fall.

Das Relief hat aber unbestreitbar Einfluß auf die Bodenbildung durch Unterschiede in der Richtung und Intensität von Stoff-Flüssen, und das Catena-Prinzip hat sich besonders in den Tropen bewährt. Allgemein nimmt die Verwitterung hangaufwärts zu, weil dort eine schnellere Abfuhr gelöster Stoffe aus dem Verwitterungsprozess erfolgt. Die Sequenz Oxisole - Ultisole - Inceptisole gilt als typisch für viele Hänge in den feuchteren Tropen (BUOL et al.1980).

2.5. Der Faktor »Zeit« als Dimension sich verändernder Randbedingungen

Streng genommen stellt die Zeit keinen bodenbildenden Faktor dar (SMECK et al.1983:70). Vielmehr ist sie als die Dimension zu betrachten, in der sich die anderen Faktoren verändern können.

Diese Dimension für den Untersuchungsraum auch nur annähernd in den Griff zu bekommen ist angesichts der Unmöglichkeit absoluter Altersdatierung weitestgehend zum Scheitern verurteilt. SCHMIDT-LORENZ (1986) hat mit Recht darauf hingewiesen, daß die Bildung der meisten Böden in den niederen Breiten weit in das Tertiär zurückreicht. Mit Ausnahme der Referenzprofile aus Gujarat und des bisher untersuchten »Red Soil« aus SW-Nepal bietet das Alter des Ausgangsmaterials auch keine Anhaltspunkte für die Dauer der Bodenentwicklung. Die jetzige Bodendecke könnte die n-te Bodengeneration sein. Deshalb muß der Faktor »Zeit« in dieser Untersuchung als etwas Relatives gesehen werden.

Die bodenbildenden Faktoren sind in ihrer heutigen Wirkung sehr gut qualitativ abzuschätzen. Wenn beobachtbare und nachweisbare Eigenschaften der Böden oder ihrer Bestandteile nicht aus diesen Randbedingungen erklärt werden können, müssen diese Phänomene als reliktisch interpretiert werden. Es werden immer Phänomene intensiverer Verwitterung und Bodenbildung sein, da nur sie bei Veränderungen der Randbedingungen weitgehend stabil sind. Eine genaue zeitliche Einordnung der Entstehung ist aus den o.g. Gründen nicht möglich, wohl aber sind die Randbedingungen ihrer Entstehung nachvollziehbar. Zudem bieten die Referenzprofile aus Gujarat aufgrund der Kenntnis ihres Alters die Möglichkeit, die im Untersuchungsgebiet seit dem Spätpleistozän wirksamen Bodenbildungsprozesse genauer zu bestimmen.

3. Die Untersuchungsmethoden und ihre kritische Bewertung

3.1. Die Aufbereitung der Proben

Nachdem die Proben im Trockenschrank bei ca. 40°C vollständig getrocknet waren, wurde die Feinerde (<2 mm) durch Trockensieben mit dem 2 mm-Sieb gewonnen und gleichzeitig der Skelettanteil bestimmt. Da die Proben durch das Trocknen sehr stark verhärtet waren, mußten die Aggregate und Konkretionen mechanisch durch das Ausrollen mit einer hölzernen Kuchenrolle zerkleinert werden. Die Kohärenz der Saprolitproben war durch das Trocknen gegenüber dem erdfeuchten Zustand sehr stark erhöht, so daß sie im Mörser vorsichtig zerkleinert werden mußten. Durch die mechanische Zerkleinerung ist eine Veränderung in der Korngrößenzusammensetzung, besonders der Skelettanteile und der Grobsandfraktionen, nicht auszuschließen. Viele Gesteinsreste im Saprolit fanden sich sicher als Einzelkörner in der Grobsandfraktion wieder. Diese Verzerrung mußte aber in Kauf genommen werden, damit die weiterführenden Analysen nach Standardmethoden durchgeführt werden konnten. Eine chemische Vorbehandlung unter gezielter Lösung der verkittenden Substanzen, speziell der Eisenoxide, wäre sehr viel zeitaufwendiger bei zweifelhaftem Erfolg gewesen. Während die gewonnene Feinerde in 250 ml Probengefäßen zwischengelagert wurde, war die Fraktion >2mm nicht weiter Gegenstand der Untersuchungen.

3.2. Die Korngrößenanalysen

Die Korngrößenanalysen erfolgten nach zwei verschiedenen Verfahren:
- Sieb- und Pipettmethode nach KÖHN (zit.n. SCHLICHTING & BLUME 1966)
- vollquantitative Abschlämmung (BRONGER 1976:23/24).

3.2.1. Die Pipettmethode

Es wurden jeweils zehn (Bt-Horizonte) bis 25 (Saprolite) Gramm Feinerde in 250 ml-Enghals-Polypropylenflaschen eingewogen, in denen das Probenmaterial während aller Vorbehandlungen verblieb. Unter Zugabe von H_2O_2-Lösung (5%ig) wurde die organische Substanz zerstört. Im Wasserbad wurden die Proben bei 70°C bis zur Trockenheit eingedampft. Karbonathaltige Proben wurden so lange mit 0.25n HCl versetzt, bis ein Ausbleiben des Aufbrausens die Zerstörung aller Karbonate signalisierte. Nachdem die Proben mehrmals mit destilliertem Wasser gewaschen und bei 1500 $Umin^{-1}$ abzentrifugiert waren, wurden die sekundären Eisenoxide durch die $NaHCO_3$-gepufferte Natriumcitrat-Dithionit-Methode nach MEHRA & JACKSON (1960) extrahiert. Dies geschah in Abwandlung der Originalmethode in zwei bis vier 24-stündigen Kalt-Extraktionen, die effektiver und schonender als die Warmextraktionen sind (SCHWERTMANN pers Mitteilg.). Die so vorbehandelten Proben wurden mit 25 ml 0.4n $Na_4P_2O_7$ unter dreistündigem Schütteln dispergiert.

Die Fraktionen >63µm wurden durch Naßsieben und anschließendes Trocknen und Auswiegen ermittelt. Die Fraktionen <63µm wurden mit der Pipettmethode bestimmt, dabei wurden Entnahmetiefen von 20cm (<63µm), 20cm (<20µm), 10cm (<6,3µm) und 20cm (<2µm) gewählt. Erreichte die Auswaage mindestens 95% der um die Feuchtigkeit, die Karbonate, die Eisenoxide und organische Substanz korrigierten Einwaage, so wurde die Auswaage als Basis zur Berechnung der Einzelfraktionen gewählt. Lag die Auswaage aber unter 95% der korrigierten Einwaage, so wurde die Analyse wiederholt. Es wurden keine Parallelanalysen vorgenommen.

3.2.2. Die quantitative Abschlämmung

Die quantitative Abschlämmung als alternative Methode sollte einmal zur Überprüfung der Ergebnisse der Pipettmethode dienen, aber besonders zur vollquantitativen Gewinnung der einzelnen Kornfraktionen einer Probe. Diese sollten dann das Basismaterial für alle nachfolgenden mineralogischen Analysen sein.

Die Vorbehandlung der Proben erfolgte analog zur beschriebenen Pipettmethode, doch für die Dispergierung wurden 5 ml 10%ige NaOH genommen, da Pyrophosphat bei Zugabe von $MgCl_2$-Lösung zur Koagulation des abgeschlämmten Tons als wasserunlösliches Mg-Pyrophosphat ausfällt[9] (OMUETI & LAVKULICH 1988).

Nach dem nassen Absieben der Fraktionen >63µm wurden die definierten Fraktionen, beginnend mit der Fraktion <2µm, durch wiederholtes Abschlämmen und Dispergieren mit Hilfe eines Syphons gewonnen. Die Abschlämmung wurde so lange wiederholt, bis die 1000 ml Standzylinder nach der berechneten Zeit völlig klar waren. Die Gesamttonfraktion (<2 µm) wurden mit $MgCl_2$ koaguliert und im feuchten Zustand verwahrt. Die Schluff-Fraktionen wurden nach dem Abschlämmen jeweils abzentrifugiert, getrocknet und gewogen.

Die Tonfraktion der Proben wurde durch wiederholtes Dispergieren und Zentrifugieren in die Fraktionen <0.2µm (Feinton) und 0.2-2µm (Grob- und Mittelton, im Folgenden nur als Grobton bezeichnet) getrennt. Das Abzentrifugieren wurde ebenfalls bis zur völligen Klarheit der Lösung wiederholt.

---

9 Dies konnte bei Vorstudien beobachtet werden. Das Mg-Pyrophosphat bildet diskrete Teilchen, die sehr scharfe XRD-Reflexe bei ca. 3.25-3.34Å ergeben. Eine Lösung des Mg-Pyrophosphats gelingt durch Versetzen mit 50 ml einer 1n-Titriplex-III-Lösung und anschließendem Waschen mit einem Äthanol/Wasser-Gemisch zur Verhinderung des Dispergierens.

Bei einer bestimmten mineralogischen Zusammensetzung, z.B. Smektitdominanz, kann die mechanische Beanspruchung durch das Schütteln dazu führen, daß der gesamte Ton als Feinton dispergiert. In den Böden der »Palathurai-« und »Irugur Series« war dies der Fall. Diese Schwäche der Methode läßt sich m.E. aber kaum umgehen, es sei denn durch einen willkürlichen Abbruch des Trennverfahrens nach z.B. dem sechsten Durchgang. Das Problem der Abhängigkeit des Grobton/Feinton-Verhältnisses von der Art der Dispergierung und dem Grad der mechanischen Beanspruchung des Gesamttons hat schon CHITTLEBOROUGH (1982) herausgestellt. Verschiedene Dispergierungsmittel wirken demnach recht unterschiedlich und führen zu variierenden Grobton- und Feintongehalten. Die Verwendung von NaOH (leider ohne Angabe der Konzentration) hatte den schlechtesten Dispergierungseffekt. Wenn nun wie im vorliegenden Fall trotz der Verwendung von NaOH eine vollständige Dispergierung erzielt wurde und fast ausschließlich Feinton gewonnen wurde, so belegt es zwar die begrenzte Übertragbarkeit von Chittleboroughs Ergebnissen auf andere Böden und Tonminerale, doch unterstreicht es das grundsätzliche methodische Problem der Art der Dispergierung.

Die Tonteilfraktionen wurden durch $MgCl_2$-Lösung koaguliert, gewaschen, getrocknet und gewogen. Die Berechnung der Anteile der jeweiligen Fraktionen ergab sich analog zur Pipettmethode.

Beiden Methoden zur Ermittlung der Korngrößenzusammensetzung sind die gleichen Mängel immanent: Die Grundannahmen wie der Kugelcharakter der Teilchen und die einheitliche spezifische Dichte der Teilchen von 2.65 g/cm^3, die erst eine Anwendung des Stoke'schen Gesetzes ermöglichen. Grobe Abweichungen von der tatsächlichen Zusammensetzung sind bei sehr glimmerhaltigen und/oder sehr schwermineralhaltigen Proben zu erwarten. Insbesondere gegen die Pipettmethode sind viele Einwände vorgebracht worden (vgl. BRONGER 1976), die alle im Zusammenhang mit dem Stichprobencharakter der entnommenen Aliquote stehen. Die Pipettmethode ist trotz ihrer Mängel aufgrund ihrer weltweit standardisierten Anwendung ohne praktische Alternative. In der Untersuchung waren die Ergebnisse beider Methoden sehr gut vergleichbar (Abweichungen $<2\%$ abs.).

3.3. Die bodenchemischen Untersuchungen

Bei *allen* nachfolgenden Analysen wurde jeweils pro Probe eine Parallelprobe einbezogen. Wurde von dieser Regelung abgewichen, so findet dies besondere Erwähnung. Ausgangsmaterial war immer der Feinerdeanteil der Proben, der noch alle sekundären Verwitterungsprodukte und die organische Substanz enthielt. Abweichungen davon sind ausdrücklich erwähnt.

3.3.1. Der pH-Wert

Die pH-Werte der Bodenlösungen wurden sowohl in destilliertem Wasser als auch in 0.1n-KCl-Lösung bestimmt. Dazu wurden jeweils 10 g Feinerde mit 25 ml Lösung für 60 Minuten versetzt und dabei häufiger umgerührt. Die Messung erfolgte mit einem WTW-pH 90-Meter.

3.3.2. Der Calciumkarbonatgehalt

Die karbonathaltigen Proben wurden nach einer Vorprobe ausgewählt und gasvolumetrisch nach SCHEIBLER bestimmt (SCHLICHTING & BLUME 1966).

3.3.3. Die organische Substanz

Die Analyse des organischen Kohlenstoffs beschränkte sich auf die Proben der Oberböden. Es wurde das Naßveraschungsverfahren gewählt (SCHLICHTING & BLUME 1966); die Gehalte an organischer Substanz ergeben sich aus der Multiplikation des organischen Kohlenstoffs mit dem variablen Faktor zwischen »1.724« und »2.0«, der je nach Boden empirisch festzulegen ist (NELSON & SOMMERS 1982:540).

3.3.4. Das oxalatlösliche Eisen (Fe_o)

Zur Bestimmung des oxalatlöslichen Eisens im Boden wurde die Feinerde in der Achatkugelmühle mechanisch zerkleinert, um vorhandene Konkretionen besser aufzuschließen. Die Extraktion erfolgte mit saurer Ammonium-Oxalat-Lösung (SCHWERTMANN 1964). Die Eisengehalte wurden photometrisch ermittelt.

3.3.5. Das dithionitlösliche Eisen (Fe_d)

Auch für die Extraktion des dithionitlöslichen Eisens wurde feingemahlene Feinerde verwendet. Die von MEHRA und JACKSON (1960) vorgeschlagene $NaHCO_3$-gepufferte Na-citrat-dithionit-Methode wurde insoweit geändert, als eine viermalige 24-stündige Kalt-Extraktion (ca.20°C) gewählt wurde. Gegenüber der ca. 20-minütigen Warmextraktion (ca.60°C) war dieses Vorgehen bei Fe_d-Gehalten >2% weitaus effektiver. *Abbildung* 7 gibt die Ergebnisse von vergleichenden Vorstudien wieder. Die Eisengehalte der Lösungen wurden photometrisch und auf der AAS (Philips-Unicam) bestimmt, dabei zeigten sich kaum Abweichungen.

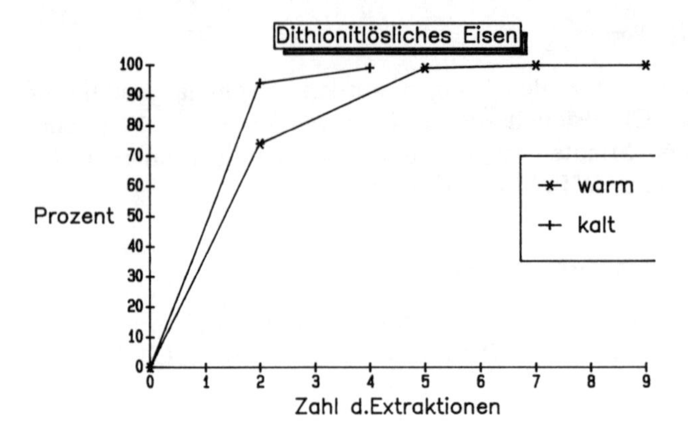

Abb. 7: Dithionitlösliches Eisen nach Kalt- und Warmreaktion

3.3.6. Der Gesamtaufschluß

Für die Gesamtaufschlüsse der Proben wurde ebenfalls die in der Achat-Kugelmühle feingemahlene Feinerde verwendet, um die Homogenität des Analysematerials zu erhöhen. Dazu ist es allerdings notwendig, größere Mengen der Feinerde zu mahlen (ca. 70 g), um eine gute Repräsentativität der Probe bei einer Einwaage von nur 150 mg zu gewährleisten. Die Einwaage wurde in abgedeckten 50 ml-Teflonbechern in einem Gemisch aus 3 ml 60% HNO_3 und 2 ml konzentrierter HF im Sandbad bei 160°C gekocht. Nach ca. zwei Stunden wurden die Teflon-Uhrgläser abgenommen und das Kondensat mit ca. 3 ml konzentrierter Perchlorsäure in den Becher gespült. Nach dem Abrauchen bis ins Trockene wurden die Proben mit ca. 5 ml 10%iger HNO_3 aufgenommen, in 100 ml TPX-Kolben überführt und mit destilliertem Wasser auf 100 ml eingestellt. Kalium, Natrium und Calcium wurden mit einem Eppendorf-Flammenphotometer bestimmt. Magnesium, Aluminium und Eisen wurden auf der Flammen-AAS bestimmt. Die Ergebnisse sind als Oxide wiedergegeben. Zur besseren Überprüfung der Reproduzierbarkeit wurden zwei Parallelmessungen vorgenommen.

Analog zum beschriebenen Verfahren wurden auch die Tonfraktionen der Pedons »Karpurpallam« und »Vandiperiyar« aufgeschlossen und der Kaliumgehalt im Flammenphotometer bestimmt.

3.3.7. Die austauschbaren Kationen

Die austauschbaren Na^+-,K^+-,Ca^{2+}-und Mg^{2+}-Ionen wurden gegen 1n NH_4OAc-Lösung bei pH 7 ausgetauscht (THOMAS 1982). Dazu wurden 5 g Feinerde in 100 ml Zentrifugenbecher eingewogen und zweimal mit jeweils 25 ml der o.g. Lösung extrahiert. Na^+-, K^+- und Ca^{2+}-Ionen wurden auf dem

Flammenphotometer und die Mg^{2+}-Ionen mit der Flammen-AAS bestimmt.

Die austauschbare Acidität wurde ebenfalls nach THOMAS (1982) mit Hilfe der Barium-Triäthanolamin-Methode (BTA) bestimmt. Es wurde dem ähnlichen Verfahren nach SCHLICHTING & BLUME (1966) vorgezogen, weil die höhere Einwaage zu besser reproduzierbaren Werten führte.

In den Pedons »Karpurpallam« und »Vandiperiyar« mußten ergänzend die Al^{3+}-Ionen bestimmt werden, um eine genaue klassifikatorische Einordnung auf der Basis eines eventuell vorhandenen »kandic horizon« (SOIL SURVEY STAFF 1987) vorzunehmen. Die Extraktion mit 1n KCl-Lösung (THOMAS 1982) führte zu sehr viel niedrigeren Werten der austauschbaren Säuren (H+Al) als die BTA-Methode, und die Rücktitration zeigte, daß es sich fast ausschließlich um Al^{3+}-Ionen handelte. Nur für die Klassifikation der o.g. Pedons wurde auf die Ergebnisse dieses Verfahrens zurückgegriffen. Für die Berechnung der Basensättigung wurden die Ergebnisse der Bariumtriäthanolamin-Methode gewählt.

3.4. Die bodenmineralogischen Untersuchungen

3.4.1. Die primären und sekundären Eisenoxide

3.4.1.1. Die magnetische Extraktion

Die magnetischen Eisenminerale wurden aus der gemahlenen Feinerde mittels eines Handmagneten extrahiert. Die Trennung erfolgte so lange, bis sich keine Teilchen mehr am Magneten anlagerten. Die gewonnene magnetische Fraktion wurde gewogen und für die XRD-Analyse auf einen doppelseitigen Klebestreifen montiert. Um die Körnungseffekte etwas zu mildern, wurden jeweils zwei Parallelen geröntgt und ein kumulatives Spektrum aus drei Messungen erstellt.

3.4.1.2. Die differentielle Röntgenbeugung (DXRD)

Die differentielle Röntgenbeugung (DXRD) zur qualitativen und quantitativen Bestimmung der sekundären Eisenoxide beruht auf dem einfachen Prinzip, daß von einem eisenoxidhaltigen Spektrum einer Probe ein eisenoxidfreies Spektrum der gleichen Probe subtrahiert wird (SCHULZE 1981; 1982). Dadurch kann die qualitative Identifikationsschwelle erheblich gesenkt und eine quantitative Auswertung ermöglicht werden (AMARASIRIWARDENA et al.1988). Eine einfache Subtraktion ist aber nicht ohne weiteres möglich, denn eine Abnahme des Massenabsorptionskoeffizienten durch die Dithionitbehandlung, mögliche Textureffekte sowie eine mögliche Verschiebung der Ausgangsspektren gegeneinander auf der 2ϑ-Achse sind erhebliche Fehlerquellen. Die letzten beiden Fehlerquellen sind nur durch äußerste Sorgfalt oder durch mathematische Korrekturen (SCHULZE 1986) auszuschalten. Die Veränderung des Massenabsorptionskoeffizienten kann durch Multiplikation des eisenfreien Spektrums mit einem durch

Näherung ermittelten Korrekturfaktor ausgeglichen werden. Der Einsatz eines internen Standards (BRYANT et al.1983) kann das Näherungsverfahren ersetzen, führte aber bei eigenen Versuchen nicht zum Erfolg, da Korund (Al_2O_3) in der Fraktion 1μm nicht zur Verfügung stand, gröberes Korund aber Homogenitätsprobleme aufwarf.

Das hier angewendete Verfahren kann als ein vereinfachtes DXRD-Verfahren bezeichnet werden, bei dem auf komplexere mathematische Operationen zur Optimierung der Spektren aus technischen Gründen verzichtet wurde.

Mit dem Ziel der Anreicherung wurde die Fraktion <6.3μm ausgewählt, da die Eisenminerale weitgehend in der Fraktion <0.2μm als diskrete Teilchen oder als verkittende und umhüllende Substanzen in den feinen Fraktionen vorkommen. Die Eisenextraktion erfolgte mit $NaHCO_3$-gepufferter Na-Citrat-Dithionit-Lösung (MEHRA und JACKSON 1960) in zwei 24-stündigen Kaltreaktionen. Behandelte und unbehandelte Proben wurden im Achatmörser homogenisiert, in PHILIPS-Probenhalter mit leichtem Druck verfüllt und mit dem Spatel geglättet. Eine Oberflächenstruktur wie feines Sandpapier wurde angestrebt, um eine einheitliche Orientierung der Teilchen zu verhindern.

Die Proben wurden mit einem PHILIPS PW 1710-Diffraktometer mit CoKα -Strahlung und Graphitmonochromator geröntgt. Die Goniometergeschwindigkeit betrug 0.001°sec^{-1} bei einer Auflaufzeit der Impulse von 50 Sekunden, um einen Hintergrund von mindestens 1500 Counts zu gewährleisten.

Die Spektren wurden mit PHILIPS-ADM-Software ausgewertet, mit dem Faktor »3« geglättet und voneinander subtrahiert. Das eisenfreie Spektrum wurde mit einem Koeffizienten <1 multipliziert. Der Koeffizient wurde jeweils empirisch durch eine Näherung bestimmt, die ein Spektrum zum Ziel hatte, bei dem der Hintergrund eng an die Basislinie geschmiegt ist, aber nicht unter die Basislinie fällt. Im Subtraktionsspektrum wurden die d-Werte, die Höhe (counts*sec^{-1}) und Halbwertsbreite (HWB) sowie als Produkt daraus die Fläche der Peaks bestimmt.

Die erstellten Spektren zeigten eine gute Auflösung, die eine qualitative Auswertung leicht machte. Die 100%-Peaks der Eisenoxidminerale waren sehr gut abgebildet und in ihrer Flächenausdehnung zu berechnen. Relativ schlechte Auflösungen zeigten die *012*- und *110*-Peaks des Hämatits sowie die *111*- und *140*-Peaks des Goethits. Da deren Peakflächen nicht ausreichend reproduzierbar erschienen, wurden die Hämatit/Goethit-Verhältnisse auf der Basis der jeweiligen 100%-Peaks berechnet. Dazu diente folgende Formel:

$$\frac{H^{104} * 1.41}{G^{110} * 1.25}$$

Die Gewichtungsfaktoren sind aus BOERO und SCHWERTMANN (1987:523) entnommen. Der Anteil des H^{104} am 2.69Å-Peak errechnete sich durch Division mit dem Faktor 1.3. Dieser Faktor leitet sich aus den standardisierten Intensitäten des Joint Committee on Powder Diffraction Standards (zit. n. BRYANT et al.1983) für Goethit(30%) und Hämatit(100%) ab. Die Hämatit/Goethit-Verhältnisse stimmten mit den Mössbauer-Werten im allgemeinen gut überein.

3.4.1.2. Mössbauer-Spektroskopie

Insgesamt konnten sechs Proben Mössbauer-spektroskopisch untersucht werden. Diese Untersuchungen wurden am Institut für Anorganische und Analytische Chemie der Universität Mainz ausgeführt, weil die apparative Ausstattung des Geographischen Instituts in Kiel eine solche Untersuchung nicht zuläßt. Es wurden ca. 150 mg der Fraktion <6.3μm, die aus der Feinerde gravimetrisch gewonnen wurden, bei 5°K spektroskopisch untersucht (Näheres s. BRONGER, ENSSLING, GÜTLICH und SPIERING 1983:270).

3.4.2. Die Untersuchung der silikatischen Tonminerale

3.4.2.1. Die Kationenaustauschkapazität der Tonfraktionen

Die Kationenaustauschkapazität der Tonfraktionen (2-0.2μm u. <0.2μm) wurde nach der NaOAc-Methode (CHAPMAN 1965) ausgeführt. 250 mg Grob- bzw. Feinton wurden in 15 ml Polycarbonat-Zentrifugenröhrchen eingewogen und viermal mit 1n NaOAc-Lösung bei pH 7 mit Natrium gesättigt. Danach wurden die Proben dreimal mit einem Aceton/Wasser-Gemisch (1:1, 2:1, 3:1) gewaschen und die Natriumionen mit 1n NH_4OAc-Lösung bei pH 7 ausgetauscht (vier Austauschgänge). Die Messungen erfolgten auf einem EPPENDORF-Flammenphotometer.

Auf den Vorteil von Kationen mit relativ geringerem Ionendurchmesser bei vermikulithaltigen Proben haben schon SAWHNEY et al. (1959) hingewiesen. Deshalb wurde die NaOAc-Methode anderen vorgezogen. Die ermittelten KAK-Werte dienten als Gegenprobe für die semiquantitative Tonmineralbestimmung auf XRD-Basis (s.u.). Von den Werten sind keine Rückschlüsse auf die KAK der Böden erlaubt, da es sich um sesquioxidfreies Probenmaterial handelte. In den Böden dürfte die pH-abhängige Ladung besonders auch der Sesquioxide nicht zu vernachlässigen sein.

3.4.2.2. Die Bestimmung des Tonmineralbestandes

Der Tonmineralbestand der Böden wurde auf der Basis der gewonnenen Tonteilfraktionen qualitativ und semiquantitativ bestimmt. Die XRD-Messung erfolgte mit einem PHILIPS PW 1710-Diffraktometer mit CoKα-Strahlung (40KV/25mA), Graphitmonochromator und automatischem Divergenzschlitz. Die Spektren wurden digital mit einem Personalcomputer (PC) aufgezeichnet und mit der PHILIPS-ADM Software bearbeitet. Neben der Peak-Erkennung leistet diese Software u.a. eine Halbwertsbreitenbestimmung, eine Hintergrundberechnung und Subtraktion, eine Berechnung des Kristallisationsgrades und der relativen Intensitäten.

Es wurde jeweils 75 mg getrocknete Probensubstanz mit Ultraschall dispergiert und mit Mg^{2+}- und K^{+}-Ionen nach Standardverfahren gesättigt (CAROLL 1970; RICH & BARNHISEL 1977). Das Erstellen der orientierten Präparate erfolgte dann durch Aufsaugen auf 25 mm Mikrofilterpapier (z.B. Fa. SATORIUS, Porengrößen 0.15 μm und 0.01 μm) in Glasnutschen. Aus Einwaage, Standardverlusten und Filterfläche wurde eine durchschnittliche Schichtdicke von 35-45 μm errechnet. Die Filter wurden dann auf vorher aufgerauhte Objekthalter gestürzt, mit einem Zentrifugenröhrchen angerollt und mit einem Tropfen destillierten Wassers betupft. Dann wurde das Filterpapier abgezogen. Der Ton lag orientiert auf dem Objekthalter und konnte problemlos weiterbehandelt werden. Wenn Proben beim Trocknen abplatzten, so wurde doppelseitiger Klebefilm verwendet. Die Glykolsättigung geschah durch Aufdampfen in einem geschlossenen Gefäß mit Äthylen-Glykol-Atmosphäre in zwölf Stunden bei 60°C. Nach dem Abkühlen wurden die Proben dem Gefäß entnommen. Die Mg-Glykol behandelten Proben mit einer Parallelprobe bildeten die Basis für die qualitative und semiquantitative Tonmineralbestimmung. Zusätzlich wurden folgende differentielle Methoden angewendet: Kalium 25°C,Kalium 125°C, Kalium 400°C und Kalium 550°C. Ausgewählte, smektithaltige Proben wurden mit Lithium nach GREEN-KELLEY (1955) getestet, um Montmorillionite von Beidelliten bzw. Nontroniten zu unterscheiden.

Das Erstellen orientierter Präparate durch Aufsaugen auf Mikrofilterpapier eliminiert folgende mögliche Fehlerquellen:

- Die Schichtdicke wird relativ einheitlich durch gleichmäßiges Verteilen der Suspension auf dem Filter.
- Das Aufsaugen verhindert eine Segregation der Tonminerale nach ihrer Dichte durch unterschiedliche Absinkgeschwindigkeiten. Eine Segregation nach Dichte kann zu extremen Verzerrungen des tatsächlichen Mineralbestandes führen. In smektitischen Proben z.B. führt diese Dichtesegregation zu einer starken Überschätzung des Smektitanteils.

3.4.2.3. Die semiquantitative Abschätzung des Tonmineralbestandes

Die exakte quantitative Bestimmung des Mineralbestandes ist durch die Röntgenbeugung unmöglich. Die unterschiedlichen Massenabsorptionskoeffizienten der verschiedenen Minerale einer Phase machen eine lineare Beziehung zwischen den relativen Intensitäten der Peaks und und dem relativen Mengenanteil unmöglich (CAROLL 1970). Versuche mit internen Standards, z.B. Lagerstättentonen, scheitern bei der Anwendung auf Boden-Tonminerale, da deren Kristalleigenschaften sich fast immer von denen reiner Lagerstättenminerale unterscheiden (vgl. DÜMMLER & SCHROEDER 1965). Auch eine Eichung der Tonspektren an den Spektren der Feinschluff-Fraktion (2-6.3μm), die zusätzlich phasenkontrast-mikroskopisch identifiziert und ausgezählt wurde (BRONGER et al. 1976), ist nicht in allen Fällen möglich. In dieser Untersuchung schlugen Versuche, dieses Verfahren anzuwenden, fehl, da anscheinend der qualitative Sprung zwischen den genannten Fraktionen zu groß ist. Somit blieb nur die Auswahl zwischen Verfahren, die bestenfalls als semiquantitativ bezeichnet werden können.

Gewählt wurde eine an BRONGER et al.(1966, 1976) angelehnte relativ-quantitative Abschätzung, die die Summe der Peak-Flächen (HWB*I) ausgewählter Peaks als Ausgangspunkt nimmt. Die Peak-Flächen der definierten Peaks werden nach der Multiplikation mit einem Gewichtungsfaktor in ihrer Summe gleich 100 Prozent gesetzt und der Anteil jedes Peaks an der Summe als *Kornzahlprozente* des spezifischen Minerals ausgewiesen. Die *Tabelle 5* gibt die Mineralgruppen und die zur semiquantitativen Abschätzung herangezogenen Peaks sowie deren Gewichtungsfaktor wieder:

Tab.5:Gewichtungsfaktoren für die semi-quantitative Abschätzung

Mineralgruppe	gewählter Peak (Å)	Gewichtungsfaktor n.LAVES u.JÄHN (1972)
Illite	9.9 - 10.1	1.0
Smektite	16.5-17.5	.25
Kaolinite	7.15	.25
Vermikulite	14	1.0
Chlorite	14	1.0
WL Illit-Smektit	24-26	.5
Gibbsit	4.81	.5*
Quarz	4.21	1.0
Feldspäte	3.15-3.25	1.0

Für die Auswertung wurden die mit Mg^{2+} belegten und mit Äthylen-Glykol bedampften Proben herangezogen.
*BRONGER et al.(1984)

Die Gewichtungsfaktoren wurden überwiegend von LAVES & JÄHN (1972) übernommen. Sie beruhen auf einer empirischen Untersuchung. Die Einbeziehung der Gewichtungsfaktoren führte zu einer guten Übereinstimmung der errechneten Kornzahlprozente im Phasengemisch mit der gemessenen KAK der Tonfraktionen. Dabei wurden folgende KAK-Werte für die einzelnen Phyllosilikate angenommen (jeweils 100 g): Vermikulite 100-150 meq, Smektite 100 meq, Wechsellagerungsminerale (WL) Illit-Smektit 50 meq, Chlorite 40 meq, Illite 20 meq und Kaolinit 15 meq (n. CAROLL 1959).

In einigen Proben mit WL-Mineralen war es schwierig, die Peakfläche wegen der Nähe zum Primärstrahl zu bestimmen. Für die Auswertung wurde in einem ersten Schritt ein Lithium-220°C Spektrum der Probe ausgewertet, um das Verhältnis 2:1/1:1-Tonminerale zu ermitteln. Ausgehend von der nun bekannten Obergrenze für 2:1-Tonminerale wurden die relativen Anteile der diversen 2:1-Minerale im Mg-Spektrum bestimmt.

Eine in der beschriebenen Art vorgenommene semiquantitative Abschätzung führt zu scheinbar exakten Zahlen. Dies darf nicht darüber hinwegtäuschen, daß eine Streuung der Kornzahlprozente der einzelnen Bestandteile von bis 10% konzediert werden muß.
Die *Kornzahlprozente* der einzelnen Minerale wurden mit dem Gewichtsanteil der jeweiligen Fraktion multipliziert und so in *Gewichtsprozente* umgerechnet (vgl. BRONGER et al.1966, 1976). Hier wurde von der zugegeben problematischen, aber in Lößböden verifizierten Annahme ausgegangen, daß die spezifische Dichte der einzelnen Minerale gleich ist (vgl. BRONGER 1976:24).

Die Gewichtsprozente wurden in Balkendiagrammen dargestellt (z.B. *Abb. 8*), wobei die Grenze Schluff/Ton (2µm) die Basislinie darstellt. Mineralanteile <2% konnten aus zeichentechnischen Gründen nicht berücksichtigt werden.

3.4.3. Bestimmung des Mineralbestandes der Schluff- und Sandfraktionen

Der Mineralbestand der Schluff-Fraktionen wurde überwiegend röntgenographisch bestimmt. Es wurden nach dem o.g. Verfahren orientierte Präparate erstellt und analog ausgewertet. Um Körnungseffekte zu minimieren, wurden jeweils mehrere Proben geröntgt. Die Schluff- und Sand-Fraktionen der Pedons »Vandiperiyar«, »Patancheru I« und »Purohit« wurden phasenkontrastmikroskopisch bzw. an Streupräparaten bestimmt und ausgezählt.

Die Sand-Fraktionen der übrigen Pedons wurden als Streupräparate ungeätzt (Schwerminerale und Glimmer) sowie geätzt und angefärbt (Quarze und Feldspäte) unter dem Mikroskop ausgezählt (BLUME et al.1984). Mit Hilfe eines Probenteilers wurden Stichproben mit folgendem Mindestumfang gebildet:

2-0.63mm: 350 Minerale
0.63-0.2mm: 600 Minerale
0.2-0.063mm: 800 Minerale

Durch Multiplikation der Kornzahlprozente mit den relativen Gewichtsanteilen einer Fraktion ergaben sich die Gewichtsprozente.

3.4.4. Die Mineralverwitterungstendenzen

Die mineralogischen Analysedaten wurden in Abbildungen aggregiert, die den Eindruck exakter Mineralverwitterungsbilanzen vermitteln. Bilanzen im strengen Sinne sind für intensiv verwitterte Böden aber nicht erstellbar, da es sich um weitgehend offene Systeme handelt und gelöste Stoff-Flüsse nicht oder nur schwer erfaßbar sind. Im besonderen Fall kommen erschwerend eine mangelnde Homogenität des gneisischen Ausgangsmaterials, Beschränkung der Analysen auf den Feinerdeanteil sowie die methodenimmanenten Unzulänglichkeiten bei der quantitativen Bestimmung der Fraktionen <2µm (s.o.) hinzu. BLUME & RÖPER (1977) haben aus gutem Grund einen Homogenitätstest, z.B. mit der Verwendung von Zirkon als Indexmineral, als Vorbedingung für eine Stoffbilanzierung genannt. Dieser Empfehlung konnte nicht entsprochen werden, weil zum einen die Anzahl der Zirkone in den Böden und Saproliten zu gering ist (Vorversuch durch Dünnschliffanalyse), zum anderen selbst Zirkon unter feucht-tropischen Bedingungen nicht stabil ist (SCHELLMANN, Vortrag anläßlich des EUROLAT-Treffens in Freising-Weihenstephan am 20./21.3.1987). Deshalb sollten die aggregierten Daten (*z.B. Abb.12*) im Sinne einer *pedogenen Mineralverwitterungstendenz* interpretiert werden.

3.4.5. Die mikromorphologischen Untersuchungen

Die mikromorphologischen Untersuchungen wurden an Dünnschliffen orientierter Proben durchgeführt. Dazu wurden ungestörte Proben aus jedem Horizont der untersuchten Böden genommen, und nach der Methode des Geologischen Instituts der Rijksuniversiteit Gent/Belgien (STOOPS 1978) wurden ebendort die Schliffe angefertigt. Die Beschreibung beschränkte sich auf folgende Aspekte: Mikrogefüge, Mineralogie der Fraktionen >50µm und <50µm, Grundmasse sowie die Ansprache bodengenetisch wichtiger »pedofeatures« (vgl. BULLOCK et al.1985). Die Beschreibung ist weitgehend qualitativ. Quantitative Aussagen über beispielsweise das Ausmaß der Tonverlagerung beruhen auf Schätzungen, die naturgemäß sehr ungenau sein können (vgl. MCKEAGUE et al.1980). Die Verbesserung der digitalisierten Videotechniken (Image-Analyse) werden in Zukunft die quantitative Auswertung erleichtern und dieses Manko der Mikromorphologie beseitigen. Trotzdem bietet auch eine vorwiegend qualitativ ausgerichtete Beschreibung hervorragende Einsichten in Verwitterungsmechanismen und bodenbildende Prozesse wie z.B. die Tonverlagerung. Ein Problem stellt die sprachliche Vermittlung der Phänomene dar. Die von KUBIENA (1938), BREWER (1964) oder JONGERIUS & RUTHERFORD (1979) entwickelten Begriffssysteme konkurrierten lange Zeit, so daß eine babylonische Sprachverwirrung bestand. Die Einigung auf eine Terminologie hat trotz ihrer Komplexität große Vorteile gebracht (vgl. BULLOCK et al.1985). MURPHY et al. (1985) konnten in einem Anwendungstest den intersubjektiven Charakter ihrer Beschreibungen feststellen. In dieser Untersuchung wurde deshalb diese verbindliche Terminologie angewendet, obwohl die deutsche Übersetzung vieler englischer Termini sprachlich ausgesprochen unglücklich erscheint (STOOPS 1986). Dies ist aber bei der Verwendung von Kunstwörtern wohl kaum zu vermeiden.

4. Die Ergebnisse der Untersuchungen

Im folgenden sollen die Ergebnisse der Untersuchungen dargestellt und bodengenetisch diskutiert werden. Dazu werden vergleichbare Böden zusammengefaßt und ihre Gemeinsamkeiten und Unterschiede herausgestellt.

4.1. Die Böden aus den wechselfeucht-humiden West Ghats: der »Karpurpallam« und der »Vandiperiyar«

4.1.1. Beschreibung der Profile

KARPURPALLAM

clayey-skelettal, kaolinitic, isohyperthermic Typic Hapludox

Orthic Ferralsol (FAO)

	Ah	0-30cm anthropogen gestörter Oberboden, nicht beprobt
	AB	30-65cm rötlich-brauner (5YR 4/4) sandiger Ton, stark sauer, mit Polyedergefüge, viele grobe Quarzkörner (1-5mm) als Reste eines pegmatitischen Ganges (links i.d.Foto), von einigen Teewurzeln durchsetzt
s.Foto 1		
	B	65-130cm gelblich-roter (5YR 4/8) sandig toniger Lehm, mittel sauer, schwach prismatisches bis polyedrisches Gefüge, viele Quarzkörner, sehr allmäh-licher Übergang zum Liegenden
	BC/Cr	130-180cm rötlich-gelber (5YR 6/8) sandiger Ton (Boden), mittel sauer, schwaches Polyedergefüge, Saprolit mäßig zersetzt inselartig im Horizont
	Cr	180-250cm rosa (7.5YR 8/4) zersetzter Saprolit mit erkennbarer Gneisstruktur, mittel sauer
	R	>250 unzersetzter Charnockit

Lage: ca. 1-2 km südlich von Vandiperiyar, Idukki Distrikt/Kerala auf Nebenstraße (»Indicard Tea Estate«), auf einem mäßig geneigten Unterhang

Feuchteregime: ca. 2500 mm Niederschlag und 9-10 humide Monate, »dry tropudic soil moisture regime«(VAN WAMBEKE 1985) bzw. »udic« (und eigene Berechnung)

Vegetation: Teeplantage (seit über einhundert Jahren lt. Auskunft des Verwalters)

Bemerkungen: Der Karpurpallam ist in einem »road cut« exponiert

VANDIPERIYAR

fine-clayey, kaolinitic, isohyperthermic Typic Rhodudult
Dystric Nitosol (FAO)

	Ah	0-25cm dunkel rötlich-brauner (2.5YR 3/4) sandiger Ton, stark sauer, Subpolyedergefüge, viele Wurzeln und Streureste von Tee
	AB	25-50cm dunkel roter (2.5YR 3/6) lehmiger Ton, stark sauer, Subpolyedergefüge, Teewurzeln
s. Foto 2		
	Bt1	50-100cm roter (2.5YR 4/6) sandiger Ton, mittel sauer, schwach prismatisches bis polyedrisches Gefüge, wenige Teewurzeln
	Bt2	100-190cm roter (2.5YR 4/6) sandiger Ton, mittel sauer, schwach prismatisches bis subpolyedrisches Gefüge
	Bt3	190-250cm rötlich-gelber (5YR 6/8) sandig toniger Lehm, mittel sauer, schwach prismatisches bis polyedrisches Gefüge
	Cr	>250cm rosa (5YR (7/4) schluffiger Lehm, mittel sauer, zersetzter Saprolit mit Gneisstruktur

Lage: ca. 100m vor dem Dorf Vandiperiyar, Idukki Distrikt/Kerala, ca. 915m ü. NN, auf einem mäßig geneigten Unterhang.

Feuchteregime: ca. 2500 mm Niederschlag und 9-10 humide Monate, »dry tropudic soil moisture regime« (VAN WAMBEKE 1985) bzw. »udic« (eigene Berechnung).

Vegetation: Teeplantage

Bemerkungen: Der Vandiperiyar Soil ist in einem »road cut« exponiert

4.1.2. Mikromorphologische Beschreibungen der Böden

Karpurpallam

Lage: Idukki District/Kerala

Horizont: AB

Tiefe (cm): ca. 50

Beschreibung des Dünnschliffes

1. *Mikrostruktur*: gut entwickeltes Schwammgefüge mit zahlreichen, unregelmäßig geformten Hohlräumen und Gängen.
2. *Mineralzusammensetzung:*
- grobe Fraktion (>50µm): Anteil der groben Minerale ca. 30%; viele große Quarze (Durchmesser ca. 3mm), zahlreiche kleine, stark verwitterte Feldspäte, viele Biotite, die entweder kaolinisiert oder auch vermikulitisiert sind (kein Pleochroismus, aber Doppelbrechung); einige große, frische Biotite als Indikatoren für Durchmischung; einige Hornblende - Pseudomorphosen.
- feine Fraktion (<50µm): rötlich-brauner Ton; Vermikulite, Kaolinite und Gibbsite als Verwitterungsprodukte;

3. *Organische Bestandteile:* -
4. *Grundmasse*: porphyrisch mit undifferenziertem b-Gefüge
5. *Pedofeatures:*

textural: Einmischung von Mineralen und Aggregaten, keine Tonverlagerung.

Verarmungen: partiell ist eine schwache Bleichung erkennbar.

kristallin: -

kryptokristallin u. amorph: Eisenkonkretionen und »boxwork« von Hornblenden, Granaten und Hypersthen.

Horizont: B

Tiefe (cm): ca. 90-100

Beschreibung des Dünnschliffes

1. *Mikrostruktur*

schwach bis mäßig entwickeltes Schwammgefüge mit unregelmäßigen Gängen und Hohlräumen.

2. *Mineralzusammensetzung:*
- grobe Fraktion (>50µm): Anteil der groben Minerale ca. 40%; überwiegend Quarze, wenige, gibbsitisierte Feldspäte; viele kleine Biotite ohne Pleochroismus, aber mit schwacher Doppelbrechung; einige Hornblendenreste mit »boxwork« (B2-3); Anteil verwitterbarer Primärminerale ca. 2%.
- feine Fraktion (<50µm): gelblich-roter Ton mit braun-roten Flecken; Gibbsite und Kaolinite als Verwitterungsprodukte.

3. *Organische Bestandteile:* -
4. *Grundmasse*: eng porphyrisch mit undifferenziertem, in Teilen schwach kristallitischen b-Gefüge

5. Pedofeatures:

textural: keine Tonverlagerung, an einer Stelle schwach doppelbrechende argillans in einem wahrscheinlich eingemischten Aggregat.

Verarmungen: Bleichungen mit Akkumulation der Eisenoxide in einer Halo. kristallin: -

kryptokristallin u. amorph: viele kleine Eisenkonkretionen.

Horizont: BC/Cr

Tiefe (cm): ca. 160-170

Beschreibung des Dünnschliffes

1. Mikrostruktur

schwach bis mäßig entwickeltes Schwammgefüge mit unregelmäßigen Gängen und Hohlräumen.

2. Mineralzusammensetzung:

- grobe Fraktion (>50µm): Anteil der groben Minerale ca. 40%; überwiegend Quarze, wenige, gibbsitisierte Feldspäte; viele kleine Biotite ohne Pleochroismus, aber mit schwacher Doppelbrechung; einige Hornblendenreste mit »boxwork« (B2-3); Anteil verwitterbarer Primärminerale ca. 2%.
- feine Fraktion (<50µm): gelblich-roter Ton mit braun-roten Flecken; Gibbsite und Kaolinite als Verwitterungsprodukte.

3. Organische Bestandteile: -

*4. Grundmasse:*eng porphyrisch mit undifferenziertem, in Teilen schwach kristallitischen b-Gefüge

5. Pedofeatures:

textural: keine Tonverlagerung, an einer Stelle schwach doppelbrechende argillans in einem wahrscheinlich eingemischten Aggregat.

Verarmungen: Bleichungen mit Akkumulation der Eisenoxide in einer Halo.

kristallin: -

kryptokristallin u. amorph: viele kleine Eisenkonkretionen.

Horizont: Cr

Tiefe (cm): ca. 160

Beschreibung des Dünnschliffes

1. Mikrostruktur

kompaktes Korngefüge.

2. Mineralzusammensetzung:

- grobe Fraktion (>50µm): Feldspäte ca. 80%, stark gibbsitisiert (B3 u.$C1_3$); Hypersthen stark verwittert und nur noch als »boxwork« erkennbar; Hornblenden kaum verwittert; viele Biotite, z.T. stark kaolinisiert oder zerfasert, aber auch frische Biotite mit Hypersthenen assoziiert; viele, optisch isotrope Magnetite.
- feine Fraktion (<50µm): viele Gibbsite als Feldspatverwitterungsprodukte sowie Kaolinite aus der Biotitverwitterung.

3. Organische Bestandteile: -

4. Grundmasse: -
5. Pedofeatures:
textural: -
Verarmungen: -
kristallin: -
kryptokristallin u. amorph: »boxwork« von Hypersthen.

Horizont: R

Tiefe (cm): ca. 250
Beschreibung des Dünnschliffes
1. Mikrostruktur
kompaktes Korngefüge.
2. Mineralzusammensetzung:
- grobe Fraktion (>50µm): Feldspäte und Quarze zu gleichen Teilen, viele Hypersthene, Hornblenden und Biotite; Pyroxene (Hypersthen) präpedogen zu Biotiten umgewandelt.
- feine Fraktion (<50µm): wenige Biotite schwach kaolinisiert.

3. Organische Bestandteile: -
4. Grundmasse: -
5. Pedofeatures:
textural: -
Verarmungen: -
kristallin: -
kryptokristallin u. amorph: -

Vandiperiyar

Lage: Idukki District/Kerala

Horizont: AB

Tiefe (cm): ca. 40
Beschreibung des Dünnschliffes
1. Mikrostruktur
Stark entwickeltes Krümelgefüge mit einem Hohlraumanteil von ca. 40 %.
2. Mineralzusammensetzung:
- grobe Fraktion (>50µm): Quarze als Einzelkörner, Feldspäte mit und ohne Gibbsitisierungen, teils scharfkantig, Hornblenden nur noch als »boxwork«; Anteil verwitterbarer Primärminerale ca. 5%.
- feine Fraktion (<50µm): sehr gut aggregierter, dunkelbraun-roter Ton.

3. Organische Bestandteile:
einige Wurzelreste

4. Grundmasse:
zweifach weit porphyrisch, undifferenziert.
5. Pedofeatures:
textural: Einmischung von Cr-Material erkennbar an z.T. frischen, scharfkantigen Feldspäten. Keine Tonverlagerung erkennbar.
Verarmungen: schwache Bleichungen durch hydromorphe Prozesse.
kristallin: -
kryptokristallin u. amorph: viele Eisenkonkretionen (orthic) und »boxwork« verwitterter Hornblenden, Hypersthene u. Granate.

Horizont: Bt2

Tiefe (cm): ca. 125
Beschreibung des Dünnschliffes
1. Mikrostruktur
vorwiegend Schwammgefüge, porphyrisch, sehr gut aggregiert, Hohlraumanteil ca. 20-30%.
2. Mineralzusammensetzung:
- grobe Fraktion (>50µm): Quarze als Einzelkörner, sehr wenige, stark zersetzte Feldspäte, wenige, kleine Biotite, wirken aber sehr frisch; Anteil verwitterbarer Primärminerale <1%;
- feine Fraktion (<50µm): stark rubefizierter Ton;

3. Organische Bestandteile:
nicht erkennbar
4. Grundmasse:
weit porphyrisch, undifferenziert, nur an einer Stelle kornstreifiges b-Gefüge.
5. Pedofeatures:
textural: geringe Einmischung von frischen Mineralen erkennbar, keine Tonverlagerung.
Verarmungen: Bleichungen durch hydromorphe Prozesse.
kristallin: -
kryptokristallin u. amorph: wenige Eisenkonkretionen und Pseudomorphosen (»boxwork«) verwitterter Hornblenden, Hypersthene u. Granate.

Horizont: Bt3

Tiefe (cm): ca. 190
Beschreibung des Dünnschliffes
1. Mikrostruktur
dichtes Schwammgefüge,porphyrisch; Hohlraumanteil ca. 20 %, teils verbundene Kavernen und Gänge.
2. Mineralzusammensetzung:
- grobe Fraktion (>50µm): wenige Quarze als Einzelkörner, sehr wenige, stark zersetzte Feldspäte, wenige, kleine Biotite, wirken aber sehr frisch; Anteil verwitterbarer Primärminerale ca. 2%
- feine Fraktion (<50µm): stark rubefizierter Ton;

3. Organische Bestandteile:
nicht erkennbar

4. Grundmasse:
weit porphyrisch, undifferenziert.
5. Pedofeatures:
textural: Einmischung von frischen Mineralen erkennbar, keine Tonverlagerung. Pseudomorphosen von Hypersthenen und Granaten.
Verarmungen: -
kristallin: -
kryptokristallin u. amorph: viele , stark imprägnierte Eisenkonkretionen; Pseudomorphosen von Hypersthenen und Granaten.

Horizont: Bt3

Tiefe (cm): ca. 220-250
Beschreibung des Dünnschliffes
1. Mikrostruktur
intergranuläres Mikroaggregatgefüge: -
Mikrogefüge der Grundmasse: Schwammgefüge mit Kavernen und Gängen, weites Größenspektrum, Hohlraumanteil der intergranulären Grundmasse ca. 40%.
2. Mineralzusammensetzung:
- grobe Fraktion (>50µm): Einzelkörner, Quarze bis ca. 7mm Durchmesser, in Spalten mit Gibbsiten verfüllt und mit Ton schwach umhüllt; keine Feldspäte; viele Biotite verschiedener Verwitterungsstufen: von vollständig kaolinisiert, über teilkaolinisiert mit und ohne Eisenkrusten, bis zu nur randlich aufgeweiteten Biotiten. Kaolinisierung parallel und senkrecht zu den Schichtpaketen; Hypersthene und Granate nur als »boxwork« erkennbar; Anteil verwitterbarer Primärminerale (fast ausschließlich Glimmer) ca. 10-15 % (Fläche).
- feine Fraktion (<50µm): Nester mit Gibbsiten in rötlich, brauner Tonmatrix.

3. Organische Bestandteile: -
4. Grundmasse:
weit porphyrisch, kristallitisch.
5. Pedofeatures:
textural: -
Verarmungen:
kristallin: -
kryptokristallin u. amorph: viele Eisenkonkretionen mit hohem Imprägnierungsgrad und »boxwork« verwitterter Hypersthene u. Granate.

Horizont: Cr

Tiefe (cm): ca. 250
Beschreibung des Dünnschliffes
1. Mikrostruktur
dichtes Korngefüge, wenige Zig-zagklüften, gefüllt mit Gibbsiten.
2. Mineralzusammensetzung:

- grobe Fraktion (>50µm): granitische Struktur, Quarze und Feldspäte in der Matrix ohne Verwitterungsspuren, Hornblenden zeigen unregelmäßig, lineare Verwitterung (B2), ebenso Hypersthene; Biotite verwittern parallel-linear (C12) zu Kaoliniten; Biotite noch pleochroitisch und schwach doppelbrechend; Feldspäte an Spalten verwittern »cross-linear« zu Gibbsiten.
- feine Fraktion (<50µm): Gibbsite als Füllungen in Spalten.

3. Organische Bestandteile: -

4. Grundmasse: -

5. Pedofeatures:

textural: -

Verarmungen: -

kristallin: -

kryptokristallin u. amorph: Eisenoxide (Goethite) in den Verwitterungsresten (»boxwork«) der Hypersthene und Hornblenden.

4.1.3. Eigenschaften und Genese der Böden

Die beiden Profile liegen nur wenige hundert Meter voneinander entfernt und sind in ihrer Reliefposition gut miteinander vergleichbar. Doch durch die kleinräumige Varianz der Charnockite im Gehalt an Almandinen, Hypersthenen und Biotiten entwickeln sich durchaus unterschiedliche Böden mit voneinander abweichenden Eigenschaften. Die Profilmächtigkeit und der Grad der Rubefizierung sind die makroskopisch hervorstechendsten Unterschiede.

Die Tiefenverwitterung des Ausgangsgesteins geht in beiden Böden von den Mikroklüften aus, doch im Karpurpallam ist z.B. die Gibbsitisierung der Feldspäte schon weiter in die Matrix vorgedrungen (*Foto 20*). Im Vandiperiyar sind nur die randständigen Feldspäte stark gibbsitisiert, ansonsten ist die granitische Struktur noch gut erhalten. Kennzeichen der Tiefenverwitterung in beiden Saproliten ist neben der Gibbsitisierung der Feldspäte die Umwandlung von Biotiten zu Biotit-Pseudomorphosen, die trotz Kaolinisierung und/oder Vermikulitisierung ihre Morphologie weitgehend erhalten haben. Nach STOOPS & DELVIGNE (1988) belegt eine Ausrichtung parallel zu den Biotitschichten eine Umwandlung der Biotite durch Desilifizierung. Liegen die Kaolinitpäckchen aber rechtwinklig zu den Biotitschichten, ist eine Rekristallisation (»neosynthesis«) aus der gelösten Phase wahrscheinlich. Für beide Bildungswege finden sich Anzeichen in den Saproliten (*vgl. Fotos 10, 11, 12*). Die übrigen eisenhaltigen Primärminerale wie Almandine, Hypersthene und Hornblenden sind nur noch als »boxwork«-Pseudomorphosen erhalten (*vgl. Foto 13*).

Tab. 6: Bodenchemische Kenndaten des Karpurpallam und des Vandiperiyar

Boden	Horizont	Tiefe cm	pH H_2O	pH 0.1nKCl	C_{org}	$CaCO_3$ %	Fe_o	Fe_d	Fe_t	Fe_o/Fe_d	Fe_d/Fe_t
Karpurpallam	AB	50	4.76	3.50	.77	.00	.40	3.90	7.46	.10	.52
	B	95	5.15	4.45	.30	.00	.30	4.13	7.83	.07	.53
	BC/Cr	165	5.10	4.47	.00	.00	.24	4.32	8.65	.06	.50
	Cr	180	5.35	4.61	.00	.00	1.50	1.82	9.30	.82	.20
Vandiperiyar	Ah	20	4.21	3.95	1.19	.00	.34	6.04	8.56	.06	.71
	AB	40	4.47	3.99	1.18	.00	.34	6.48	9.60	.05	.68
	Bt1	65	4.70	4.05	.63	.00	.32	7.12	8.20	.04	.87
		90	5.51	4.79	.51	.00	.36	7.69	9.00	.05	.85
	Bt2	120	5.25	5.09	.39	.00	.26	8.01	9.12	.03	.88
		150	5.16	5.10	.30	.00	.23	7.44	9.04	.03	.82
	Bt3	190	5.47	5.87	.23	.00	.14	8.62	10.96	.02	.79
		210	5.49	5.98	.17	.00	.10	9.47	11.72	.01	.81
		250	5.50	5.47	.15	.00	.08	7.72	10.01	.01	.77
	Cr	>250	6.00	5.40	.00	.00	.17	.90	9.12	.19	.10

Tab. 7: Kationenaustauschkapazität der Tonfraktionen Karpurpallam und Vandiperiyar (meq/100 g Ton)

Boden	Horizont	Tiefe cm	2-0.2µm meq	<0.2µm meq
Vandiperiyar	Ah	20	28.81	57.41
	Bt1	65	26.08	52.41
		90	25.42	54.82
	Bt2	150	41.25	63.03
	Bt3	190	12.76	29.81
		250	14.25	36.47
	Cr	>250	39.22	n.b.
Karpurpallam	AB	50	10.93	16.98
	B	95	10.00	14.75
	BC/Cr	165	10.25	12.40
	Cr	180	32.03	19.42

n.b. = nicht bestimmt

Die Tonmineralogie der Saprolite wird vom Gibbsit bestimmt (*vgl. Abb.8 u.9*). Dazu kommen geringere Anteile schwach kristalliner Kaolinite und röntgenamor-

phe Substanzen, wie die hohen Kationenaustauschkapazitäten der Tonfraktionen anzeigen (*vgl. Tab.7*). Die Basensättigung in den Saproliten ist äußerst gering, und gemeinsam mit dem Verwitterungsgrad der Primärminerale belegt sie eine noch heute ablaufende Tiefenverwitterung durch Hydrolyse und Basenabfuhr (*vgl.Tab.9*). Die Saprolitisierung des Ausgangsgesteins verläuft jeweils trotz der petrographischen Varianzen *qualitativ* sehr ähnlich.
Vom Saprolit zum Boden steigt die Basensättigung leicht an. Von den Hypersthenen, Almandinen und Hornblenden sind nur noch »boxwork«-Pseudomorphosen übrig. Einzelne Fragmente sind durch Bioturbation im Profil verteilt. Im Vandiperiyar ist der Gehalt an verwitterbaren Primärmineralen deutlich höher, besonders augenfällig sind zahlreiche Biotite bzw. Biotit-Pseudomorphosen, die allerdings sehr stark zerkleinert sind. Die Biotite der Schluff-Fraktionen sind vollständig kaolinisiert. Diesen höheren Gehalt an verwitterbaren Primärmineralen spiegelt auch die Bauschanalyse wider (*vgl.Tab.8*). Die Feldspatreste sind nur als Mikrokline stabil; im Oberboden des Vandiperiyar treten auch einige Na-Feldspäte auf, die jedoch allochthonen Ursprungs sein dürften.

Tab. 8: Chemische Zusammensetzung des Karpurpallam und des Vandiperiyar

Boden	Horizont	Tiefe cm	% Na_2O	% K_2O	% CaO	% MgO	% Fe_2O_3	% Al_2O_3	Summe
Karpurpallam	AB	50	.07	.22	.04	.19	10.66	22.80	33.99
	B	95	.03	.12	.04	.12	11.19	23.38	34.88
	BC/Cr	165	.04	.18	.04	.15	12.37	24.81	37.59
	Cr	200	.51	1.20	.07	.54	13.29	31.69	47.30
Vandiperiyar	Ah	20	.28	.77	.07	.51	13.75	25.64	41.04
	Bt1	65	.11	.45	.06	.41	14.40	27.61	43.04
		90	.08	.36	.05	.30	15.15	28.14	44.08
	Bt2	150	.04	.24	.05	.24	14.68	29.41	44.66
	Bt3	190	.03	.12	.07	.25	17.56	31.53	49.55
		250	.04	.28	.06	.56	15.12	28.58	44.64
	Cr	>250	1.79	4.43	.14	.67	5.19	21.62	33.84

Tab. 9: Austauschbare Kationen des Karpurpallam und des Vandiperiyar (meq/100g Feinerde)

Boden	Horizont	Tiefe cm	Ca	Mg	Na	K	H+Al*	aust. Kationen	% Basen	% Säuren	Al**
Karpurpallam	AB	50	.80	.10	.10	.90	24.00	25.90	7.34	92.66	3.50
	B	95	2.27	.17	.06	.10	14.00	16.60	15.66	84.34	.80
	BC/Cr	165	1.08	.13	.07	.07	4.00	5.35	25.23	74.77	.60
	Cr	180	1.83	.34	.13	.13	13.20	15.63	15.55	84.45	.40
Vandiperiyar	Ah	20	1.49	.10	.15	.15	32.33	34.22	5.52	94.48	4.20
	AB	40	1.91	.18	.18	.16	32.86	35.29	6.89	93.11	3.80
	Bt1	65	2.24	.22	.13	.08	26.50	29.17	9.16	90.84	3.00
		90	2.67	.28	.14	.05	18.55	21.69	14.48	85.52	.50
	Bt2	120	1.37	.57	.15	.06	15.90	18.05	11.92	88.08	.50
		150	1.56	.48	.11	.05	14.31	16.51	13.30	86.70	.50
	Bt3	190	2.23	.46	.17	.04	14.31	17.21	16.86	83.14	.30
		210	1.80	.46	.16	.04	10.60	13.06	18.86	81.14	.30
		250	1.54	.31	.12	.05	9.54	11.56	17.49	82.51	.30
	Cr	>250	1.17	.11	.17	.13	9.80	11.38	13.88	86.12	.20

* Barium-Triäthanolamin ** 1nKCl

Die Tonmineralogie (*s.Abb.8 u.9*) wird durch Kaolinite bestimmt, dazu kommen unterschiedliche Anteile von Gibbsit und Vermikulit, die jedoch durch Al- u.Mg-Hydroxid-Zwischenschichten pedogen chloritisiert sind (»hydroxy-interlayered vermiculites« = HIV; vgl.u.a.BARNHISEL 1977). Selbst Quarze finden sich in geringen Mengen bis in die Feintonfraktion. Die zahlreicheren Gibbsite im Karpurpallam sind Indiz für die insgesamt intensivere Verwitterung in diesem Boden. Auf der Basis des Gehalts an verwitterbaren Primärmineralen und der Kaolinitgehalte liegt das pedogene Verwitterungsmaximum jeweils im unteren B-Horizont. Im Vandiperiyar kann man dies besonders gut nachvollziehen, da im Bt3-Horizont z.B. der pH (KCl) über dem pH (H_2O) liegt (*s.Tab.6*) und somit der Anteil der variablen Ladung sehr hoch sein muß (vgl. BENNEMA 1967), ferner die Fe_d-Werte am höchsten und die KAK der Grobtonfraktion am niedrigsten sind (s.Tab.7 u.11). Diese Eigenschaften deuten auf eine oxidische Tonmineralogie in diesem Horizont. Die Gibbsite im Vandiperiyar müssen aber nicht ausschließlich alle als pedogene Bildungen betrachtet werden, denn eine Vererbung aus dem Ausgangsmaterial (stärker, als es aus *Abb.9* unmittelbar ersichtlich ist) und eine residuale Anreicherung im Boden wären denkbare Ursachen für die höheren Gehalte im Boden. Die pedogenen Chlorite (HIV) finden in den oberen Horizonten die optimalen Bildungs- und Stabilitätsbedingungen, weil dort der Boden periodisch austrocknet (vgl. Kap.5.3.).

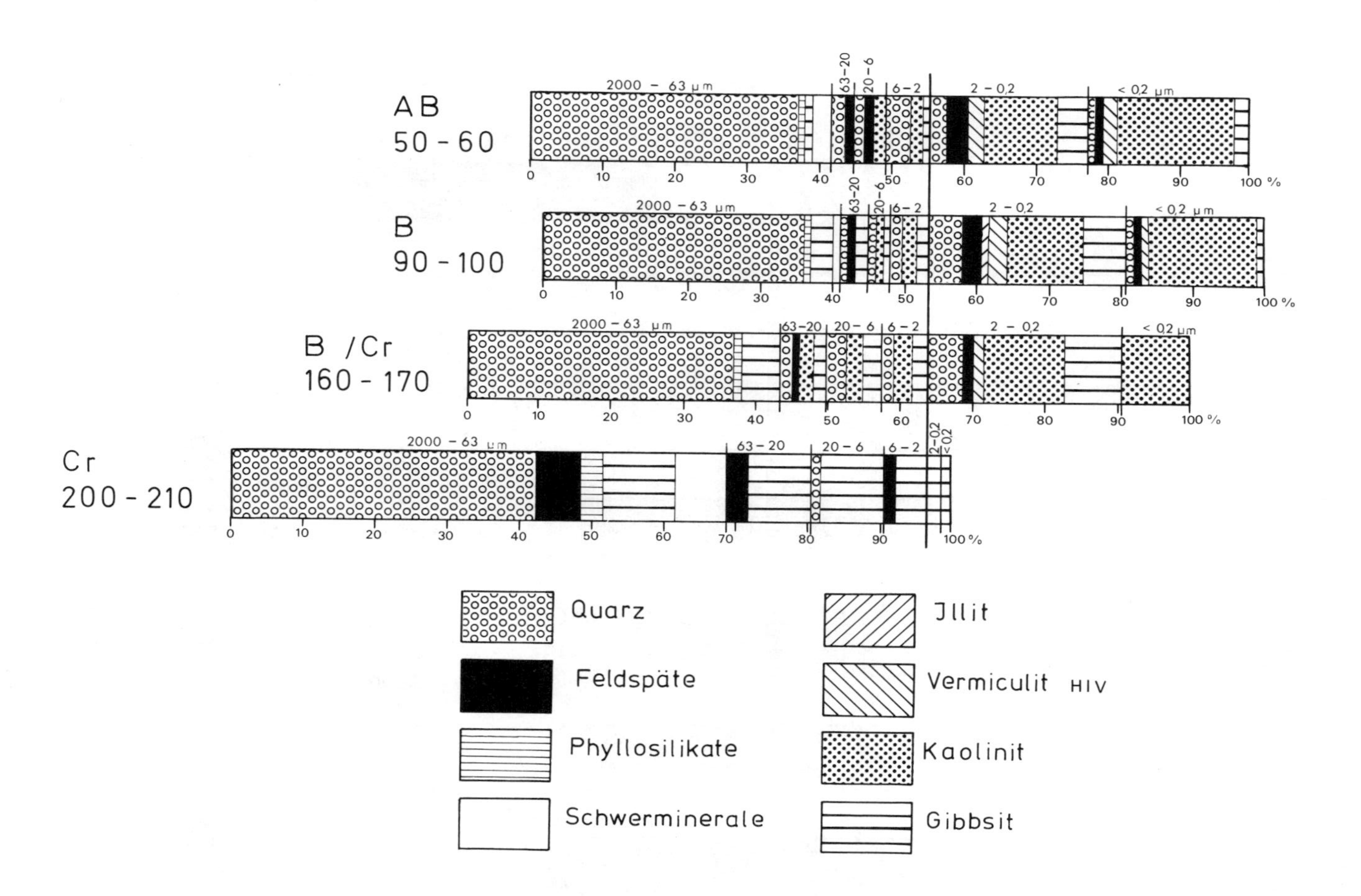

Abb. 8: Mineral- und Tonmineralbestand des »Karpurpallam«

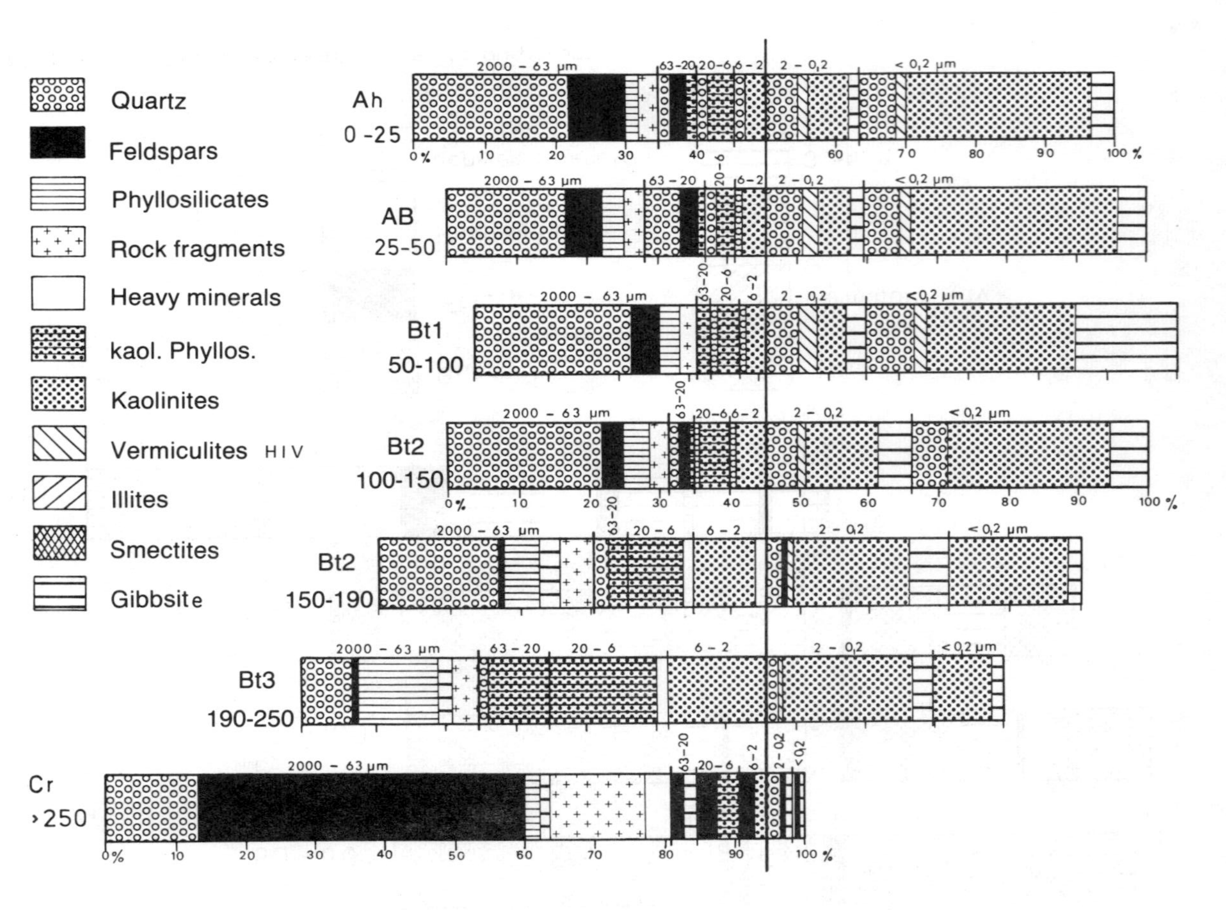

Abb. 9: Mineral- und Tonmineralbestand des »Vandiperiyar«

Tab. 10: Chemische Zusammensetzung der Tonfraktionen des Vandiperiyar und des Karpurpallam

Boden	Horizont	Tiefe	% Na_2O	% K_2O	%CaO	%MgO	% Fe_2O_3	% Al_2O_3	Summe
				Fraktion 2-0.2µm					
Vandiperiyar	Ah	20	.18	.18	.03	.51	.94	39.49	63.47
	Bt1	65	.18	.15	.02	.44	.89	41.39	66.15
		90	.11	.14	.04	.33	.87	44.19	70.09
	Bt2	150	.07	.15	.02	.29	.92	42.58	67.57
	Bt3	190	.07	.08	.31	.14	.49	38.60	60.87
		250	.11	.07	.03	.12	1.03	36.51	58.14
Karpurpallam	AB	50	.14	.36	.04	n.b.	n.b.	n.b.	.96
	B	95	.16	.25	.04	n.b.	n.b.	n.b.	.82
	BC/Cr	165	.07	.18	.03	n.b.	n.b.	n.b.	.50
	Cr	180	.09	.11	.06	n.b.	n.b.	n.b.	.46
				Fraktion <0.2µm					
Boden	Horizont	Tiefe	% Na_2O	% K_2O	%CaO	%MgO	% Fe_2O_3	% Al_2O_3	Summe
Vandiperiyar	Ah	20	.14	.43	.05	1.35	.00	36.79	38.77
	Bt1	65	.12	.32	.04	.86	.00	37.66	39.00
		90	.16	.42	.07	.72	n.b.	n.b.	1.37
	Bt2	150	.06	.23	.02	.29	.00	45.51	46.11
	Bt3	190	.06	.10	.33	.18	.39	38.87	39.93
		250	.04	.06	.05	.20	.61	37.84	38.81
Karpurpallam	AB	50	.04	.11	.02	1.37	3.10	38.15	42.80
	B	95	.04	.14	.01	1.42	1.92	38.43	41.97
	BC/Cr	165	.03	.11	.02	1.64	1.32	41.89	45.01

n.b. = nicht bestimmt

Die Eisenmineralogie (*vgl. Tab.6 u.11*) wird jeweils durch Goethite dominiert; das Hämatit/Goethit-Verhältnis sinkt mit zunehmender Profiltiefe und zunehmender Wasseraktivität. Die im Karpurpallam zahlreicheren Emery-Magnetite sind bereits im Saprolit mit Hämatiten assoziiert. Die Beschränkung des DXRD-Verfahrens auf die gravimetrisch gewonnene Fraktion <6.3µm hat diese Hämatite wegen der hohen spezifischen Dichte des Emery-Magnetits nicht erfassen können. Die Magnetite besitzen in beiden Böden eine hohe pedogene Stabilität. Im Karpurpallam stellen sie überwiegend die verbleibende Eisenreserve dar. Ansonsten hat die hohe rezente Eisendynamik die Fe-Reserve der eisenhaltigen Primärminerale fast ausgeschöpft. Der hohe Gehalt an eisenhaltigen Primärmineralen spiegelt sich sehr gut in den hohen Fe_d- und Fe_t-Werten des Vandiperiyar wider, und sie sind wahrscheinlich der Schlüssel für die abweichende, durch eine weniger intensive Verwitterung geprägte Genese des Bodens im Vergleich zum Karpurpallam. Neben den stärker verwitterten Mineralen finden sich besonders im Karpurpallam auch einige frische Biotite und Feldspäte. Da im Dünnschliff auch ganze Saprolitreste im Boden erkennbar sind, ist im Karpurpallam von einer stärkeren Bioturbation auszugehen, wodurch frische Minerale aus dem Saprolit und ganze Saprolitreste in den Boden eingemischt werden. Das gleiche gilt, wenn auch schwächer ausgeprägt, für den Vandiperiyar. Dort sind besonders im Oberboden viele frische Minerale und Aggregate allochthonen Ursprungs und durch Bioturbation im Boden verteilt.

Tab. 11: Eisenmineralogie des Vandiperiyar und des Karpurpallam

Boden	Horizont	Tiefe cm	Munsell Farbe	Ton% <2μm	Feinton% <0.2μm	Fe_d %	H/G DXRD	H/G Mössb.Sp.	Magnetit Gew.%
Vandiperiyar	Ah	20	2.5YR 3/4	49.90	36.10	6.04	.82	.50	1.74
	Bt1	65	2.5YR 4/6	52.40	40.10	7.12	.76		1.33
	Bt2	120	2.5YR 4/6	54.50	35.90	8.01	.41		-
		150	2.5YR 4/6	54.80	33.90	7.44	.38	.41	.98
	Bt3	210	5YR 6/8	33.90	10.10	9.47	.11		-
		250	5YR 6/8	27.40	9.20	7.72	.16		2.16
	Cr	>250	5YR 7/4	4.70	.80	.90	nur G.	nur G.	3.17
Karpurpallam	AB	50	5 YR 4/4	44.10	23.02	3.90	.39		1.13
	B	95	5 YR 4/8	46.19	18.90	4.13	.45		.87
	BC/Cr	165	5 YR 6/8	36.01	9.35	4.32	.37		2.83
	Cr	180	7.5 YR 8/4	3.27	1.28	1.82	.19		5.29

H/G = Hämatit:Goethit Verhältnis (vgl. Kap3.4.2.1.)

An der Klassifikation beider Böden nach der »Soil Taxonomy« lassen sich die noch bestehenden Schwächen der »Soil Taxonomy« in der Anwendung für tropische Böden sehr gut aufzeigen. Das Problem geht von der Frage aus, ob Ton verlagert worden ist oder nicht. Im Vandiperiyar sprechen die Tonzunahme vom Ah- zum Bt1-Horizont, die aber knapp unter den geforderten 8% liegt, und das Verhältnis von Grobton zu Feinton dafür (*s.Tab.12 u.Abb.11*). Mikromorphologisch lassen sich nur an einer Stelle im unteren B-Horizont »illuviation argillans« nachweisen. Das kristallitische b-Gefüge, die pedogenen Chlorite in den oberen Horizonten und die weitgehend nur als Phantome vorhandenen Biotite (s.Kap.5.2.) sind gleichfalls Kriterien, die für Ultisole als typisch gelten können (FEDOROFF & ESWARAN 1985). Untypisch dagegen ist, daß der Ah-Horizont trotz geringeren Tongehaltes keine mikromorphologischen Anzeichen für einen Eluvialhorizont bietet, wie z.B. »free packed skeleton grains«

(ebenda:146). Die sehr gute Aggregierung des Bodens (*s.Foto 26*), die im Oberboden schon den Charakter einer für Oxisole typischen »microped structure« (STOOPS & BUOL 1985) annimmt, ist sicher eine Folge der hohen Eisenoxid-hydroxid-Gehalte. Verneint man die Existenz eines »argillic horizon«, ergibt sich das Problem, daß einer Einordnung als Oxisol die zu hohe KAK der Tonfraktion entgegensteht. Übrigbliebe die Order der Inceptisole, der »junk basket« der »Soil Taxonomy« (WILDING et al.1983a). Einen so mächtigen und stark entwickelten Boden als Tropept anzusprechen widerstrebt nicht nur dem bodengenetisch denkenden Anwender, sondern auch dem genetischen Grundkonzept der »Soil Taxonomy« (SMITH 1986). Für solche Grenzfälle, die nicht untypisch für tropische Böden zu sein scheinen, haben SOMBROEK et al. (CAMARGO & BEINROTH 1978:70) die Einführung eines »luvic-« oder »lixic-horizon« gefordert, um die Lücke zwischen »argillic-« und »oxic-horizon« auszufüllen. Nach Abwägung aller o.g. Merkmale wird eine Ansprache des Vandiperiyars als »Typic Rhodudult« nach der »Soil Taxonomy« und als » Dystric Nitosol« nach der FAO-Klassifikation vorgeschlagen.

Tab. 12: Korngrößenverteilung des Karpurpallam und des Vandiperiyar

Boden	Horizont	Tiefe cm	2000-630µm	630-200µm	200-63µm	63-20 µm	20-6.3 µm	6.3-2 µm	<2 µm	2-0.2 µm	<0.2 µm
Vandiperiyar	Ah	20	11.43	13.12	10.39	4.20	5.30	4.50	49.90	13.80	36.10
	AB	40	8.51	10.72	9.43	3.90	4.70	4.70	54.50	14.40	40.10
	Bt1	65	9.28	11.12	9.38	4.30	5.60	6.10	52.40	12.30	40.10
		90	12.60	11.13	8.19	3.10	3.70	4.20	58.00	14.30	43.70
	Bt2	120	10.45	12.88	8.59	2.90	3.90	4.70	54.50	18.60	35.90
		150	10.20	12.75	9.24	3.10	4.10	5.70	54.80	20.90	33.90
	Bt3	190	12.75	9.93	8.21	4.50	8.60	10.80	44.40	26.30	18.10
		210	6.59	8.23	9.96	6.60	17.60	15.90	33.90	23.80	10.10
		250	13.96	12.64	12.04	7.10	14.50	11.90	27.40	18.20	9.20
	Cr	>250	28.86	32.12	22.08	6.90	5.40	2.40	4.70	3.90	.80
Karpurpallam	AB	50	25.65	9.64	6.56	3.20	4.35	6.49	44.10	21.08	23.02
	B	95	24.25	11.04	6.00	3.86	3.14	5.51	46.19	27.28	18.90
	BC/Cr	165	26.49	9.95	6.76	6.48	7.71	6.60	36.01	26.66	9.35
	Cr	180	26.72	22.61	19.70	12.02	9.96	6.07	3.27	2.00	1.28

Der Karpurpallam hat neben den genannten tonmineralogischen Eigenschaften noch weitere Kennzeichen eines typischen Oxisols. Mikromorphologisch konnten nur geringe Anteile verwitterbarer Primärminerale, ein undifferenziertes b-Gefüge und die Abwesenheit von »illuviation argillans« als typische Anzeichen eines Oxisols (STOOPS & BUOL 1985) festgestellt werden. Untypisch hingegen ist das gut entwickelte Schwammgefüge (*s.Foto 25*) ohne Anzeichen einer »microped structure« (ebenda:107). Der »oxic-horizon« könnte durch Degradierung eines »argillic-horizon« entstanden sein, zu der auch die Pedoturbation beigetragen hat. Eine Ansprache als »Typic Hapludox« ist aber trotzdem gerechtfertigt (SOIL SURVEY STAFF 1975). Nach der FAO-Klassifikation ist der Karpurpallam ein »Orthic Ferralsol«.

Ob die Unterschiede in der Bodenbildung nur aus Varianzen in der mineralischen Zusammensetzung des Ausgangsgesteins resultieren, kann nicht mit Sicherheit belegt werden. Andere Einflüsse wie Bioturbation, Massenverlagerung am Hang oder der Einfluß des Menschen könnten zumindest mitverantwortlich für die unterschiedlichen Eigenschaften sein. Doch makroskopisch wie auch mikroskopisch deutet alles auf eine in-situ-Bildung beider Böden aus dem Saprolit hin.

Klassifikationsprobleme nach der »Soil Taxonomy« sind scheinbar symptomatisch für die Böden aus diesem Teil der wechselfeucht-humiden West-Ghats, denn z.B. der »Thekkadi Benchmark Soil«, der morphologisch dem Vandiperiyar vergleichbar ist, aber unter fast 4000 mm Niederschlag gebildet wurde, ist vom National Bureau of Soil Survey and Land Use Planning (NBSS&LUP) ursprünglich als »Typic Hapludoll« angesprochen worden[10] (KOOISTRA 1982). Nach genauer mikromorphologischer und chemischer Überprüfung schlägt jedoch KOOISTRA (ebenda) eine Klassifikation als Ultisol oder Inceptisol vor. In der Zusammenstellung der »Benchmark Pedons of India« ist der »Thekkadi« dann als »Tropeptic Eutrorthox« klassifiziert.

4.2. Die Böden im Grenzbereich rezenter Tiefenverwitterung: der »Palghat« und der »Anaikatti«

4.2.1. Beschreibung der Profile

10 Als (u.a.) Hapludolls sind die Böden der West Ghats von Kerala auch im RESOURCE ATLAS OF KERALA dargestellt worden (CENTRE FOR EARTH SCIENCE STUDIES 1984). Dies erfolgte wohl aufgrund der hohen C_{org}-Gehalte der Oberböden und geringer Kenntnisse der Soil Taxonomy.

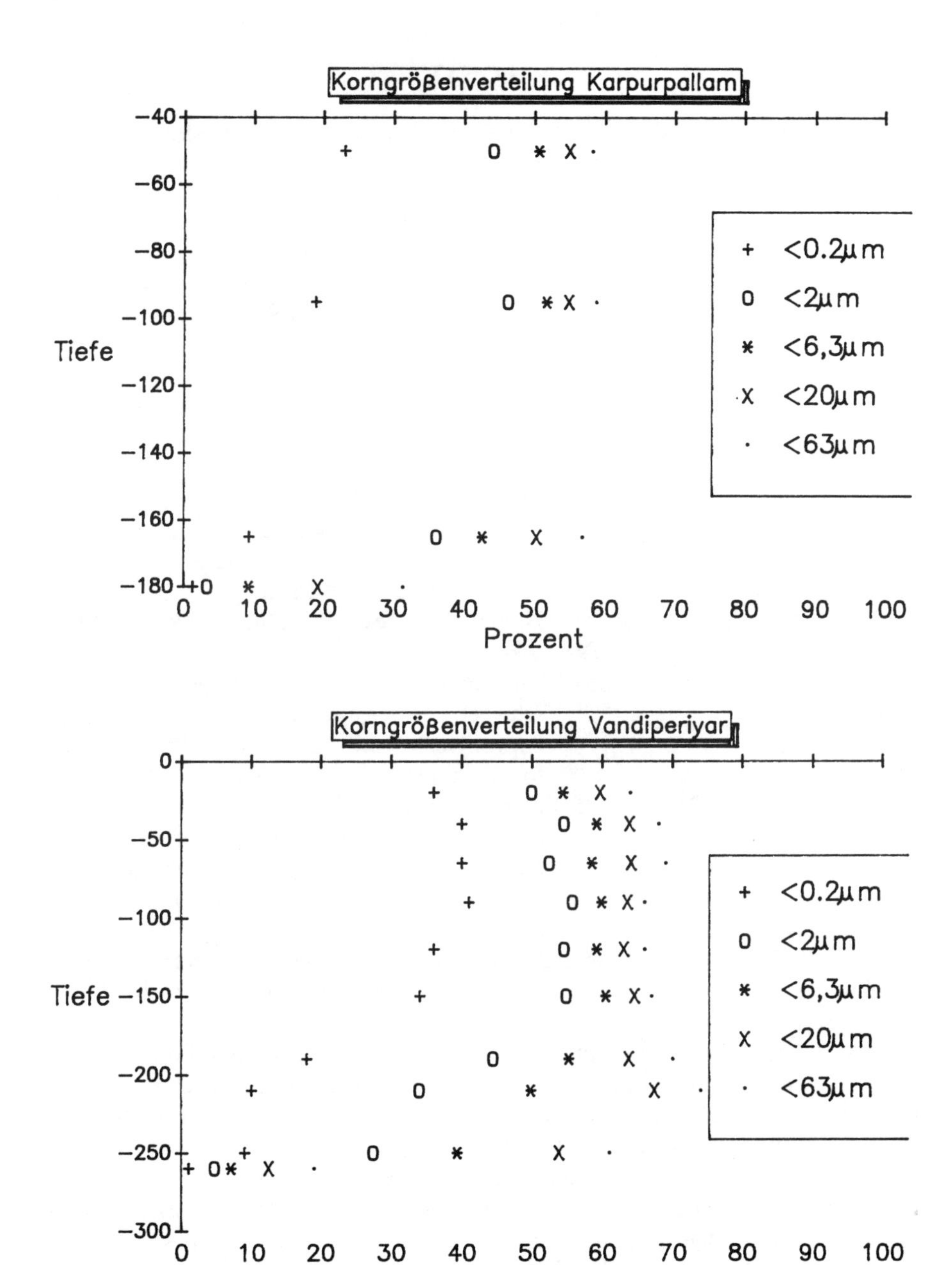

Abb.10 u.11: Korngrößenverteilung »Karpurpallam« und »Vandiperiyar«

PALGHAT

clayey-skelettal, kaolinitic, isohyperthermic Udic Rhodustalf
Chromic Luvisol (FAO)

AB 0-10cm dunkel rötlich-brauner (2.5YR 3/4) sandiger Lehm, schwach sauer, stark verhärtetes Kohärentgefüge, viele grobe (3-4mm) Quarze

Bt1 10-50cm dunkel roter (2.5YR 3/6) sandiger Ton, schwach sauer, grobpolyedrisches bis prismatisches Gefüge, viele grobe Quarze als Reste eines pegmatitischen Ganges im Pedon verfolgbar

s.Foto3

Bt2 50-85cm dunkel roter (2.5 YR 3.5/6) sandig toniger Lehm, schwach sauer, im oberen Teil grobpolyedrisch bis prismatisch, darunter subpolyedrisch, weniger grobe Quarze als Hangendes, Reste der Gneisstruktur schwach erkennbar

Bt/Cr 85-135cm roter (2.5YR (4/6) sandiger Lehm, sehr schwach sauer, subpolyedrisches Gefüge, Saprolitreste mit Gesteinsstruktur zungenförmig hineinragend

Cr/Bt 135-180cm rotes (2.5YR 5/6) Bodenmaterial in diagonalen Klüften in den Saprolit eindringend, stark zersetzter Saprolit, lehmiger Sand mit deutlicher Gneisstruktur, sehr schwach sauer

Cr > 180cm hell rötlich-brauner Saprolit, stark zersetzt, Sand, sehr schwach sauer, deutliche Gneisstruktur

Lage: ca. 20km östlich von Palghat, ca. 20m südlich der Hauptstraße unter einer Hochspannungsleitung, auf flacher Kuppe der Rumpffläche.

Feuchteregime: ca. 2150mm Niederschlag und 5 humide Monate, »udic tropustic soil moisture regime« (VAN WAMBEKE 1985).

Vegetation: unter Gräsern auf einem nicht genutzen Ackerrain.

Bemerkungen: Die Böden der Umgebung sind sehr stark erodiert; es sind kaum vollständige Pedons erhalten; wenige Kilometer weiter westlich sind die B-Horizonte der Böden vollständig plinthisiert. Das Pedon ist im oberen Teil in einem »road cut exponiert«.

ANAIKATTI

fine-loamy, mixed, isohyperthermic, Typic Rhodustalf
Chromic Luvisol (FAO)

Ah 0-15cm rötlich-brauner (5YR 4/4) lehmiger Sand, schwach alkalisch, Kohärentgefüge

Bt1 20-45cm dunkel roter (2.5YR 3/6) sandig toniger Lehm, sehr schwach alkalisch, Polyedergefüge

s.Foto4

Bt2 45-70cm roter (2.5YR 4/6) sandiger Ton, sehr schwach sauer, Polyedergefüge, Übergang zum Liegenden ist zungenförmig

Cr/Bt 70-130cm gelblich roter (5YR 5/6) lehmiger Sand, sehr schwach alkalisch, Bodenentwicklung erfolgt entlang von Diagonalklüften im saprolitisierten Gneis

Cr >130cm sehr hellbrauner (10YR 8/4) stark zersetzter Saprolit mit Bodenmaterial in Klüften, sehr schwach alkalisch

Lage: ca. 7 km östlich von Massinigudi bei dem Dorf Valaithokam, in ebener Plateaulage auf Rumpffläche.

Feuchteregime: ca. 1550mm Niederschlag und 4 humide Monate, »typic tropustic soil moisture regime« (VAN WAMBEKE 1985).

Vegetation: unter Dornensavanne in natürlichem Zustand.

Bemerkungen: Die Proben aus den Übergangshorizonten sind Mischproben, da Boden und Saprolit stark ineinander übergehen; die Schildinselberge in der Umgebung sind von Vertisolen umsäumt.

4.2.2. Mikromorphologische Beschreibungen der Böden

Palghat

Lage: 10 Km östl. von Palghat

Horizont: AB

Tiefe (cm): ca. 5

Beschreibung des Dünnschliffes

1. Mikrostruktur

gut entwickeltes Schwammgefüge mit zahlreichen, unregelmäßig geformten Hohlräumen und Gängen.

2. Mineralzusammensetzung:

- grobe Fraktion (>50µm): Anteil der groben Minerale ca. 60 %; viele große Quarze und Hornblendenreste; viele mittelgroße Feldspäte; sehr viele Quarz- und Feldspatfragmente in der Feinsandfraktion; einige große, noch frische Biotite sowie viele kleine, schwach doppelbrechende Biotite; viele Hornblendenreste in boxwork-Struktur.
- feine Fraktion (<50µm): dunkelbrauner Ton, Kaolinite und Biotite als Verwitterungsprodukte von Biotiten.

3. Organische Bestandteile: -

4. Grundmasse: sehr eng porphyrisch, in Teilen gefurisch; meist undifferenziertes b-Gefüge, aber auch Relikte eines porenstreifigen b-Gefüges mit schwacher Doppelbrechung erkennbar.

5. Pedofeatures:

textural: Bioturbation anhand der Störung der boxwork-Strukturen erkennbar.

Verarmungen: eine Tonverarmung und residuale Anreicherung der groben Fraktionen ist anzunehmen.

kristallin: -

kryptokristallin u. amorph: -

Horizont: Bt1

Tiefe (cm): ca. 35-45

Beschreibung des Dünnschliffes

1. Mikrostruktur

mäßig entwickeltes Schwammgefüge mit vielen großen Poren und Gängen, z.T. durch wandständige »illuviation argillans« gerundet.

2. Mineralzusammensetzung:

- grobe Fraktion (>50µm): Anteil der groben Minerale ca. 40 %; viele große Quarze und Hornblenden, die irregulär-linear (B2-3) verwittert und mit boxwork-Struktur assoziiert sind; viele, randlich angewitterte Feldspäte; viele Biotite, die vermikulitisiert oder kaolinisiert sind (Zustand: $C1_2$).
- feine Fraktion (<50µm): rötlich-brauner Ton; Kaolinite und Vermikulite als Verwitterungsprodukte von Biotiten.

3. Organische Bestandteile: -

4. Grundmasse: eng porphyrisch mit teilweise sehr gut entwickeltem porenstreifigen b-Gefüge, teilweise auch durchbrochen oder völlig fehlend, an einigen Stellen in die Matrix verwürgt.

5. Pedofeatures:

textural: Tonverlagerung belegt durch »illuviation argillans« und »ferroargillans« (Fläche ca. 5-10%), evtl. gealtert, d.h. nicht rezent, da z.T. unterbrochen, abwesend oder verwürgt.

Verarmungen: Bleichungen durch hydromorphe Prozesse.

kristallin: -

kryptokristallin u. amorph: -

Horizont: Bt2

Tiefe (cm): ca. 60-70

Beschreibung des Dünnschliffes

1. Mikrostruktur

kavernöses Gefüge mit zahlreichen Hohlräumen, die durch »illuviation argillans« gerundet sind; wenige Spalten und Gänge.

2. Mineralzusammensetzung:

- grobe Fraktion (>50μm): Anteil der groben Minerale ca. 40 %; viele große Quarze; viele Biotite, eisenverkrustet mit schwachem Pleochroismus und Doppelbrechung,; einige Feldspäte, die z.T. randlich angewittert sind; viele Hornblenden als Fragmente z.T. ohne Verwitterungsspuren, aber auch als boxwork.
- feine Fraktion (<50μm): rötlich-brauner Ton; Kaolinite und Biotite als Verwitterungsprodukte von Biotiten.

3. Organische Bestandteile: -

4. Grundmasse: eng porphyrisch mit durchgehendem, gut doppelbrechendem, porenstreifigem b-Gefüge, durchbrochenes, kornstreifiges b-Gefüge.

5. Pedofeatures:

textural: deutliche Tonverlagerung belegt durch »illuviation argillans« und »ferroargillans« (Fläche ca. 20%), teilweise mit der Grundmasse verwürgt.

Verarmungen: Bleichungen durch hydromorphe Prozesse, Eisenverlagerung in die Matrix.

kristallin: -

kryptokristallin u. amorph: -

Horizont: Bt/Cr

Tiefe (cm): ca. 95-105

Beschreibung des Dünnschliffes

1. Mikrostruktur

stark aufgelöste Gesteinstruktur, Ansätze eines Schwammgefüges mit durch »illuviation argillans« gerundeten Hohlräumen.

2. Mineralzusammensetzung:

- grobe Fraktion (>50μm): Anteil der groben Minerale ca. 60 %; viele große Quarze und Hornblenden, die stark irregulär-linear (B3) verwittert und mit boxwork-Struktur assoziiert sind; sehr viele eisenverkrustete Biotite; wenige, stark aufgelöste Feldspäte.

- feine Fraktion (<50µm): dunkelbrauner Ton; rötliche Ferroargillans; Kaolinite als Verwitterungsprodukte von Biotiten.

3. *Organische Bestandteile:* -

4. *Grundmasse*: teilweise gefurisch, teilweise eng porphyrisch; porenstreifiges, teilweise mosaikförmig geflecktes b-Gefüge.

5. *Pedofeatures:*

textural: deutliche Tonverlagerung durch orientierte, gut doppelbrechende »ferroargillans« in Poren und in der Matrix belegt.

Verarmungen: -

kristallin: -

kryptokristallin u. amorph: -

Horizont: Cr/Bt

Tiefe (cm): ca. 150-180

Beschreibung des Dünnschliffes

1. *Mikrostruktur*

aufgelöste Gesteinstruktur; Ansätze eines kavernösen oder Schwamm-Gefüges; Poren und Gänge durch »ferroargillans« gerundet.

2. *Mineralzusammensetzung:*

- grobe Fraktion (>50µm): Anteil der groben Minerale ca. 60 %; viele große Quarze und Hornblenden, die irregulär-linear (B2-3) verwittert und mit boxwork-Struktur assoziiert sind; viele, randlich angewitterte Feldspäte; viele Biotite, die vermikulitisiert oder kaolinisiert sind , einige große, frische Biotite.
- feine Fraktion (<50µm): rötlicher Ton; Kaolinite und Vermikulite als Verwitterungsprodukte von Biotiten.

3. *Organische Bestandteile:* -

4. *Grundmasse*: sehr eng porphyrisch bis gefurisch; porenstreifiges, doppelbrechendes b-Gefüge.

5. *Pedofeatures:*

textural: Tonverlagerung belegt durch »illuviation argillans« und »ferroargillans« (Fläche ca. 10%).

Verarmungen: schwache Bleichungen und Akkumulationen durch hydromorphe Prozesse.

kristallin: -

kryptokristallin u. amorph: -

Horizont: Cr

Tiefe (cm): ca. 220

Beschreibung des Dünnschliffes

1. *Mikrostruktur*

überwiegend Gesteinsstruktur (dichtes Korngefüge), zahlreiche Gänge belegen Auflockerung.

2. *Mineralzusammensetzung:*

- grobe Fraktion (>50µm): Anteil der groben Minerale ca. 98 %; überwiegend Quarze und Feldspäte, von Spaltennetz überzogen; viele große Biotite, z.T. parallel-linear ($C1_{1-2}$) verwittert; kaum Hypersthen, deshalb eher Grano-Diorit.
- feine Fraktion (<50µm): gelblich-roter Ton in den Spalten; Kaolinite und Vermikulite als Verwitterungsprodukte von Biotiten.

3. Organische Bestandteile: -

4. Grundmasse: kornstreifiges b-Gefüge in den Spalten.

5. Pedofeatures:

textural: gut doppelbrechende »illuviation argillans« als Spaltenfüllungen.

Verarmungen:

kristallin: -

kryptokristallin u. amorph: -

Anaikatti

Lage: 7 Km nördl. v. Massinigudi/ Mysore Plateau

Horizont: Ah

Tiefe (cm): ca. 5-15

Beschreibung des Dünnschliffes

1. Mikrostruktur

Brückengefüge mit wenigen Hohlräumen.

2. Mineralzusammensetzung:

- grobe Fraktion (>50µm): Anteil der groben Minerale ca. 80%; dominant Quarze, aber auch viele Feldspäte, die stärker aufgelöst; viele Biotite in der Fraktion <100µm; einige frische Hornblendenfragmente, aber auch wenige als boxwork erhalten.
- feine Fraktion (<50µm): dunkelbrauner Ton.

3. Organische Bestandteile: -

4. Grundmasse: gefurisch mir kristallitischem b-Gefüge.

5. Pedofeatures:

textural: Tonverarmung und Einmischung frischer Minerale, z.B. Hornblendenfragmente.

Verarmungen: Tonverarmung im Oberboden möglich (s.o.).

kristallin: -

kryptokristallin u. amorph: -

Horizont: Bt1

Tiefe (cm): ca. 30-40

Beschreibung des Dünnschliffes

1. Mikrostruktur

mäßig entwickeltes Schwammgefüge mit vielen unregelmäßigen Gängen und Poren.

2. Mineralzusammensetzung:

- grobe Fraktion (>50µm): Anteil der groben Minerale ca. 30-40%; viele grobe Quarze (1-2mm), viele kleinere Feldspäte; kaum Hornblenden, nur als boxwork erhalten (B3); einige große Biotite ($C1_1$), kaum mittelgroße Biotite, aber viele kleine, stärker verwitterte Biotite in der Matrix.

- feine Fraktion (< 50µm): rötlich-gelbbrauner Ton.

3. Organische Bestandteile: -

4. Grundmasse: eng porphyrisch mit häufig durchbrochenem poren- und kornstreifigem b-Gefüge.

5. Pedofeatures:

textural: wenig Tonverlagerung, in einigen Poren gut orientierte »illuviation argillans«; um Partikel schwach orientierte »argillans«, oft durchbrochen.

Verarmungen: schwache Bleichungen durch hydromorphe Prozesse.

kristallin: -

kryptokristallin u. amorph: -

Horizont: Bt2

Tiefe (cm): ca. 55-60

Beschreibung des Dünnschliffes

1. Mikrostruktur

mäßig entwickeltes Schwammgefüge mit vielen unregelmäßigen Gängen und Poren.

2. Mineralzusammensetzung:

- grobe Fraktion (> 50µm): Anteil der groben Minerale ca. 40%; viele grobe Quarze (1-2mm), viele kleinere Feldspäte; wenige Hornblenden, oft nur als boxwork erhalten (B3); einige große Biotite ($C1_1$), kaum mittelgroße Biotite, aber viele kleine, stärker verwitterte Biotite in der Matrix.
- feine Fraktion (< 50µm): gelblich-brauner Ton.

3. Organische Bestandteile: -

4. Grundmasse: eng porphyrisch mit häufig durchbrochenem poren- und kornstreifigem b-Gefüge.

5. Pedofeatures:

textural: wenig Tonverlagerung (ca. 1-2% Flächenanteil); »illuviation argillans« an Porenwänden z.T. deutlich orientiert und doppelbrechend; kornstreifige »argillans« durch Stressorientierung.

Verarmungen:

kristallin: -

kryptokristallin u. amorph: -

Horizont: Cr/Bt

Tiefe (cm): ca. 85-95

Beschreibung des Dünnschliffes

1. Mikrostruktur

Gesteinsstruktur mit vielen Klüften.

2. Mineralzusammensetzung:

- grobe Fraktion (> 50µm): Anteil der groben Minerale ca. 95%; Quarze und Feldspäte dominant; einige Feldspäte angewittert, evtl. Kaolinisierung; viele, sehr frische Biotite , nur wenige kaolinisiert ($C1_{1-2}$); an den Klüften stärker kaolinisiert bzw. smektitisiert; einige Hornblenden wenig bis leicht verwittert (B0-B2).

- feine Fraktion (< 50µm): gelblich-brauner Ton.

3. *Organische Bestandteile:* -

4. *Grundmasse*: in einigen Spalten porenstreifiges b-Gefüge, gut doppelbrechend.

5. *Pedofeatures:*

textural: Tonverlagerung, in Klüften und Poren gut orientierte, aber dünne »illuviation argillans«.

Verarmungen: -

kristallin: -

kryptokristallin u. amorph: -

Horizont: Cr

Tiefe (cm): ca. 130-140

Beschreibung des Dünnschliffes

1. *Mikrostruktur*

überwiegend Gesteinsstruktur; Spalten sind mit Bodenmaterial verfüllt (wahrscheinlich eingespült, da abrupter Übergang zum Saprolit).

2. *Mineralzusammensetzung:*

- grobe Fraktion (> 50µm): differenziert nach Auflösungsgrad des Gesteinsverbands. Fester Verband: Quarze, Feldspäte, Biotite und einige Hornblenden kaum angewittert; gelöster Verband: Quarze und Feldspäte frisch, Biotite leicht kaolinisiert; Hornblenden stärker verwittert (B1-2).
- feine Fraktion (< 50µm): in den Spalten rötlich-braungelber Ton.

3. *Organische Bestandteile:* -

4. *Grundmasse*: in den Spalten eng porphyrisch mit kristallitischem bis mosaikförmig geflecktem b-Gefüge.

5. *Pedofeatures:*

textural: Spaltenfüllungen sind nicht ausschließlich verlagerter Ton, sondern eingespültes Bodenmaterial.

Verarmungen: -

kristallin: -

kryptokristallin u. amorph: -

4.2.3. Eigenschaften und Genese der Böden

Der Boden aus der Umgebung von Palghat entspricht als mächtiger und intensiv rubefizierter Boden am besten den Vorstellungen von einem Rhodustalf. Gleiches gilt für den Anaikatti vom Mysore-Plateau, der aber nicht ganz so mächtig ist. Im Palghat ist die Tiefenverwitterung des grano-dioritischen Ausgangsgesteins unter 2150 mm Niederschlag noch sehr aktiv. Entlang von Mikroklüften sind alle Biotite stärker kaolinisiert, und die Kaolinitpäckchen zeigen sowohl eine parallele wie auch eine, für Neosynthese typische, rechtwinklige Ausrichtung. Die Plagioklase, meist Albite, sind mit einem Spaltennetz überzogen und im Ansatz kaolinisiert. Die Mikrokline wirken deutlich frischer.

Tab. 13: Bodenchemische Kenndaten des Palghat und des Anaikatti

Boden	Horizont	Tiefe cm	pH H_2O	pH 0.1nKCl	C_{org} %	$CaCO_3$ %	Fe_o %	Fe_d %	Fe_t %	Fe_o/Fe_d	Fe_d/Fe_t
Palghat	AB	5	6.03	4.84	.94	.00	.56	4.43	9.93	.13	.45
	Bt1	40	6.41	4.94	.20	.00	.39	4.14	8.60	.09	.48
	Bt2	65	6.42	4.84	.00	.00	.41	4.42	10.69	.09	.41
	Bt/Cr	100	6.68	4.70	.14	.00	.37	3.19	12.35	.12	.26
	Cr/Bt	155	6.72	3.97	.00	.00	.33	2.69	8.96	.12	.30
	Cr	220	6.74	4.71	.00	.00	.04	.36	.24	.11	1.49
Anaikatti	Ah	10	7.85	6.43	.47	.00	.13	1.07	3.34	.12	.32
	Bt1	35	7.15	4.64	.45	.00	.16	2.22	4.63	.07	.48
	Bt2	60	6.91	4.83	.00	.00	.13	2.06	4.02	.06	.51
	Cr/Bt	90	7.21	5.59	.00	.00	.06	.97	3.09	.06	.31
	Cr	135	7.21	5.18	.00	.00	.08	.42	2.48	.19	.17

Im Anaikatti ist unter 1550 mm Niederschlag die Verwitterung der Primärminerale im Saprolit deutlich schwächer und sehr abhängig vom Grad der Auflösung des Gesteinsverbandes. Die Tiefenverwitterung dringt an Schwächezonen vor, wie sie Schlieren ferromagnesischer Minerale (überwiegend Hornblenden) im Gneis darstellen. In diesen stärker verwitterten Partien sind nur die Almandine zu »boxwork«-Pseudomorposen umgewandelt, während die Hornblenden nur angewittert sind. Die Biotite sind deutlich smektitisiert. Auf den Plagioklasen sind keine Kaolinisierungen zu erkennen, sondern nur randliche Anlösungen. In diese Schwächezonen ist bereits Ton verlagert und verleiht dem Saprolit den Charakter eines Cr/Bt-Übergangshorizontes. Dort, wo der Gesteinsverbund noch fest ist, sind die Primärminerale kaum verwittert. Tonmineralogisch unterscheiden sich beide Saprolite darin, daß im Palghat neben den Smektiten vor allem auch Kaolinite gebildet werden (*s.Abb.12 u.13*).

Auch pedochemisch zeigen die Saprolite deutliche Unterschiede (*vgl. Tab.13*). Im Palghat ist die Basensättigung sehr niedrig (23%) und steigt zum Boden hin an, während im Anaikatti die Basensättigung recht hoch ist (65%) und über der des hangenden Boden liegt. Damit werden deutliche Unterschiede in den Auslaugungsbedingungen in den jeweiligen Saproliten deutlich: Im Palghat werden Basen im Saprolit intensiver abgeführt als im Boden; im Anaikatti ist es genau umgekehrt. Dort liegt das Verwitterungsmaximum im Boden, weil mangels ausreichenden Wasserüberschusses weniger Wasser durch den Saprolit perkolieren kann.

Tab. 14: Chemische Zusammensetzung des Palghat und des Anaikatti

Boden	Horizont	Tiefe	$\%Na_2O$	$\%K_2O$	%CaO	%MgO	$\%Fe_2O_3$	$\%Al_2O_3$	Summe
Palghat	AB	5	1.21	1.35	.15	.96	14.19	17.94	35.80
	Bt1	40	.85	.86	.11	.46	12.29	18.95	33.52
	Bt2	65	1.43	1.04	.18	.93	15.28	24.75	43.62
	Bt/Cr	100	2.03	.41	.69	2.25	17.67	24.12	47.17
	Cr/Bt	155	2.67	1.29	.76	2.73	12.81	22.67	42.94
	Cr	220	4.66	1.03	.72	.29	.35	20.78	27.82
Anaikatti	Ah	10	2.63	.20	1.00	.61	4.77	16.09	25.30
	Bt1	35	1.26	.21	.16	.51	6.62	18.29	27.04
	Bt2	60	2.00	.20	.31	.63	5.75	19.85	28.74
	Cr/Bt	90	3.58	.27	.83	.87	4.42	18.12	28.09
	Cr	135	4.03	.25	1.15	.93	3.54	17.74	27.64

Tab. 15: Kationenaustauschkapazität der Tonfraktionen (meq/100 g Ton)

Boden	Horizont	Tiefe cm	2-0.2µm meq	<0.2µm meq
Palghat	AB	5	29.57	35.11
	Bt1	40	37.88	36.63
	Bt2	65	40.29	36.30
	Bt/Cr	100	34.00	34.94
	Cr/Bt	155	30.17	38.75
	Cr	220	17.89	28.26
Anaikatti	Ah	10	n.b.	31.16
	Bt1	35	35.32	32.48
	Bt2	60	43.84	36.04
	Cr/Bt	90	43.56	39.14
	Cr	135	n.b.	30.03

n.b. = nicht berechnet

Die mineralogischen und chemischen Unterschiede belegen m.E. das unterschiedliche Ausmaß der rezenten Tiefenverwitterung in den jeweiligen Saproliten. Im Palghat ist sie bedeutend wirksamer als im Anaikatti, wo sie nur noch entlang der mineralischen Schwächezonen langsam gegen den Gneis vordringt und keine Kaolinitbildung mehr feststellbar ist. Dies berechtigt m.E. zu der Ansicht, daß beide Böden durch eine hygrische Schwelle getrennt sind, die gleichzeitig auch die untere klimatische Grenze geomorphologisch wirksamer Tiefenverwitterung darstellt.

Tab. 16: Einzelkationen und Basensättigung

Boden	Horizont	Tiefe	Ca	Mg	Na	K	H+Al*	aust.	% Basen	% Säuren
		cm	----------meq/100 g Boden----------					Kationen		
Palghat	AB	5	6.08	1.40	.23	.56	9.40	17.67	46.80	53.20
	Bt1	40	7.24	2.31	.21	.10	18.40	28.26	34.89	65.11
	Bt2	65	8.80	3.23	.49	.15	11.00	23.67	53.53	46.47
	Bt/Cr	100	8.94	3.29	.46	.10	11.00	23.79	53.76	46.24
	Cr/Bt	155	11.04	4.45	.57	.10	13.00	29.16	55.42	44.58
	Cr	220	1.89	.63	.30	.02	9.40	12.24	23.20	76.80
Anaikatti	Ah	10	3.08	.69	.08	.31	4.90	9.06	45.92	54.08
	Bt1	35	7.85	2.19	.29	.16	7.90	18.39	57.04	42.96
	Bt2	60	7.95	2.02	.24	.12	5.80	16.13	64.04	35.96
	Cr/Bt	90	7.07	1.33	.17	.07	6.00	14.64	59.02	40.98
	Cr	135	6.32	1.24	.12	.05	4.10	11.83	65.34	34.66

* Barium-Triäthanolamin

Im Boden sind im Palghat die Feldspäte, besonders die Albite, stärker verwittert als im Anaikatti. Die durch das Ausgangsmaterial bedingten zahlreichen Biotite sind stark eisenverkrustet und bis in die Sandfraktion überwiegend kaolinisiert[11]. Die Eisenverkrustungen haben wenig Einfluß auf das Ausmaß der Kaolinisierung, obwohl Eisenkrusten die Verwitterung von Biotiten erheblich verzögern können (vgl. MEYER & KALK 1964; MILLER 1983:297). Die sehr zahlreichen Hornblenden sind fast völlig verwittert und fast nur als »boxwork«-Pseudomorphosen mit und ohne eingeschlossene Hornblendenreste erhalten. Im Ah-Horizont dagegen finden sich sehr viele frische Biotite und Feldspäte, die wahrscheinlich allochthonen Ursprungs sind. Im Anaikatti sind die verwitterbaren Primärminerale durchweg frischer, und Kaolinisierungen finden sich nur an wenigen Plagioklasen. Die Biotite sind sehr stark zerkleinert und in die Matrix eingearbeitet, so

11 Dies wurde mit Hilfe der Röntgendiffraktion an orientierten Glimmerplättchen überprüft.

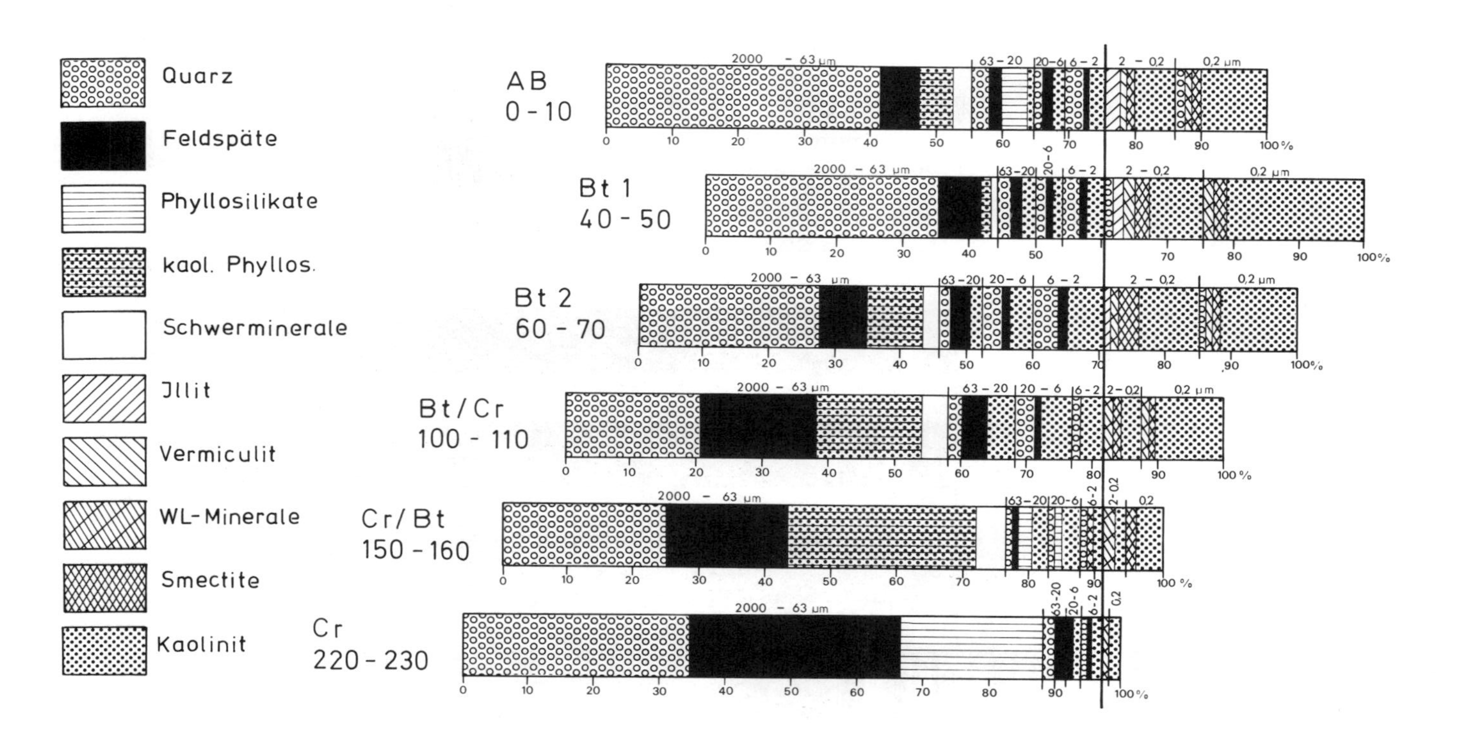

Abb.12: Mineral- und Tonmineralbestand des »Palghat«

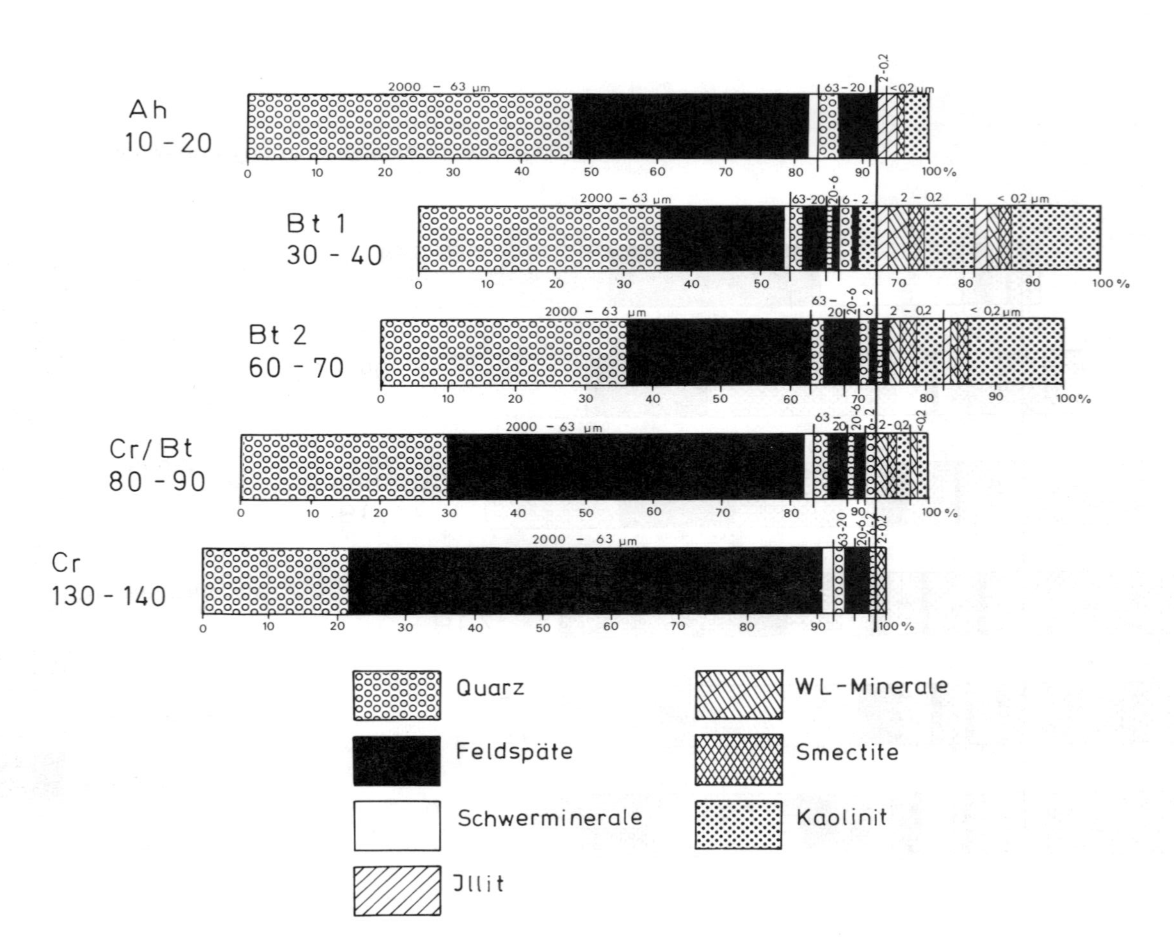

Abb.13: Mineral- und Tonmineralbestand des »Anaikatti«

daß die Grundmasse teilweise ein mosaikartig geflecktes b-Gefüge zeigt.

Die Tonmineralogie in den beiden Böden ist sehr ähnlich und wird von den Kaoliniten dominiert (*s. Abb.12 u.13, Tab.15*). Zusätzlich findet sich noch eine breite Palette von 2:1-Tonmineralen wie Illite, Illit-Smektit-Wechsellagerungsminerale, Vermikulite und Smektite. Letztere sind der Beidellit-Nontronit-Gruppe zugehörig, was ihre Herkunft als Biotitabkömmlinge unterstreicht (BORCHARDT 1977).

Im Palghat ist, bedingt durch das eisenhaltige Ausgangsmaterial, die Eisendynamik noch höher als im Anaikatti (*s. Tab.17*). Die Verwitterung eisenhaltiger Primärminerale erfolgt in beiden Böden überwiegend zu Hämatit, das erst mit zunehmender Tiefe einer Goethitdominanz weicht. Im Palghat schwankt das Hämatit/Goethit-Verhältnis wohl auch als eine Folge der intensiven Tonverlagerung (*vgl. Abb.14 u.15, Tab.18*).

Tab. 17: Eisenmineralogie

Boden	Horizont	Tiefe cm	Munsell Farbe	Ton% <2µm	Feinton% <0.2µm	Fe_d %	H/G DXRD	H/G Mössb.Sp.	Magnetit Gew.%
Palghat	AB	5	2.5 YR 3/4	24.40	14.16	4.43	1.00		1.76
	Bt1	40	2.5 YR 3/6	39.52	24.60	4.14	.87		.92
	Bt2	65	2.5 YR 3.5/6	29.32	14.73	4.42	1.27		.95
	Bt/Cr	100	2.5 YR 4/6	18.30	12.41	3.19	.61		2.60
	Cr/Bt	155	2.5 YR 5/6	8.69	5.04	2.69	2.51		1.21
	Cr	220	2.5 YR 6/4	2.72	1.52	.36	.38		.06
Anaikatti	Ah	10	5 YR 4/4	7.68	6.13	1.07	.56		.57
	Bt1	35	2.5 YR 3/6	33.02	18.41	2.22	1.18		.21
	Bt2	60	2.5 YR 4/6	27.55	17.85	2.06	.88		.21
	Cr/Bt	90	5 YR 5/6*	7.42	2.31	.97	.48		.38

H/G = Hämatit:Goethit Verhältnis

Bedeutsames pedologisches Kennzeichen beider Böden ist die Tonverlagerung, die sowohl durch die Ergebnisse der Korngrößenanalyse wie auch mikromorphologisch gut nachzuweisen ist. Im Palghat beträgt der Flächenanteil der mikrolaminierten und gut doppelbrechenden »illuviation argillans« z.B. im Bt2-Horizont ca. 20%, und das Tonplasma füllt wandständig alle Poren und Hohlräume aus (*s. Foto 14*). Diese intensive Tonverlagerung reicht tief in den Saprolit. Der pH-Wert-Bereich und das wechselfeuchte Klima mit hohem Starkregenanteil bieten offensichtlich optimale Randbedingungen für eine Tonverlagerung. Durch die hohe Eisenaktivität sind die »illuviation argillans« sehr stark rubefiziert so daß eine Ansprache der »argillans« als »ferro-argillans« angebracht ist. Wahrscheinlich werden auch sekundäre Eisenoxide als diskrete Partikel verlagert und ermöglichen so die sekundären und tertiären Maxima des Hämatits im Profil.

Die Menge des verlagerten Tons läßt sich nur schwer aus dem eluvierten Ah-Horizont erklären; dies legt die Vermutung nahe, daß ein Teil des Eluvialhorizontes erodiert ist. Im Anaikatti ist das Ausmaß der mikromorphologisch nachweisbaren Tonverlagerung deutlich geringer, als es der Tonanstieg des Ah- zum Bt1-Horizont vermuten läßt. Nur ca. 1-2% »illuviation argillans« im Dünnschliff und schwach doppelbrechende, häufig durchbrochene Hüllen um diskrete Minerale zeigen eine Tonverlagerung an (*vgl.Foto 22*), doch letztere deuten auf eine Alterung des Tonplasmas durch Bioturbation und eventuell auch durch Quellung und Schrumpfung (vgl. NETTLETON et al.1969), obwohl die Smektitgehalte als zu gering erscheinen(*vgl. Abb.13*). Rezente Tonverlagerung erfolgt nur in den Klüften des Saprolits (*s. Foto 16*). Die Gründe für die nur schwach ausgeprägte rezente Tonverlagerung können nur vermutet werden: Die in destilliertem Wasser gemessenen pH-Werte des Anaikatti liegen zu hoch, um ausreichend Ton dispergieren zu lassen, doch die in 0.1nKCl gemessenen pH-Werte liegen deutlich niedriger (*s. Tab.13*). Die Differenz der verschieden gemessenen pH-Werte ist in den Horizonten am größten, die über hohe Anteile an Wechsellagerungsmineralen in den Tonfraktionen verfügen. Ein Austausch der K^+-Ionen gegen H^+-Ionen aus den Zwischenschichten dieser Minerale ist zu vermuten. Dann aber ist der in Wasser gemessenen pH-Wert realistischer zur Kennzeichnung der pedochemischen Bedingungen im Anaikatti. Die Bodenreaktion muß aber in der Vergangenheit saurer gewesen sein, wie das gealterte Tonplasma, aber auch die Kaolinitdominanz belegen. Eine Basenzunahme kann durch eine geringere Basenabfuhr, wie sie infolge einer klimatischen Austrocknung eintritt, bedingt sein. Damit verbunden ist ein Intensitätsrückgang der pedochemischen Verwitterung; deshalb sind die Tonverlagerung sowie die kaolinitische Tonmineralogie in diesem Boden reliktische Phänomene, die den Boden insgesamt zu einem polygenetischen Boden machen. Auch wenn sowohl der Palghat wie auch der Anaikatti typische (»Typic«) »Rhodustalfs« nach der »Soil Taxonomy« sind bzw. »Chromic Luvisols« nach der FAO-Klassifikation, so trennt beide Böden, wie schon im Zusammenhang mit der Tiefenverwitterung angedeutet, eine Schwelle der rezenten pedogenen Kaolinitbildung. Der »Palghat« entspricht unter den heutigen klimatischen Bedingungen im feuchteren Teil der »Palghat-Gap« (bis $\geq$2000 mm Niederschlag) einem Klimaxboden, während der »Anaikatti« unter 1550 mm Niederschlag schon Eigenschaften eines Paläobodens hat. So ist auch das Polypedon des Anaikatti nach den Geländebefunden mit vertisol-ähnlichen Böden assoziiert, die die auftauchenden Schildinselberge umsäumen und sich im abgespülten Verwitterungsmaterial dieser Schildinselberge gebildet haben. Ob diese sehr dunklen Böden die heutigen Klimaxböden darstellen oder ob sie im wesentlichen durch kleinräumige Varianzen im Basengehalt des Ausgangsmaterials bedingt sind (vgl. DAS & DAS 1966; KRISHNAMOORTHY & GOVINDA RAJAN 1977), müssen weitere Untersuchungen klären.

Tab. 18: Korngrößenverteilung

Boden	Horizont	Tiefe cm	2000-630µm	630-200µm	200-63µm	63-20 µm	20-6.3 µm	6.3-2 µm	<2 µm	2-0.2 µm	<0.2 µm
Palghat	AB	5	21.68	17.92	15.64	9.54	4.51	6.30	24.40	10.25	14.16
	Bt1	40	16.11	14.50	13.66	5.85	3.93	6.43	39.52	14.92	24.60
	Bt2	65	9.89	16.90	18.61	6.51	8.13	10.64	29.32	14.59	14.73
	Bt/Cr	100	6.44	28.29	23.08	10.44	8.61	4.84	18.30	5.89	12.41
	Cr/Bt	155	13.57	40.81	22.20	6.29	5.05	3.38	8.69	3.65	5.04
	Cr	220	51.95	25.60	10.53	3.58	2.57	3.05	2.72	1.20	1.52
Anaikatti	Ah	10	11.10	36.71	35.69	7.58	1.13	.11	7.68	1.55	6.13
	Bt1	35	16.24	22.64	15.17	5.76	1.77	5.41	33.02	14.61	18.41
	Bt2	60	17.26	28.42	17.26	5.11	2.13	2.28	27.55	9.70	17.85
	Cr/Bt	90	19.69	47.46	16.74	4.58	2.44	1.67	7.42	5.11	2.31
	Cr	135	30.55	48.67	13.27	3.05	1.88	1.03	1.55	1.13	.42

4.3. Die Böden mit ausgeprägten Reliktmerkmalen: der »Channasandra«, der »Patancheru I« und der »Patancheru II«

4.3.1. Beschreibung der Profile

CHANNASANDRA

fine loamy, mixed, isohyperthermic Typic Rhodustalf
Orthic Acrisol (FAO)

Ah	0-20cm stark gestörter, mit Artefakten durchsetzter Auflagehorizont, nicht beprobt
Bt1	20-90cm gelblich roter (5YR 4/6) sandiger Ton, mittel sauer, verhärtetes Kohärentgefüge, viele grobe Quarzkörner als Rest eines pegmatitischen Ganges
Bt2	in Teilen auch
Bt/Cr	90-130cm kräftig brauner (7.5YR 5/6) sandiger Lehm, stark sauer, verhärtetes Kohärentgefüge, enthält inselartig Reste vom Saprolit
Cr/Bt	130-170cm kräftig brauner (7.5YR 5/8) sandiger Lehm, mittel sauer; rötlich gelber (7.5YR 7/6) Saprolit, stark zersetzt, kaum Gneisstruktur
Cr	>170 rötlich gelber (7.5YR 7/6) Saprolit, stark zersetzt mit erkennbarer Gneisstruktur, lehmiger Sand, mittel sauer

s.Foto 5

Lage: 16.5km südlich von Bangalore an der Kanakapura Road, ca. 150m nördlich der staatlichen Seidenfarm in ebener Plateaulage auf Rumpffläche.

Feuchteregime: ca. 890mm Niederschlag und 3 humide Monate, »typic tropustic soil moisture regime« (VAN WAMBEKE 1985).

Vegetation: unter landwirtschaftlicher Nutzung.

Bemerkungen: Das Pedon ist in einem »road cut« aufgeschlossen; das beprobte Pedon entspricht der Benchmark Soil Series (MURTHY et al. 1982, KUMAR et. al. 1982); viele »stone-lines« als Reste von pegmatitischen Gängen durchziehen das Polypedon; die Böden der Umgebung sind sehr stark erodiert.

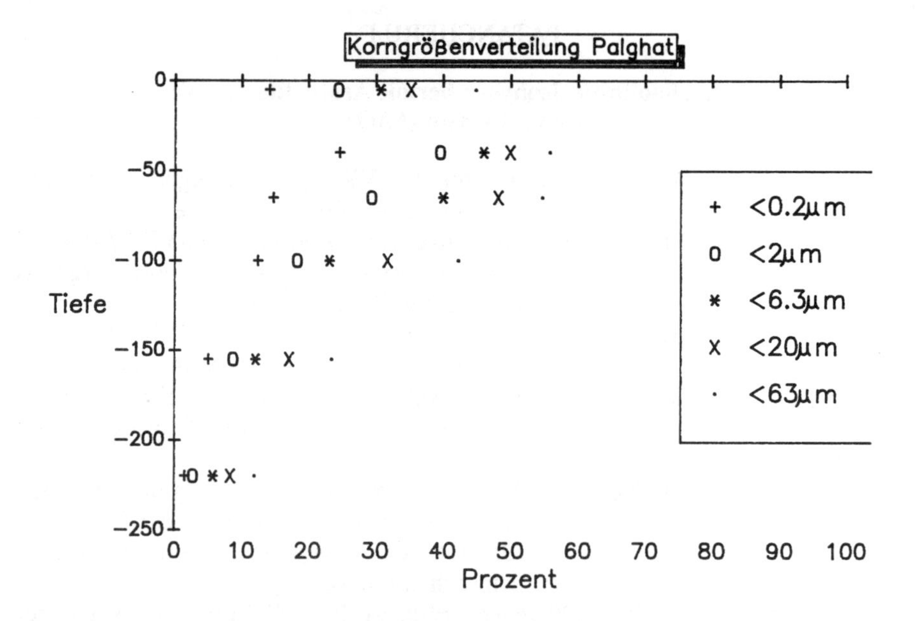

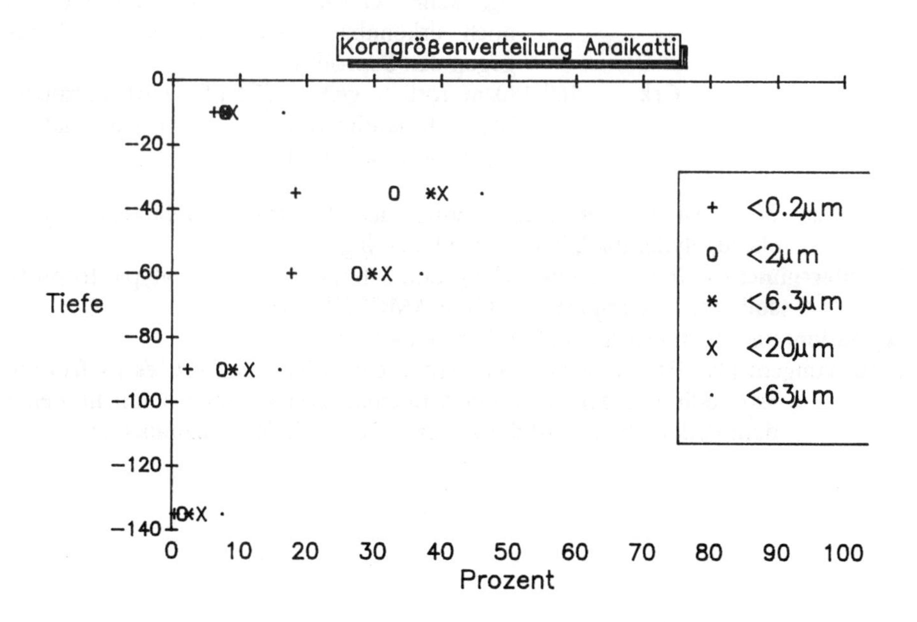

Abb.14 u.15: Korngrößenverteilung »Palghat« und »Anaikatti«

PATANCHERU I

clayey, kaolinitic, isohyperthermic Aridic Rhodustalf
Calcic Luvisol (FAO)

	AB	0-12cm roter (2.5YR 4/6) lehmiger Sand, sehr schwach sauer, Kohärentgefüge
	Bt1	12-30cm dunkel rötlich-brauner (2.5YR 3/4) sandiger Ton, schwach sauer, Subpolyedergefüge mit kleinen Quarzkörnern
	Bt2	30-76cm dunkel rötlich-brauner (2.5YR 3/4) sandiger Ton, schwach sauer, Polyedergefüge
	Bt3	76-90cm dunkel rötlich-brauner (2.5YR 3/4) sandiger Ton, sehr schwach sauer, Polyedergefüge
s.Foto 6		
	BCrk1	90-120cm rölich-brauner (5YR 5/4) sandig toniger Lehm, schwach alkalisch, carbonathaltig, Gneisstruktur des stark zersetzten Saprolits schwach erkennbar
	CrkB	120-160cm rötlich-gelber (7.5YR 7/6) stark zersetzter Saprolit, sandiger Lehm, carbonathaltig, sehr schwach alkalisch, Gneisstruktur noch erkennbar, Boden dringt in Klüften gegen den Saprolit vor
	Crk	160-180cm rötlich gelber (7.5YR 7/6) zersetzter Saprolit, sandig toni-ger Lehm, carbonathaltig, schwach alkalisch

Lage: ca. 50m östlich der Eingrenzung des ICRISAT Geländes, Patancheru/Hyderabad, in ebener Plateaulage.

Feuchteregime: ca. 760mm Niederschlag und 3 humide Monate, »typic tropustic soil moisture regime« (VAN WAMBEKE 1985).

Vegetation: unter extensiv genutztem Weideland.

Bemerkungen: Das Pedon ist in einem »road cut« z.T. exponiert; es ist frei von »stone-lines«, der Rest eines pegmatitischen Ganges taucht neben dem Pedon ab, um auf der anderen Seite wieder aufzutauchen.

PATANCHERU II

clayey-skelettal, kaolinitic, isohyperthermic Typic Rhodustalf
Chromic Luvisol (FAO)

	Ap	0-10cm roter (2.5YR 4/6) lehmiger Sand, schwach sauer, Kohärentgefüge
	ABt	10-30cm dunkel roter (2.5YR 3/6) sandiger Lehm, mittel sauer, Subpolyedergefüge, viele grobe Quarzkörner
	Bt1	30-55cm dunkel roter (2.5YR 3/6) sandiger Ton, schwach sauer, Polyedergefüge bis schwach prismatisches Gefüge, viele grobe Quarzkörner
s.Foto 7		
	Bt2	55-75cm dunkel roter (2.5YR 3/6) sandiger Ton, sehr schwach sauer, Polyedergefüge bis schwach prismatisches Gefüge, viele grobe Quarzkörner
	Bt3	75-100cm roter (2.5YR 4/6) sandiger Ton, sehr schwach alkalisch, Polyedergefüge, viele Quarzkörner
	Bt/Cr	100-140cm roter (2.5YR 4/6) sandiger Ton, sehr schwach alkalisch, Polyedergefüge, Reste von stark zersetztem Saprolit
	Cr/B	>140cm stark zersetzter gelblich-roter (5YR 5/6) Saprolit, sehr schwach alkalisch, Gneisstruktur noch erkennbar, Boden dringt in den Klüften vor

Lage: Plot No. RA 32, ICRISAT-Farm Patancheru/Hyderabad.

Feuchteregime: ca. 760mm Niederschlag und 3 humide Monate, »typic tropustic soil moisture regime« (VAN WAMBEKE 1985).

Vegetation: unter vorübergehend nicht genutztem Ackerland.

Bemerkungen: Das beprobte Pedon entspricht dem gleichnamigen Benchmark Pedon der Patancheru Series (MURTHY et al. 1982; KUMAR et al.1985).

4.3.2. Mikromorphologische Beschreibung der Böden

Channasandra

Lage: 16.5 Km südl. v. Bangalore

Horizont: Bt1

Tiefe (cm): ca. 55-65

Beschreibung des Dünnschliffes

1. Mikrostruktur

mäßig entwickeltes Schwammgefüge mit vielen unregelmäßigen Poren und Gängen.

2. Mineralzusammensetzung:

- grobe Fraktion (>50µm): Anteil der groben Minerale ca. 45 %; viele große Gesteinsfragmente, überwiegend Quarze mit Mikroklinfragmenten; keine Hornblenden; viele Biotite von stark verwittert ($C1_{3-4}$) bis relativ frisch ($C1_{1-2}$).
- feine Fraktion (<50µm): rötlich-gelbbrauner Ton; Hämatite in Spalten und Fugen.

3. Organische Bestandteile: -

4. Grundmasse: porphyrisch mit korn- und porenstreifigem b-Gefüge, teils gut doppelbrechend, teils aber auch durchbrochen und nur schwach doppelbrechend.

5. Pedofeatures:

textural: Tonverlagerung belegt durch teilweise gut orientierte »illuviation argillans« in mittelgroßen Poren, oft auch gealtert und durchbrochen; Bioturbation führt zur Einmischung frischerer Minerale und Gesteinreste.

Verarmungen: Bleichungen und Akkumulationen von Eisenoxiden durch hydromorphe Prozesse.

kristallin: -

kryptokristallin u. amorph: -

Horizont: Bt2

Tiefe (cm): ca. 110-120

Beschreibung des Dünnschliffes

1. Mikrostruktur

mäßig entwickeltes Schwammgefüge mit vielen unregelmäßigen Poren und Gängen.

2. Mineralzusammensetzung:

- grobe Fraktion (>50µm): Anteil der groben Minerale ca. 50 %; grobe Quarze und Mikrokline, kaum Plagioklase; kaum Hornblenden, nur als schlecht erhaltene boxwork-Strukturen; zahlreiche Biotite, eisenverkrustet, stärker verwittert.
- feine Fraktion (<50µm): gelb-brauner Ton; rötlich-braunes Material als Füllung im Spaltennetz der Quarze.

3. Organische Bestandteile: -

4. Grundmasse: eng porphyrisch mit korn- und porenstreifigem b-Gefüge, aber schwach entwickelt, da geringe Doppelbrechung und häufig durchbrochen.

5. Pedofeatures:

textural: Tonverlagerung, in wenigen Poren gut orientierte »illuviation argillans«, sonst stark gealterte »argillans«; Bioturbation führt zur Einmischung frischerer Minerale und Gesteinsreste.

Verarmungen: schwache Bleichungen und Akkumulationen von Eisenoxiden durch hydromorphe Prozesse.

kristallin: -

kryptokristallin u. amorph: -

Horizont: Cr/Bt

Tiefe (cm): ca. 150-160

Beschreibung des Dünnschliffes

1. Mikrostruktur

Ansätze eines Schwammgefüges mit unregelmäßigen Poren und Gängen.

2. Mineralzusammensetzung:

- grobe Fraktion (>50μm): Anteil der groben Minerale ca. 50 %; grobe Quarze und Mikrokline, kaum Plagioklase; kaum Hornblenden, nur als schlecht erhaltene boxwork-Strukturen; zahlreiche Biotite, eisenverkrustet, stärker verwittert.
- feine Fraktion (<50μm): gelb-brauner Ton, Hämatite in den Spalten und Fugen einzelner Minerale.

3. Organische Bestandteile: -

4. Grundmasse: sehr eng porphyrisch; schwach doppelbrechendes, unzusammenhängendes, kornstreifiges b-Gefüge.

5. Pedofeatures:

textural: wenig Tonverlagerung, 1-2% »illuviation argillans«, gealtert, da schlecht orientiert, unterbrochen und schwach doppelbrechend; Bioturbation führt zur Einmischung frischerer Minerale und Gesteinreste.

Verarmungen: schwache Bleichungen und Akkumulationen von Eisenoxiden durch hydromorphe Prozesse.

kristallin: -

kryptokristallin u. amorph: -

Horizont: Cr

Tiefe (cm): ca. 190-200

Beschreibung des Dünnschliffes

1. Mikrostruktur

Gesteinstruktur weitgehend erhalten mit Klüften und Spalten.

2. Mineralzusammensetzung:

- grobe Fraktion (>50μm): Anteil der groben Minerale ca. 60 %; grobe Quarze und Mikrokline, kleinere, stark zersetzte Plagioklase, inselhaft; wenige Biotite, stark verwittert ($C1_{34}$), wenige zu Zoisit oder Epidot umgewandelte Pyroxene/Amphibole.
- feine Fraktion (<50μm): inselhaft viele Verwitterungsprodukte von Feldspäten und Biotiten,

meist Kaolinite; gelb-brauner Ton in Spalten.

3. Organische Bestandteile: -

4. Grundmasse: -

5. Pedofeatures:

textural: wenig Tonverlagerung, ca. 1% gut orientierte »illuviation argillans« in Spalten.

Verarmungen: -

kristallin: -

kryptokristallin u. amorph: -

Patancheru I

Lage: ICRISAT/Patancheru

Horizont: AB

Tiefe (cm): ca. 0-12

Beschreibung des Dünnschliffes

1. Mikrostruktur

Brückengefüge fast ohne Hohlräume.

2. Mineralzusammensetzung:

- grobe Fraktion (>50μm): Anteil der groben Minerale ca. 90-95%; Quarze und Mikrokline in der Mittelsandfraktion, scharfkantig; einige kaolinisierte Feldspäte; wenige, frische Biotite.
- feine Fraktion (<50μm): rötlich-brauner Ton.

3. Organische Bestandteile: -

4. Grundmasse: gefurisch, an einigen Partikeln schwach doppelbrechendes, kornstreifiges b-Gefüge.

5. Pedofeatures:

textural: Tonverarmung bzw. allochtones Material.

Verarmungen: Tonverarmung durch Eluvation.

kristallin: -

kryptokristallin u. amorph: einige Pseudomorphosen von Granaten und Amphibolen; große Eisenkonkretionen (Durchmesser ca. 8 mm) mit Halo aus schwach doppelbrechenden »ferroargillans«, schalenförmiger Aufbau mit qualitativ und quantitativ wechselnden Eisengehalten.

Horizont: Bt2

Tiefe (cm): ca. 30-57

Beschreibung des Dünnschliffes

1. Mikrostruktur

mäßig entwickeltes Schwammgefüge mit Gängen und Poren.

2. Mineralzusammensetzung:

- grobe Fraktion (>50μm): Quarze und Mikrokline in der Grobsandfraktion, scharfkantig; keine Biotite und Hornblenden.

- feine Fraktion (<50μm): gelblich-brauner Ton; rötlich-braune Verfüllungen im Spaltennetz von Feldspäten und Quarzen.

3. Organische Bestandteile: -

4. Grundmasse: eng porphyrisch mit schwach ausgebildetem korn- und porenstreifigem b-Gefüge, schwache Orientierungsdoppelbrechung.

5. Pedofeatures:

textural: geringe Tonverlagerung; Spaltenfüllungen an Quarzen und Feldspäten deuten auf Bioturbation.

Verarmungen: schwache Bleichungen durch hydromorphe Prozesse.

kristallin: -

kryptokristallin u. amorph: -

Horizont: Bt2

Tiefe (cm): ca. 57-76

Beschreibung des Dünnschliffes

1. Mikrostruktur

mäßig entwickeltes Schwammgefüge.

2. Mineralzusammensetzung:

- grobe Fraktion (>50μm): Quarze und Mikrokline in der Grobsandfraktion, Feldspäte (Plagiokl.) serizitisiert und teilweise kaolinisiert; wenige Biotite und Hornblenden.
- feine Fraktion (<50μm): rötlich-brauner Ton.

3. Organische Bestandteile: -

4. Grundmasse: eng porphyrisch mit deutlich ausgebildetem korn- und porenstreifigem b-Gefüge, deutliche Orientierungsdoppelbrechung.

5. Pedofeatures:

textural: geringe Tonverlagerung; hämatitische Füllungen im Spaltennetz von Quarzen und Feldspäten lassen auf Bioturbation schließen.

Verarmungen: -

kristallin: -

kryptokristallin u. amorph: -

Horizont: BCrk

Tiefe (cm): ca. 90-120

Beschreibung des Dünnschliffes

1. Mikrostruktur

Komplexgefüge aus Brückengefüge der aufgelösten Gesteinsstruktur und aus mäßig entwickeltem Schwammgefüge mit unregelmäßig geformten Kammern und Gängen.

2. Mineralzusammensetzung:

- grobe Fraktion (>50μm): viele Quarze und frische Mikrokline; viele kaolinisierte Feldspäte, irregulär-linear und fleckig verwittert; viele Biotite, von wenig verwittert (pleochroitisch und doppelbrechend) bis vollständig smektitisiert, nicht parallel-linear, sondern zerfetzt durch Quellung;

wenige Hornblenden.

- feine Fraktion (<50µm): gelblich-brauner Ton; Calcite als Mikrosparite großflächig maskierend; Smektite mit Biotiten assoziiert; Kaolinite mit Feldspäten assoziiert.

3. Organische Bestandteile: -

4. Grundmasse: eng porphyrisch mit deutlich ausgebildetem korn- und porenstreifigem b-Gefüge, schwach doppelbrechend.

5. Pedofeatures:

textural: Tonverlagerung nicht rezent, nur »argillans« um Partikel.

Verarmungen: -

kristallin: Calcite in Hohlräumen.

kryptokristallin u. amorph: -

Horizont: Crk/B

Tiefe (cm): ca. 180-190

Beschreibung des Dünnschliffes

1. Mikrostruktur

Komplexgefüge aus Brückengefüge der aufgelösten Gesteinsstruktur des Saprolits mit vielen Zick-zack-Klüften und aus schwach bis mäßig entwickeltem Kammergefüge in Klüften.

2. Mineralzusammensetzung:

- grobe Fraktion (>50µm): viele Quarze und frische Mikrokline; viele kaolinisierte Feldspäte (B3 und C2 $_{3-4}$), viele Biotite, stark eisenverkrustet, nicht parallel-linear, sondern zerfetzt durch Quellung; Hornblenden gut erhalten (B1-2).
- feine Fraktion (<50µm): gelblich-brauner Ton; Calcite als Mikrosparite großflächig maskierend; Smektite mit Biotiten assoziiert; Kaolinite mit Feldspäten assoziiert.

3. Organische Bestandteile: -

4. Grundmasse: eng porphyrisch mit deutlich ausgebildetem korn- und porenstreifigem b-Gefüge, leichte Doppelbrechung.

5. Pedofeatures:

textural: Tonverlagerung nicht rezent, »argillans« um Partikel.

Verarmungen: -

kristallin: Calcite in Hohlräumen.

kryptokristallin u. amorph: -

Patancheru II

Lage: ICRISAT/Patancheru

Horizont: Ap

Tiefe (cm): ca. 0-10

Beschreibung des Dünnschliffes

1. Mikrostruktur

Brückengefüge fast ohne Hohlräume.

2. Mineralzusammensetzung:

- grobe Fraktion (>50µm): Anteil der groben Minerale ca. 90-95%; Quarze und Mikrokline in der Mittelsandfraktion.
- feine Fraktion (<50µm): braun-roter Ton.

3. Organische Bestandteile: -

4. Grundmasse: gefurisch mit undifferenziertem b-Gefüge.

5. Pedofeatures:

textural: Tonverarmung

Verarmungen: Tonverarmung im Oberboden möglich (s.o.).

kristallin: -

kryptokristallin u. amorph: -

Horizont: ABt

Tiefe (cm): ca. 10-18

Beschreibung des Dünnschliffes

1. Mikrostruktur

dichtes Schwammgefüge mit wenigen, isolierten Hohlräumen.

2. Mineralzusammensetzung:

- grobe Fraktion (>50µm): Anteil der groben Minerale ca. 50%; Quarze und Mikrokline in der Mittelsandfraktion, scharfkantig.
- feine Fraktion (<50µm): rötlich-brauner Ton.

3. Organische Bestandteile: -

4. Grundmasse: sehr eng porphyrisch; undifferentiertes b-Gefüge; in einigen Teilen schwach poren- und kornstreifiges b-Gefüge.

5. Pedofeatures:

textural: geringe Tonverlagerung belegt durch wenige (ca. 1%), schwach doppelbrechende »illuviation argillans«.

Verarmungen: Gefüge wirkt verdichtet durch Verarmung an Feinmaterial.

kristallin: -

kryptokristallin u. amorph: -

Horizont: Bt2

Tiefe (cm): ca. 60-70

Beschreibung des Dünnschliffes

1. Mikrostruktur

Schwammgefüge mit großen, unregelmäßig geformten Hohlräumen.

2. Mineralzusammensetzung:

- grobe Fraktion (>50µm): Anteil der groben Minerale ca. 40%; einige Gesteinsfragmente; grobe Quarze und Feldspäte, teilweise kaolinisiert (D2), Mikrokline sehr frisch; einige große, frische

Biotite ($C1_{1-2}$), viele kleine, stark verwitterte Biotitfragmente; fast keine Hornblenden.
- feine Fraktion (<50µm): rötlich-brauner Ton; kaolinisierte Feldspäte; wenige smektitisierte Biotite.

3. Organische Bestandteile: -

4. Grundmasse: eng porphyrisch; kristallitisches b-Gefüge, z.T. kornstreifig; schwach doppelbrechend und unterbrochen.

5. Pedofeatures:

textural: schwach orientierte »argillans« um diskrete Partikel.

Verarmungen:-

kristallin: -

kryptokristallin u. amorph: wenige, geodische Konkretionen mit schwach orientierter Tonhülle.

Horizont: Bt/Cr

Tiefe (cm): ca. 120

Beschreibung des Dünnschliffes

1. Mikrostruktur

kompaktes Korngefüge, aufgelöst in einzelne Gesteinsfragmente in Bodenmatrix mit Schwammgefüge mit zahlreichen Hohlräumen und Spalten.

2. Mineralzusammensetzung:
- grobe Fraktion (>50µm): ca. 50% Gesteinsfragmente (Durchmesser 4-5mm), Quarze; Feldspäte (Plagiokl.) mit einigen Kaolinisierungen (D2); einige stark verwitterte Amphibole (B3); Mikrokline sehr frisch; in der Bodenmatrix: einige frische Biotite (bis 2mm lang), viele kleine, stark verwitterte Biotite; wenige Quarze mit braun-rotem Material verfüllten Spalten.
- feine Fraktion (<50µm): rötlich-brauner Ton; kaolinisierte Feldspäte; wenige smektitisierte Biotite.

3. Organische Bestandteile: -

4. Grundmasse: eng porphyrisch mit großen Gesteinsfragmenten; kristallitisches b-Gefüge; einige Partikel haben durchbrochene, schwach doppelbrechende »argillans«.

5. Pedofeatures:

textural: schwach orientierte »argillans« um diskrete Partikel; Spaltenfüllungen an Quarzen deuten auf Einmischung von Fremdmaterial.

Verarmungen:-

kristallin: -

kryptokristallin u. amorph: zahlreiche große Konkretionen (Durchmesser bis 3mm), enthalten Quarz- und Feldspatfragmente.

4.3.3. Eigenschaften und Genese der Böden

Trotz ihrer im ganzen geringen makroskopischen Ähnlichkeiten sollen der Channasandra, der Patancheru I und Patancheru II in einer Gruppe zusammengefaßt werden, weil sich in ihnen am deutlichsten Ungleichgewichte zwischen dem rezenten Klima und den Bodeneigenschaften offenbaren. Die genannten Böden zeichnen sich durch vergleichsweise hohe Fe_d/Fe_t-Verhältnisse aus, aber besonders die mikromorphologisch nachweisbaren Phänomene wie schalenförmig aufgebaute Konkretionen und diskrete Quarze mit hämatitischen Spaltenfüllungen sind ansonsten auf die Böden am feuchten Ende der Klimasequenz beschränkt (*s. Foto 17*). Besonders die angewitterten und verfüllten Quarze, die von ESWARAN et al. (1975) als »runiquartz« bezeichnet und beschrieben wurden, sind Indizien einer intensiven, durch starke Auslaugung gekennzeichneten feucht-tropischen Verwitterung (vgl. ESWARAN 1979a; SCHNÜTGEN & SPÄTH 1983) und entstammen nach STOOPS (1989) häufig Bodenmaterial lateritischer Herkunft. Ihre Entstehung unter dem heutigen Klima mit 760-890 mm Niederschlag ist so gut wie auszuschließen. In Frage käme eine allochthone Herkunft und eine biologische Einmischung in die Böden, doch aufgrund der Scharfkantigkeit der Runiquarze kann es sich nur um einen kleinräumigen Transport handeln, wie er z.B. aus einem stärker verwitterten und bereits erodierten hangenden Bodenhorizont vorstellbar ist.

Ansonsten bestehen zwischen den Böden kaum Ähnlichkeiten, z.B. bedeuten die pedochemischen Parameter wie pH-Werte und Basensättigung der Saprolite vom Patancheru I und vom Patancheru II einen rezenten Stillstand der Tiefenverwitterung. Im Patancheru I ist es sogar zu einer Akkumulation sekundärer Calcite gekommen (*s. Foto 18; Tab.19 u. 22*). Im Channasandra dagegen sind trotz des semi-ariden Klimas die Basensättigung und der pH-Wert des Saprolits niedrig, und ausschließlich Kaolinite bestimmen dessen Tonfraktionen.

Tab. 19: Bodenchemische Kenndaten

Boden	Horizont	Tiefe cm	pH H_2O	pH 0.1nKCl	C_{org} %	$CaCO_3$ %	Fe_o %	Fe_d %	Fe_t %	Fe_o/Fe_d	Fe_d/Fe_t
Channasandra	Bt1	60	5.48	3.84	.32	.00	.13	2.17	3.24	.06	.67
	Bt2	115	4.82	3.62	.18	.00	.08	1.25	1.78	.06	.70
	Cr/Bt	155	5.01	3.50	.00	.00	.07	1.41	2.35	.05	.60
	Cr	195	5.19	3.75	.00	.00	.03	.53	.72	.05	.73
Patancheru I	AB	10	6.64	5.76	.26	.00	.04	.98	2.20	.04	.45
	Bt1	20	6.37	5.22	.40	.00	.03	2.53	3.80	.01	.67
	Bt2	40	6.36	5.16	.45	.00	.06	2.45	3.90	.02	.63
		60	6.47	5.21	.17	.00	.03	2.66	3.90	.01	.68
	Bt3	80	6.53	5.29	.25	1.33	.04	2.71	4.24	.01	.64
	BCrk	110	7.71	6.52	.13	29.60	.02	.85	2.64	.02	.32
	CrkB2	150	7.45	6.68	.06	17.13	.01	.62	3.62	.02	.17
	CrkB2	180	7.98	6.89	.03	20.13	.01	.82	2.88	.01	.28

Patancheru II	Ap	10	6.11	5.08	.29	.00	.02	.66	1.40	.03	.47
	ABt	20	5.85	4.85	.36	.00	.03	1.30	2.81	.02	.46
	Bt1	40	6.38	5.21	.46	.00	.04	2.58	3.68	.01	.70
	Bt2	60	6.97	5.94	.33	.00	.03	2.34	3.32	.01	.70
	Bt3	80	7.03	5.80	.15	.00	.02	2.40	4.24	.01	.57
	Bt/Cr	110	7.08	5.85	.12	.00	.02	1.51	3.44	.01	.44
	Cr/Bt	150	7.16	5.74	.03	.00	.01	.86	3.32	.01	.26

Die verwitterbaren Primärminerale sind mit Ausnahme der Mikrokline stark verwittert. In den Saproliten vom Patancheru I und vom Patancheru II sind die Mikrokline nur randlich angewittert, und die durchweg noch größeren Plagioklase zeigen deutliche Kaolinisierungen (*s.Foto19*). Die Biotite sind z.T. smektitisiert. Diese Verwitterungen sind angesichts der karbonatischen Matrix (z.B. im Patancheru I) leicht als reliktische Bildungen zu identifizieren. Auch die Tonmineralogie der Saprolite der Patancheru-Pedons, die von Kaoliniten, Smektiten und Illiten geprägt ist, ist weitgehend reliktischer Natur und zeigt Rückzugsstufen der Verwitterungsintensität in einem durch sukzessive Austrocknung gekennzeichneten Klima auf (*s. Abb.16, 17, 18*).

Tab. 20: Chemische Zusammensetzung

Boden	Horizont	Tiefe	% Na_2O	% K_2O	% CaO	% MgO	% Fe_2O_3	% Al_2O_3	Summe
Channasandra	Bt1	60	.48	4.28	.04	.34	4.63	20.11	29.88
	Bt2	115	.68	4.78	.03	.20	2.54	18.45	26.69
	Cr/Bt	155	1.07	3.58	.06	.35	3.36	18.21	26.63
	Cr	195	2.17	7.16	.05	.08	1.03	21.17	31.66
Patancheru I	AB	10	.66	3.56	.08	.25	2.62	13.53	20.70
	Bt2	40	.43	2.78	.07	.50	6.11	18.94	28.83
		60	.35	2.83	.07	.56	6.76	19.54	30.12
	Bt3	80	.66	2.86	.11	.73	6.35	20.70	31.40
	BCrk	110	1.28	2.71	.22	1.15	5.63	21.92	32.92
	CrkB2	150	2.00	3.58	.29	1.48	6.35	20.56	34.26
	CrkB2	180	1.58	2.82	.25	1.34	5.73	19.86	31.59
Patancheru II	ABt	20	.55	3.53	.06	.28	4.20	15.65	24.28
	Bt1	40	.53	2.52	.08	.45	7.18	21.49	32.24
	Bt2	60	.58	2.64	.10	.56	9.57	20.92	34.37
	Bt3	80	.51	2.44	.08	.45	7.09	16.41	26.99
	Bt/Cr	110	1.43	3.13	.17	.56	5.02	17.99	28.31
	Cr/Bt	150	2.23	3.53	.39	1.61	6.65	19.09	33.50

In den Böden sind die Feldspäte mit Ausnahme der Mikrokline stark verwittert und die Biotite sind z.B. im Channasandra vollständig zu 2:1-Tonmineralen umgewandelt, obwohl sie ihre Form und z.T. eine hohe Doppelbrechung erhalten haben.

Die Tonfraktion des Channasandra ist überwiegend kaolinitisch, aber signifikante Anteile an Illiten und Illit-Smektit-Wechsellagerungsmineralen, letztere im Übergangshorizont zum Saprolit, treten ebenfalls auf. Den Illiten entsprechen keine signifikanten Mengen (<1%) an Glimmern in den gröberen Fraktionen. Im Dünnschliff dagegen sind viele gröbere, stark verwitterte und eisenverkrustete Biotit-Pseudomorphosen erkennbar. Der Widerspruch ist erklärbar aus der Methode, wie die Fraktionen für die Mineralanalyse gewonnen wurden. Durch Eisenzerstörung und Dispergierung sind die meisten der Biotite in ihre illitischen, illit-smektitischen und kaolinitischen Komponenten zerfallen. Die Präsenz von Illiten neben Kaoliniten selbst in der Fraktion <0.2μm belegt die Stabilität der Illite im Boden. Im Übergangshorizont zum Saprolit treten mehr Wechsellagerungsminerale auf, die eine Degradierung der Illite anzeigen könnten. Dem widerspricht aber die Anwesenheit von Illiten in der Feintonfraktion desselben Horizontes.

In den Patancheru-Böden wird die Tonmineralogie zwar von den Kaoliniten dominiert, doch daneben treten wechselnde Mengen an Illiten und Smektiten auf. Während die Illite pedogene Neubildungen sind, sind die Smektite überwiegend aus dem Ausgangsmaterial *vererbt*. Nur im Oberboden stammen die Smektite aller Wahrscheinlichkeit nach aus den unmittelbar benachbarten Vertisolen der »Kassireddypalli Series« (MURTHY et al.1982). Sie gehören zur Montmorillonit-Gruppe und sind vermutlich äolisch eingetragen worden. Die Smektite im Saprolit dagegen gehören zur Beidellit/Nontronit-Gruppe. An der Zusammensetzung der Tonfraktionen wird die sukzessive Abnahme der Verwitterungsintensität deutlich, die heute allenfalls zur Bildung von Illiten ausreicht.

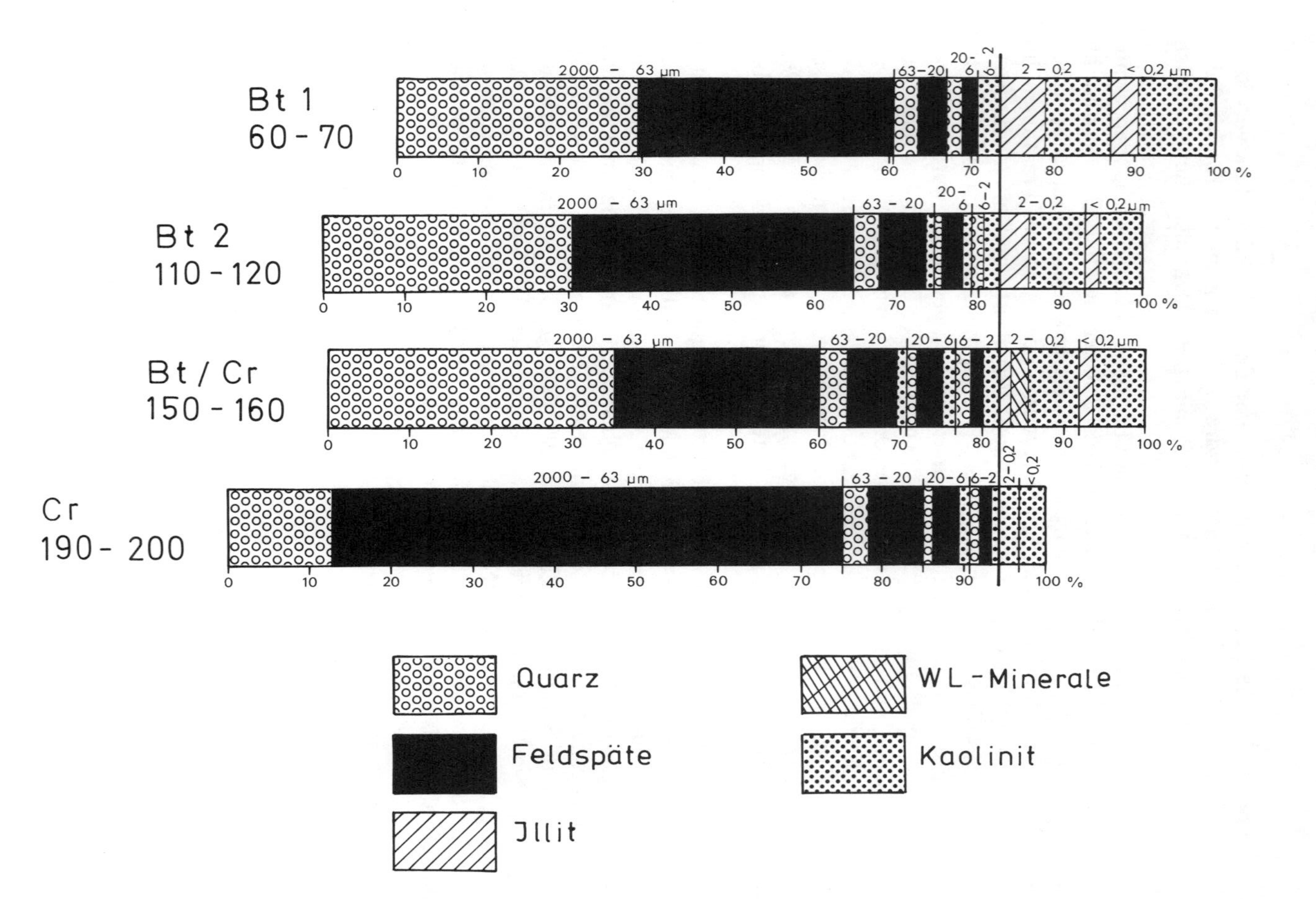

Abb.16: Mineral- und Tonmineralbestand des »Channasandra«

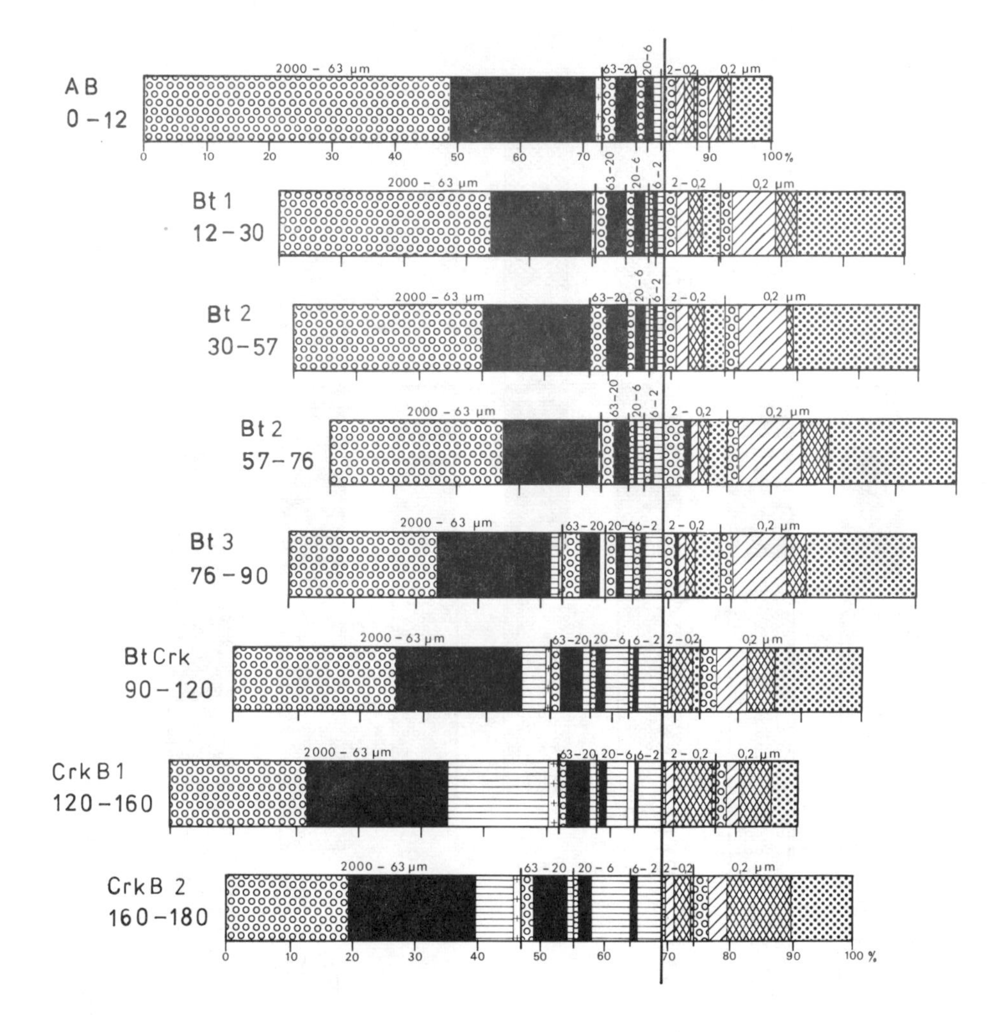

Abb.17: Mineral- und Tonmineralbestand des »Patancheru I«

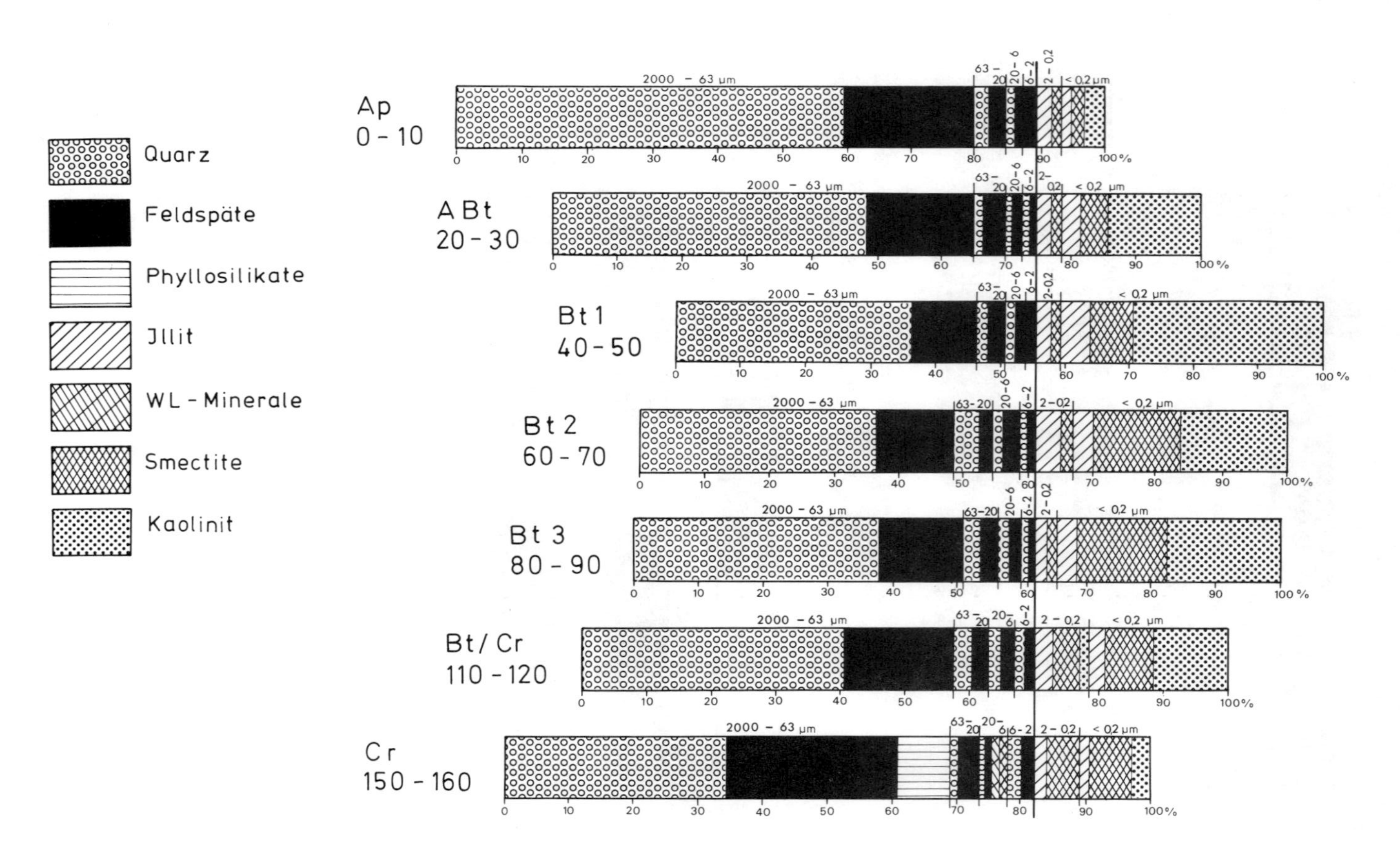

Abb.18: Mineral- und Tonmineralbestand des »Patancheru II«

Tab. 21: Kationenaustauschkapazität der Tonfraktionen (meq/100 g Ton)

Boden	Horizont	Tiefe cm	2-0.2µm meq	<0.2µm meq
Patancheru I	AB	10	24.48	61.99
	Bt1	20	24.86	59.90
	Bt2	40	30.25	57.86
		60	35.31	56.21
	Bt3	80	24.09	66.11
	BCrk	110	46.37	65.23
	CrkB2	150	94.57	n.b.
	CrkB2	180	45.65	67.16
Channasandra	Bt1	60	23.13	31.08
	Bt2	115	23.16	29.33
	Cr/Bt	155	24.48	29.42
	Cr	195	26.87	28.89
Patancheru II	Ap	10	34.11	59.60
	ABt	20	36.87	60.00
	Bt1	40	40.10	58.22
	Bt2	60	n.b.	62.81
	Bt3	80	39.49	60.31
	Bt/Cr	110	51.11	58.31
	Cr/Bt	150	99.41	69.32

n.b. = nicht bestimmt

Tab. 22: Einzelkationen

Boden	Horizont	Tiefe	Ca	Mg	Na	K	H+Al*	aust.	% Basen	% Säuren
		cm	----------meq/100gr. Boden				-----------	Kationen		
Channasandra	Bt1	60	3.87	.78	.44	.11	12.60	17.80	29.21	70.79
	Bt2	115	3.03	.51	.50	.10	7.60	11.74	35.26	64.74
	Cr/Bt	155	3.74	.74	.45	.06	6.60	11.59	43.05	56.95
	Cr	195	1.96	.16	.21	.04	4.20	6.57	36.07	63.93
Patancheru I	AB	10	6.35	.84	.08	.24	5.46	12.96	57.88	42.12
	Bt1	20	10.62	2.82	.16	.15	7.88	21.63	63.56	36.44
	Bt2	40	11.58	3.47	.28	.16	6.67	22.16	69.90	30.10
		60	12.54	3.46	.17	.18	6.67	23.02	71.02	28.98
	Bt3	80	17.22	3.48	.19	.20	4.85	25.94	81.30	18.70
	BCrk	110	20.00	3.43	.29	.20	1.21	25.13	95.18	4.82
	CrkB2	150	20.00	3.26	.33	.17	.00	23.76	100.00	.00
	CrkB2	180	20.00	3.44	.31	.17	.00	23.91	100.00	.00
Patancheru II	Ap	10	2.45	1.57	.09	.10	5.46	9.67	43.52	56.48
	ABt	20	5.63	2.52	.20	.10	6.06	14.51	58.23	41.77
	Bt1	40	10.39	6.70	.15	.12	6.67	24.03	72.25	27.75
	Bt2	60	12.67	4.32	.15	.14	4.85	22.13	78.08	21.92
	Bt3	80	11.28	3.40	.20	.12	3.03	18.03	83.19	16.81
	Bt/Cr	110	12.36	3.16	.15	.13	7.88	23.68	66.72	33.28
	Cr/Bt	150	19.20	3.49	.22	.10	.61	23.62	97.42	2.58

Die Eisenmineralogie in den drei Böden wird von Goethiten dominiert (*s. Tab.23*). Auffallend ist der im Vergleich mit den anderen Pedons aus dem semiariden Klima stärkere Rückgang des Hämatitgehaltes mit zunehmender Profiltiefe. Auch in dieser Eigenschaft besteht zumindest zwischen dem Patancheru I und dem Channasandra sowie den Böden aus den wechselfeucht humiden West Ghats eine Parallelität. Auch ist die Eisenreserve aus eisenhaltigen Primärmineralen stärker aufgezehrt als z.B. im Palghat oder Anaikatti.

Tab. 23: Eisenmineralogie

Boden	Horizont	Tiefe	Munsell	Ton%	Feinton%	Fe_d	H/G	H/G	Magnetit
		cm	Farbe	<2µm	<0.2µm	%	DXRD	Mössb.Sp.	Gew.%
Channasandra	Bt1	60	5 YR 4/6	26.63	13.17	2.17	.61		.20
	Bt2	115	7.5 YR 5/6	17.52	7.05	1.25	.10		.00
	Cr/Bt	155	7.5 YR 5/8	18.06	8.35	1.41	.13		.00
	Cr	195	7.5 YR 7/6	5.75	3.20	.53	.38		.00
Patancheru I	AB	10	2.5YR 4/6	17.20	12.10	.98	.20		.00
	Bt1	20	2.5YR 3/4	38.50	30.70	2.53	.35	.60	.00
	Bt2	40	2.5YR 3/4	40.80	33.10	2.45	.37		.00
	Bt3	80	2.5YR 3/4	40.60	32.80	2.71	.35	.39	.00
	BCrk	110	5YR 5/4	32.80	26.30	.85	.23		.00
	CrkB2	180	7.5YR 7.6	30.60	24.70	.82	.12	.14	.00
Patancheru II	Ap	10	2.5YR 4/6	11.90	8.10	.66	.90		.00
	ABt	20	2.5YR 3/6	26.00	22.10	1.30	1.09		.00
	Bt1	40	2.5YR 3/6	44.20	40.10	2.58	.42		.00
	Bt3	80	2.5YR 4/6	38.90	35.70	2.40	.54		.00
	Cr/Bt	150	5YR 5/6	18.20	11.10	.86	.25		.00

Die Patancheru Pedons besitzen ausgeprägte Eluvialhorizonte, die mikromorphologisch ein verdichtetes Brückengefüge zeigen (*s. Tab.24*). Da der Oberboden des Channasandra aufgrund der anthropogenen Störungen nicht beprobt wurde, können über einen möglichen Eluvialhorizont keine Aussagen gemacht werden[12]. Doch im Vergleich zu den Patancheru-Böden, die nur ein überwiegend kornstreifiges b-Gefüge haben, das durch Alterung von »illuviation argillans« infolge Bioturbation oder Quellens und Schrumpfens entstanden sein könnte (*s.Foto 22*), sind im Channasandra viele schwach doppelbrechende »illuviation argillans« in Poren zu erkennen. Im Übergangshorizont zum Saprolit nimmt ihre Zahl und ihre Doppelbrechung sogar etwas zu. Dieser Tonverlagerung im Cr/Bt-Horizont entspricht ein pH-Wert (in destilliertem Wasser gemessen), der eine ausreichende Dispergierung ermöglicht.

12 KOOISTRA (1982) hat den Oberboden und oberen Bt-Horizont mikromorphologisch untersucht und zahlreiche »ferro-argillans« festgestellt. Gleichzeitig führt sie aber Beispiele an, wie z.B. gerundete Quarze und Konkretionen, die einen allochthonen Ursprung des Materials belegen.

Tab. 24: Korngrößenverteilung

Boden	Horizont	Tiefe cm	2000-630µm	630-200µm	200-63µm	63-20 µm	20-6.3 µm	6.3-2 µm	<2 µm	2-0.2 µm	<0.2 µm
Channasandra	Bt1	60	27.56	20.00	12.64	6.39	4.09	2.70	26.63	13.46	13.17
	Bt2	115	27.23	23.61	13.97	9.63	4.55	3.47	17.52	10.47	7.05
	Cr/Bt	155	16.53	23.20	20.11	10.87	5.96	5.28	18.06	9.71	8.35
	Cr	195	28.68	28.62	17.98	9.81	5.69	3.47	5.75	2.55	3.20
Patancheru I	AB	10	19.03	32.40	21.33	5.80	2.90	1.30	17.20	5.10	12.10
	Bt1	20	12.58	22.52	15.63	4.90	2.90	1.60	38.50	7.80	30.70
	Bt2	40	17.92	18.01	12.23	4.50	3.30	2.10	40.80	7.70	33.10
		60	20.25	14.96	9.13	4.20	2.80	2.10	45.20	7.40	37.80
	Bt3	80	15.82	15.27	11.86	6.20	4.40	3.40	40.60	7.80	32.80
	BCrk	110	19.09	18.49	11.57	7.70	5.20	3.90	32.80	6.50	26.30
	CrkB2	150	25.38	23.55	14.58	5.80	4.90	3.80	21.60	8.90	12.70
	CrkB2	180	13.82	15.21	15.19	9.50	7.90	5.40	30.60	5.90	24.70
Patancheru II	Ap	10	15.93	38.63	25.54	5.10	2.20	1.80	11.90	3.80	8.10
	ABt	20	13.20	29.33	20.36	5.10	2.30	1.80	26.00	3.90	22.10
	Bt1	40	11.31	18.80	13.64	4.40	2.90	1.50	44.20	4.10	40.10
	Bt2	60	12.73	19.27	14.43	6.20	4.10	2.20	39.70	5.80	33.90
	Bt3	80	18.75	18.35	12.60	5.30	3.60	2.20	38.90	3.20	35.70
	Bt/Cr	110	18.89	24.05	14.16	5.50	3.80	2.90	30.30	8.20	22.10
	Cr/Bt	150	28.59	25.16	16.02	4.50	4.40	3.80	18.20	7.10	11.10

Der Channasandra ist aufgrund deutlicher Tonverlagerung als »Typic Rhodustalf« nach der »Soil Taxonomy« anzusprechen. Die in den Patancheru Pedons nur schwach nachzuweisende Tonverlagerung macht eine Klassifikation des Patancheru II als »Typic Rhodustalfs« und des Patancheru I als »Aridic Rhodustalf« problematisch (vgl. Kap.5.5.). Die von indischer Seite vorgeschlagene Klassifkation des Channasandra als »Oxic Rhodustalf« (MURTHY et al.1982) kann aufgrund der eigenen Untersuchungsergebnisse nicht nachvollzogen werden, obwohl eine solche Ansprache den Reliktbodencharakter deutlicher unterstreicht. Eine Klassifikation als »Typic Rhodustalf« wird aufgrund der tonminera-logischen Ergebnisse vorgeschlagen. Nach der FAO-Klassifikation (1974) käme eine Ansprache als »Chromic Luvisol« (Patancheru II), »Calcic Luvisol« (Patancheru I) und als »Orthic Acrisol« (Channasandra) in Frage.

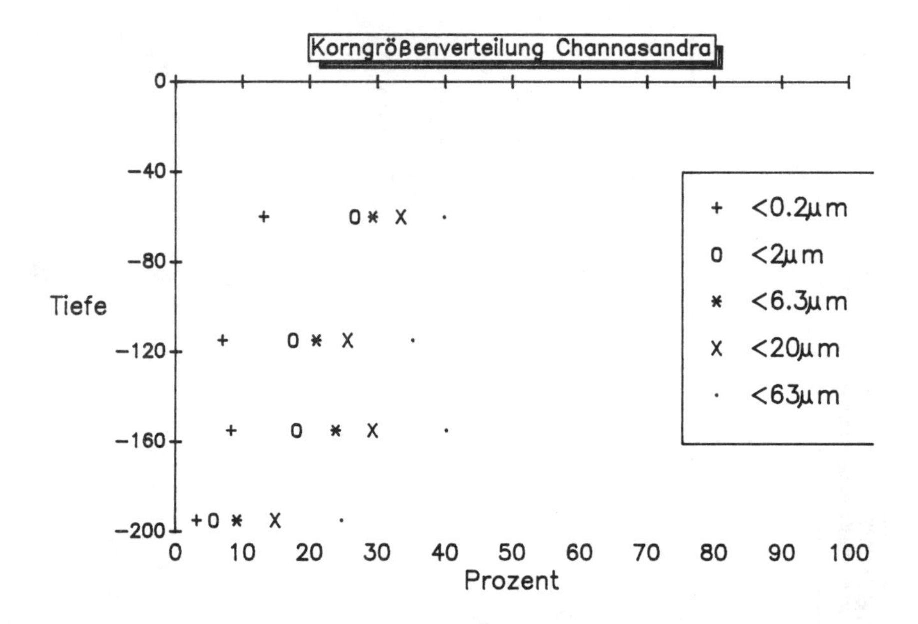

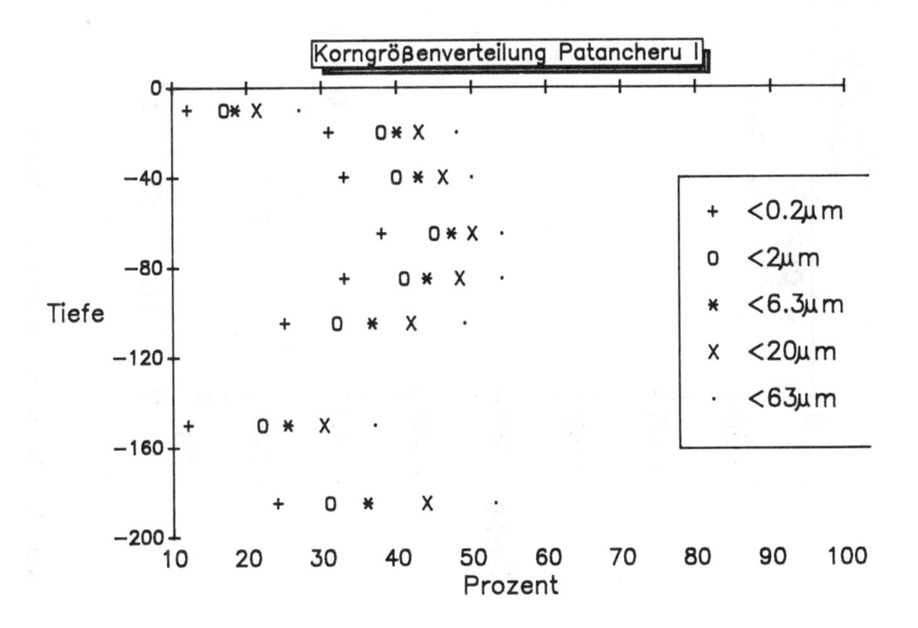

Abb.19 u. 20: Korngrößenverteilung »Channasandra« und »Patancheru I«

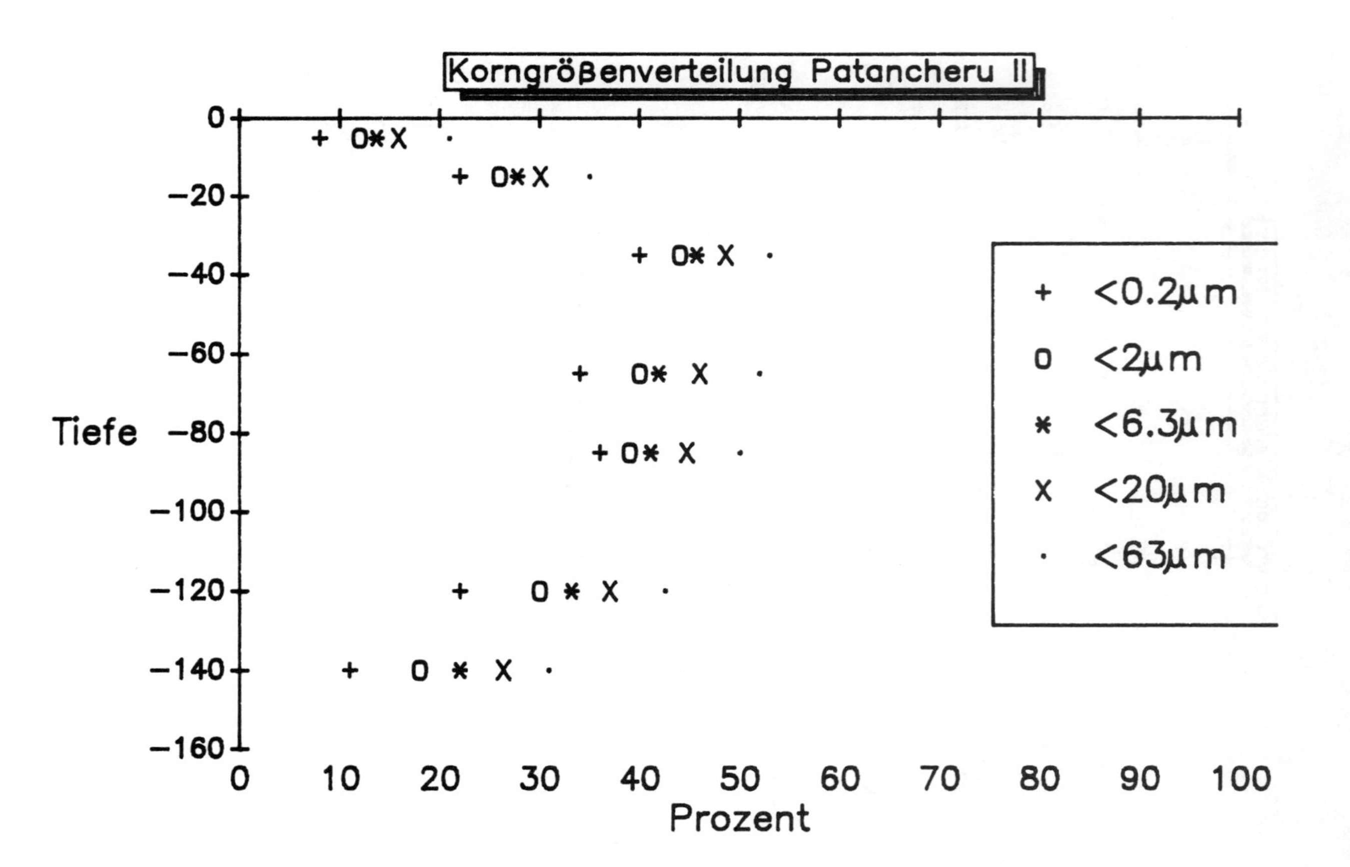

Abb. 21: Korngrößenverteilung »Patancheru II«

In den drei Böden findet sich ein breites Spektrum an Eigenschaften, die sehr verschiedenen klimatischen Umweltbedingungen zugeordnet werden müssen. Die Polygenese dieser Böden hat trotz der Vergleichbarkeit des Austrocknungsprozesses nicht zu identischen Merkmalen geführt. Die unterschiedliche Carbonatanreicherung in den Patancheru-Pedons ist nur durch Unterschiede im Mikrorelief zu erklären, die aber im Gelände heute nicht nachzuvollziehen sind. Der Channasandra hat die Austrocknung des Klimas nur durch Illitanteile an den kaolinitischen Tonfraktionen nachvollzogen, nicht aber durch eine Zunahme der Basensättigung und einen Anstieg der pH-Werte wie in den Patancheru-Pedons. Die geringfügigen Unterschiede im Gehalt an Anorthiten reicht m.E. aber nicht aus, um so verschiedene Eigenschaften entstehen zu lassen. In den Patancheru Pedons könnten höhere Hornblendengehalte, die mikromorphologisch nachzuweisen sind, eine Quelle der Calcium-Ionen sein; die höheren Fe_t-Werte in diesen Böden sprechen ebenfalls für diese Hypothese. Auch kommen äolische Komponenten in Frage, wie der Eintrag von Montmorilloniten in den Oberboden belegt. Die Polygenese dieser Böden ist wahrscheinlich sehr komplex, weil allochthone Komponenten und deren Einarbeitung durch Bioturbation nicht auszuschließen sind. Gerade in den Patancheru-Böden steht die Präsenz lateritischen Materials wie Runiquarze und Eisenkonkretionen im deutlichen Widerspruch zu den übrigen Bodenmerkmalen, so daß sich dort der Verdacht auf allochthones Material erhärtet. Im Channasandra sind die Eigenschaften, die auf eine einstmals sehr viel intensivere Verwitterung deuten, in sich konsistenter. Ihre Bewahrung auch unter dem heutigen semiariden Klima mit ca. 890 mm Niederschlag läßt auf eine erstaunliche Stabilität der Bodendecke schließen; oder aber die Austrocknung ist in diesem Teil des Deccan-Plateaus noch sehr jungen Alters. Für diese Ansicht gibt es aber keine weiteren Belege.

4.4. Die Böden im Grenzbereich zum »aridic soil moisture regime«: der »Irugur« und der »Palathurai«

4.4.1. Beschreibung der Profile

IRUGUR

fine-loamy, mixed, isohyperthermic Typic Ustropept
Chromic Cambisol (FAO)

Ap 0-20cm stark gestörter Oberboden, nicht beprobt

ApB 20-35cm rötlich-brauner (2.5YR 3.5/4) sandiger Lehm, sehr schwach alkalisch, Polyedergefüge, glänzende Aggregatoberflächen

Bt 35-65cm rötlich-brauner (2.5YR 3.5/4) sandig toniger Lehm, sehr schwach alkalisch, Polyedergefüge, schwach glänzende Aggregatoberflächen

s.Foto 8

Bt/Cr 65-75cm roter (2.5YR 4/6) lehmiger Sand, schwach alkalisch, Subpolyedergefüge, deutliche Grenze zum liegenden Crk-Horizont

Crk >75cm rötlich gelber (5YR 6/6), stark zersetzter, carbonathaltiger Saprolit, schluffiger Sand, mittel alkalisch, einige Gesteinsreste

Lage: ca. 12km östlich von Coimbatore beim Dorf Irugur in ebener Plateaulage.

Feuchteregime: ca. 590 mm Niederschlag und ein humider Monat, »aridic tropustic soil moisture regime« an der Grenze zum »aridic soil moisture regime« (VAN WAMBEKE 1985).

Vegetation: unter einem abgeernteten Sorghumfeld.

Bemerkungen: große räumliche Variabilität des Carbonatgehaltes; die Farbe der Oberboden ist davon abhängig, ob bewässert wird oder nicht; bewässerte Oberböden sind etwas roter infolge des stärkeren Abbaus der organischen Substanz.

PALATHURAI

coarse-loamy, mixed, isohyperthermic Typic Ustropept
Chromic Cambisol (FAO)

Ap1	0-15cm	rötlich-brauner (5YR 4/3) lehmiger Sand, sehr schwach sauer, Kohärentgefüge
Ap2	20-35cm	dunkel rötlich-brauner (2.5YR 3/3) lehmiger Sand, sehr schwach sauer, Kohärentgefüge
Ah(k)	35-60cm	schwärzlich-roter (2.5YR 3/2) lehmiger Sand, sehr schwach sauer, Kohärentgefüge, einige weiße Flecken durch Carbonatausscheidungen
Crk1	60-90cm	rosa (7.5YR 7/4), stark carbonathaltiger Saprolit, lehmiger Sand, schwach alkalisch, mit scharfem Übergang zum Hangenden
Crk2	90-125cm	hell brauner (7.5YR 6/4) stark carbonathaltiger Saprolit mit Gesteinsstruktur, schluffiger Sand, mittel alkalisch
Crk3	125-150cm	rosa (7.5YR 7/4) carbonathaltiger Saprolit mit Gesteinsstruktur, lehmiger Sand, mittel alkalisch

s.Foto 9

Lage: ca. 10km SSW von Coimbatore am Dorf Kumarapalayam an der Straße Palathurai-Kumarapalayam in leichter Kuppenlage.
Feuchteregime: ca. 590mm Niederschlag und ein humider Monat; »aridic tropustic soil moisture regime« an der Grenze zum »aridic soil moisture regime« (VAN WAMBEKE 1985).
Vegetation: unter einem abgeernteten Sorghumacker.
Bemerkungen: Pedon liegt in unmittelbarer Nähe (<5m) zum »typified pedon« des »Palathurai Benchmark Soils« (MURTHY et al. 1982; KUMAR et al.1985); der Benchmark Soil ist im Oberboden carbonathaltig; die kleinräumige Variabilität des Carbonatgehaltes konnte in einem mehrere Zehnermeter langen Grabenaufschluß ca. 100 m entfernt vom Pedon nachgeprüft werden.

4.4.2. Mikromorphologische Beschreibung der Böden

Irugur

Lage: 12 km E v. Coimbatore

Horizont: ApB

Tiefe (cm): ca. 25

Beschreibung des Dünnschliffes

1. Mikrostruktur

dichtes Schwammgefüge mit wenigen, unregelmäßigen Hohlräumen; in einigen Teilen besser entwickelt, da deutlich mehr kleine Hohlräume.

2. Mineralzusammensetzung:

- grobe Fraktion (>50μm): Anteil grober Minerale ca. 30-40%, viele grobe Quarze, aber auch einige grobe Feldspäte, bes. Mikrokl.; einige Hornblenden nur teilweise verwittert; wenige Biotite, kaum verwittert.
- feine Fraktion (<50μm): rötlich-brauner Ton.

3. Organische Bestandteile: -

4. Grundmasse: eng porphyrisch mit schwach bis mäßig doppelbrechendem, kornstreifigem b-Gefüge, oft unterbrochen.

5. Pedofeatures:

textural: -

Verarmungen: schwache Bleichungen erkennbar.

kristallin:

kryptokristallin u. amorph: -

Horizont: Bt

Tiefe (cm): ca. 45

Beschreibung des Dünnschliffes

1. Mikrostruktur

dichtes Gefüge, kaum Hohlräume.

2. Mineralzusammensetzung:

- grobe Fraktion (>50μm): Anteil grober Minerale ca. 30-40%, viele grobe Quarze, nur wenige, stark angewitterte Feldspäte; keine Glimmer; sehr wenige, stark verwitterte Hornblendenreste.
- feine Fraktion (<50μm): rötlich-gelbbrauner Ton.

3. Organische Bestandteile: -

4. Grundmasse: eng porphyrisch mit gut doppelbrechendem, kornstreifigem b-Gefüge, oft durchbrochen.

5. Pedofeatures:

textural: -
Verarmungen: -
kristallin: -
kryptokristallin u. amorph: -

Horizont: Bt/Cr

Tiefe (cm): ca. 70
Beschreibung des Dünnschliffes
1. Mikrostruktur
Schwammgefüge bis kavernöses Gefüge, viele kleine Hohlräume.
2. Mineralzusammensetzung:
- grobe Fraktion (>50µm): Anteil grober Minerale ca. 30-40%, viele grobe Quarze, weniger Feldspäte, deutlich angewittert; wenige Biotite, frisch bis deutlich kaolinisiert; kaum Hornblenden, stark verwittert, aber kein boxwork.
- feine Fraktion (<50µm): rötlich-brauner Ton; sek. Calcite in Hohlräumen.

3. Organische Bestandteile: -
4. Grundmasse: eng porphyrisch, in einigen Teilen schwach mosaikförmig geflecktes b-Gefüge, sonst undifferenziert.
5. Pedofeatures:
textural: -
Verarmungen: schwache Bleichungen erkennbar.
kristallin: Carbonatausscheidungen in einigen Poren.
kryptokristallin u. amorph: -

Horizont: Crk

Tiefe (cm): ca. 130
Beschreibung des Dünnschliffes
1. Mikrostruktur
dominant Gesteinsstruktur, in der dichten carbonatischen Matrix einige Hohlräume.
2. Mineralzusammensetzung:
- grobe Fraktion (>50µm): Große Gesteinsreste aus Quarzen, Feldspäten und Hornblenden, sehr frisch; viele große Hornblenden (B0-1); wenige, frische Biotite; in den Aggrgaten sind die Minerale stärker angewittert.
- feine Fraktion (<50µm): gelb-brauner Ton; Calcite in Hohlräumen.

3. Organische Bestandteile: -
4. Grundmasse: eng porphyrisch.
5. Pedofeatures:
textural: sehr starke Bioturbation, da ganze Aggregate aus dem B-Horizont eingemischt scheinen.
Verarmungen: -

kristallin: Carbonatausscheidungen in einigen Poren.
kryptokristallin u. amorph: -

Palathurai

Lage: 10 km SSW v. Coimbatore

Horizont: Ah(k)

Tiefe (cm): ca. 45
Beschreibung des Dünnschliffes
1. Mikrostruktur
gut entwickeltes Schwammgefüge mit unregelmäßigen Poren und Gängen.
2. Mineralzusammensetzung:
- grobe Fraktion (>50μm): Anteil der groben Minerale ca. 50%; überwiegend Quarze und Plagioklase in der Grobsandfraktion; einige frische Biotite; einige Hornblenden, kaum bis gering (B1-2) verwittert. Alle Minerale wirken sehr frisch (z.B. Scharfkantigkeit).
- feine Fraktion (<50μm): brauner Ton.

3. Organische Bestandteile: -
4. Grundmasse: eng porphyrisch mit getüpfeltem b-Gefüge; teilweise etwas kornstreifig, unzusammenhängend und schwach doppelbrechend.
5. Pedofeatures:
textural: einige Argillans um Partikel, wahrscheinlich durch Stress orieniert. Verarmungen:
kristallin: -
kryptokristallin u. amorph: -

Horizont: Crk2

Tiefe (cm): ca. 105-115
Beschreibung des Dünnschliffes
1. Mikrostruktur
leicht aufgelöste Gesteinsstruktur mit einigen Hohlräumen, teilweise dichtes Gefüge.
2. Mineralzusammensetzung:
- grobe Fraktion (>50μm): viele grobe Quarze (Durchmesser 4-5mm) und etwas kleinere Feldspäte; viele Biotite, teilweise frisch, aber auch schwach smektitisiert ($C1_2$); kaum Hornblenden.
- feine Fraktion (<50μm): viele Calcite, als Nädelchen in Poren und als Sparite bzw. Mikrosparite in der Matrix;

3. Organische Bestandteile: -
4. Grundmasse: in Teilen porphyrisch; carbonatische Grundmasse.
5. Pedofeatures:

textural: -
Verarmungen:
kristallin: Carbonatausscheidungen in der Matrix (sehr dicht) und als Nädelchen an den Porenwänden.
kryptokristallin u. amorph: -

4.4.3. Eigenschaften und Genese der Böden

Der Irugur und der Palathurai unterscheiden sich makroskopisch durch eine dunklere Farbe, gröbere Textur und geringere Mächtigkeit von den anderen untersuchten Böden. Sie haben beide einen ausgeprägten Calciumcarbonat-Anreicherungshorizont, der mikromorphologisch eher einem CB-Übergangshorizont als einem typischen Saprolit entspricht (*s. Foto 23*). Im Polypedon des Palathurai ist die Carbonatakkumulation verschieden stark ausgeprägt oder fehlt häufig ganz. Von indischer Seite (KOTHANDARAMAN 1987 pers. Mitteilg.) wird dafür ein unterschiedlicher Calcitgehalt des Gneises verantwortlich gemacht, doch mikromorphologisch konnten keine primären Calcite entdeckt werden. Die Tiefenverwitterung in den Saproliten ist zum Stillstand gekommen, die meisten verwitterbaren Primärminerale sind frisch, und nur in stärker pedogen entwickelten Partien sind die Primärminerale stärker angewittert (*s. Foto 27*).

Tab. 25: Bodenchemische Kenndaten

Boden	Horizont	Tiefe cm	pH H_2O	pH 0.1nKCl	C_{org} %	$CaCO_3$ %	Fe_o %	Fe_d %	Fe_t %	Fe_o/Fe_d	Fe_d/Fe_t
Irugur	ApB	25	7.23	6.79	.28	.00	.22	3.02	6.09	.07	.50
	Bt	45	7.43	6.75	.27	.00	.19	3.28	5.55	.06	.59
	Bt/Cr	70	7.65	6.85	.00	.00	.12	2.93	6.23	.04	.47
	Crk	130	8.31	7.35	.00	22.21	.06	1.04	6.09	.06	.17
Palathurai	Ap	25	6.88	5.82	.46	.00	.26	1.89	4.69	.14	.40
	Ah(k)	45	6.91	5.90	.43	.00	.23	1.77	4.65	.13	.38
	Crk1	75	7.72	7.15	.18	14.99	.07	.84	2.13	.08	.39
	Crk2	110	8.04	7.06	.00	16.87	.08	.89	1.97	.09	.45
	Crk3	130	8.25	7.15	.00	14.89	.12	1.40	3.58	.09	.39

Im Boden sind nur wenige Biotite vorhanden, die aber ein weites Verwitterungsspektrum repräsentieren. Die Plagioklase sind im Irugur stärker angewittert als im Palathurai. Sie werden dort nach oben hin zunehmend größer und frischer.

Tab. 26: Chemische Zusammensetzung

Boden	Horizont	Tiefe	% Na_2O	% K_2O	% CaO	% MgO	% Fe_2O_3	% Al_2O_3	Summe
Irugur	ApB	25	.85	1.00	.42	1.18	8.71	16.01	28.17
	Bt	45	.76	.91	.31	1.08	7.94	14.86	25.84
	Bt/Cr	70	.92	1.20	.32	1.58	9.62	16.93	30.57
	Crk	130	2.52	.97	2.17	5.43	14.59	23.32	49.00
Palathurai	Ap	25	2.57	2.47	1.37	1.53	6.71	17.12	31.76
	Ah(k)	45	2.65	2.59	1.30	1.53	6.65	16.93	31.65
	Crk1	75	2.59	4.04	.67	1.07	4.06	20.79	33.23
	Crk2	110	2.66	4.48	.67	.90	3.37	16.80	28.88
	Crk3	130	3.02	2.17	1.22	1.66	6.19	16.44	30.70

Tab. 27: Kationenaustauschkapazität der Tonfraktionen (meq/100 g Ton)

Boden	Horizont	Tiefe cm	2-0.2μm meq	<0.2μm meq
Irugur	ApB	25	-	53.90
	Bt	45	-	52.12
	Bt/Cr	70	-	54.53
	Crk	130	-	61.40
Palathurai	Ap	25	-	68.13
	Ah(k)	45	-	80.33
	Crk1	75	-	77.95
	Crk2	110	-	72.69
	Crk3	130	-	79.68

Tab. 28: Einzelkationen und Basensättigung

Boden	Horizont	Tiefe	Ca	Mg	Na	K	H+Al*	aust.	% Basen	% Säuren
		cm	------	meq/100 g Boden	------			Kationen		
Irugur	ApB	25	14.97	2.10	.27	.30	4.00	21.64	81.52	18.48
	Bt	45	14.14	2.61	.25	.24	.00	17.24	100.00	.00
	Bt/Cr	70	27.80	3.72	.41	.22	4.70	36.85	87.25	12.75
	Crk	130	23.04	3.99	.24	.12	1.70	29.09	94.16	5.84
Palathurai	Ap	25	15.95	.66	.16	.16	6.30	23.23	72.88	27.12
	Ah(k)	45	15.44	.99	.15	.16	5.10	21.84	76.65	23.35
	Crk1	75	26.43	.35	.15	.06	.00	26.99	100.00	.00
	Crk2	110	25.40	.36	.16	.07	.00	25.99	100.00	.00
	Crk3	130	29.50	.47	.14	.08	.00	30.19	100.00	.00

* Barium-Triäthanolamin

Die Tonmineralogie des Irugur ist überwiegend illitisch (*s. Abb.22, Tab.27*). Daneben sind noch signifikante Anteile an Illit-Smektit-Wechsellagerungsmineralen, Smektiten und Kaoliniten feststellbar. Die Kaolinite sind unter den heutigen pedochemischen Bedingungen als reliktische Bildungen anzusprechen. Daß auch die Smektite, die im Saprolit dominieren, schon reliktischen Ursprungs sind, weil heute im Saprolit Stoffakkumulation statt Austragung vorherrscht, ist anzunehmen. Im Palathurai fehlen die Kaolinite völlig (*s. Abb.23*), obwohl für den »Palathurai Benchmark Soil«, der mit dem beprobten Pedon identisch ist, eine kaolinitische Tonmineralogie beschrieben ist (HAMEEED KHAN & HANUMAN RAM 1977, zit. nach DIGAR & BARDE 1982). Kaolinite treten wohl in den Pedons dieser »soil series« auf, die mit Böden der »Irugur Series« assoziiert sind. Aufgrund der fehlenden Kaolinite ist der Palathurai aller Wahrscheinlichkeit nach jünger als der Irugur, aber trotzdem ist er bereits ein polygenetischer Boden, denn die Smektitbildung ist heute einer Illitbildung gewichen. Sein geringeres Alter belegen auch die Ergebnisse der Bauschanalysen, die deutlich mehr Plagioklase im Palathurai anzeigen (*s. Tab.26*).
Der überwiegende Teil des Tons in beiden Böden ist in der Fraktion <0.2µm (*s. Tab.30, Abb.24 u. 25*). Ein möglicher Grund ist technischer Art. Durch die Eisenextraktion und Dispergierung sind alle Tonminerale in die Fraktion <0.2µm überführt worden. Eine alternative Deutung mit noch sehr spekulativem Charakter ist, daß es sich bei den Tonmineralen überwiegend nicht um Glimmerabkömmlinge handelt, sondern um Neoformationen, die zum großen Teil aus den Feldspat- und Hornblendeverwitterungsprodukten stammen. Die stark abnehmenden Gehalte dieser Mineralgruppen vom Saprolit zum Boden und die niedrigen Glimmergehalte besonders im Irugur stützen diese Vermutung. Aus noch nicht geklärten Gründen, die auch im Zusammenhang mit der klimatischen Austrocknung und den daraus resultierenden geringeren Transport- und Lösungskapazitäten

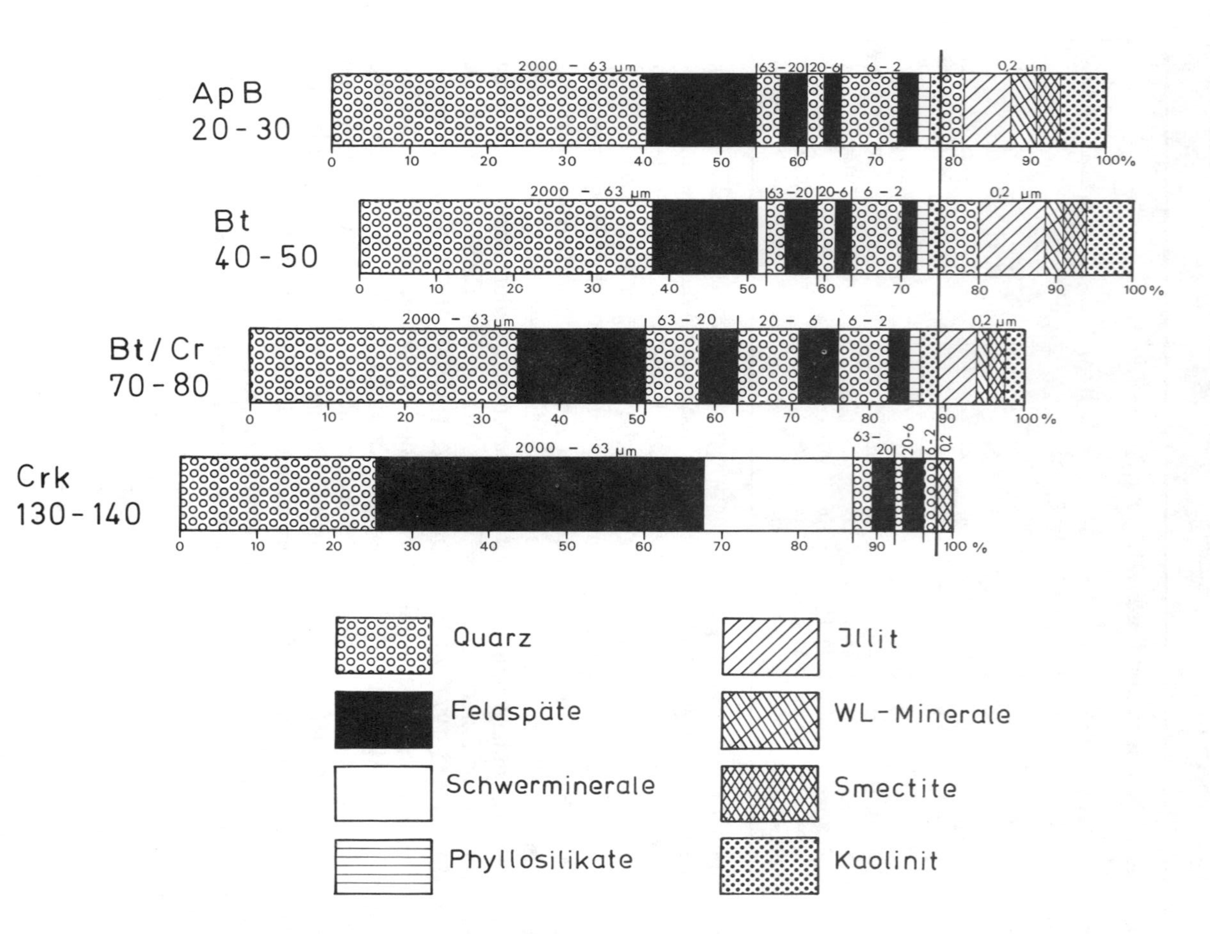

Abb. 22: Mineral- und Tonmineralbestand des »Irugur«

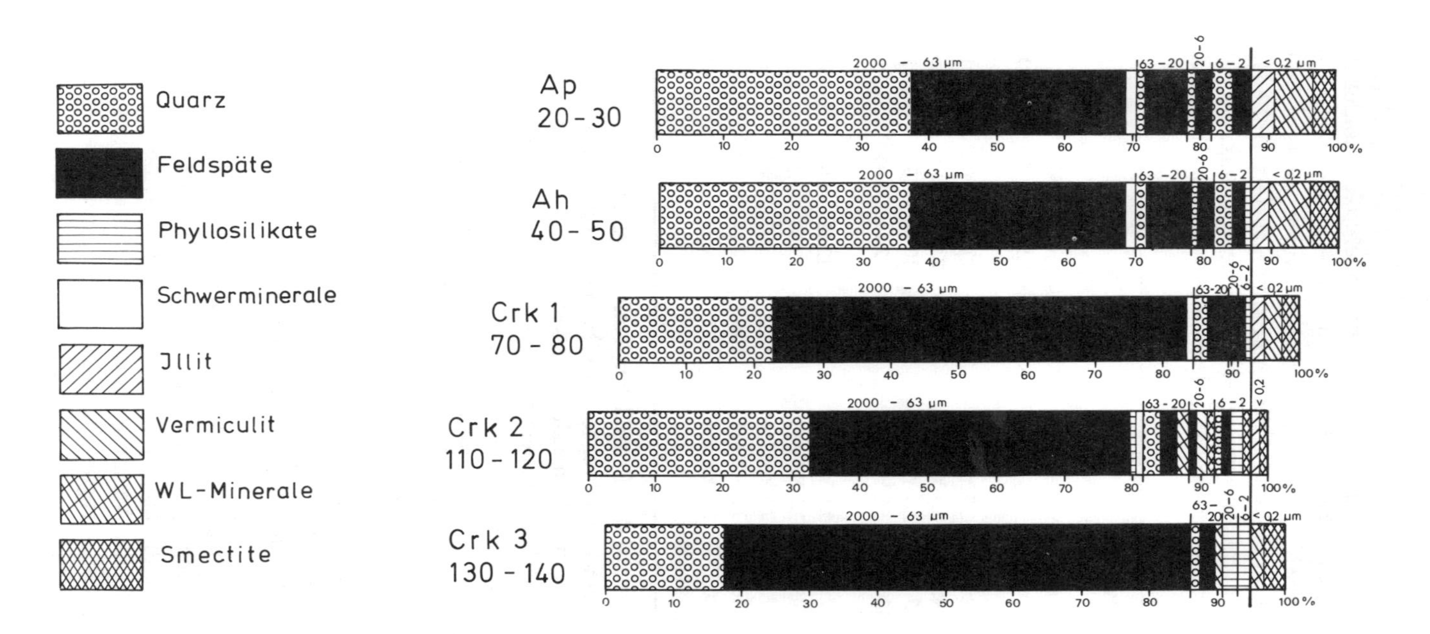

Abb. 23: Mineral- und Tonmineralbestand des »Palathurai«

stehen können, sind die Tonminerale nicht zu größeren Verbänden angewachsen.

Die Eisenmineralogie beider Böden spiegelt eine Entstehung unter vorwiegend semiarid-wechselfeuchten Bedingungen wider, obwohl der organische Kohlenstoff speziell im Palathurai die rote Farbe maskiert. Hohe Hämatitgehalte in den Böden und Saproliten sowie eine hohe Eisendynamik, die eine Ursache in den hohen Hornblendegehalten hat, belegen den rezenten Charakter der Rubefizierung (*s. Tab.29*).

Tab. 29: Eisenmineralogie

Boden	Horizont	Tiefe cm	Munsell Farbe	Ton% <2µm	Feinton% <0.2µm	Fe_d %	H/G DXRD	Magnetit Gew.%
Irugur	ApB	25	2.5 YR 3/4	21.24	21.24	3.02	4.91	.50
	Bt	45	2.5 YR 3/4	24.46	23.87	3.28	dito	.55
	Bt/Cr	70	2.5 YR 4/6	10.94	10.94	2.93	2.82	.47
	Crk	130	5 YR 6/6	2.14	2.14	1.04	dito	.47
Palathurai	Ap	25	2.5 YR 3/3	12.42	12.42	1.89	.53	.29
	Ah(k)	45	2.5 YR 3/2	12.80	12.80	1.77	3.85	.31
	Crk1	75	7.5 YR 7/4	7.11	6.97	.84	1.00	.16
	Crk2	110	7.5 YR 6/4	2.26	2.19	.89	.07	.17
	Crk3	130	7.5 YR 7/4	4.92	4.92	1.40	.43	.15

H/G = Hämatit:Goethit Verhältnis

In Dünnschliffen konnte der Prozeß der Tonverlagerung zumindest als rezenter Prozeß nicht nachgewiesen werden. In beiden Böden sind schwach doppelbrechende »argillans« um Minerale zu erkennen, die aber stark durchbrochen sind. Deshalb ist eine Tonverlagerung signifikanten Ausmaßes unwahrscheinlich und wegen der Korngrößenverteilung auch nicht anzunehmen. Eine Klassifikation z.B. des Irugur als »Aridic Rhodustalf«, wie von indischer Seite vorgeschlagen (KOTHANDARAMAN pers. Mitteilg.), ist deshalb nicht nachvollziehbar. Gegen einen möglicherweise gekappten Eluvialhorizont sprechen die mikromorphologischen Befunde. Die Ansprache als »Typic Ustropept« ist gerechtfertigter, unterstreicht aber den »junk-basket«-Charakter (WILDING et al.1983a) speziell der »Tropept-suborder« und die Unzulänglichkeiten der »Soil Taxonomy« für die Klassifikation von Böden in den Tropen, speziell wenn es sich um polygenetische Bildungen handelt.

Nach den Berechnungen von VAN WAMBEKE (1985) liegt der Irugur im »tropustic soil moisture regime«, jedoch sehr dicht an der Grenze zum »aridic soil moisture regime«. Da die Speicherkapazität des Bodens mit 200 mm als zu hoch eingestuft ist, ist m.E. die Annahme eines »aridic soil moisture regimes« realistischer. Dann wäre der »Irugur« als »Ustollic Calciorthid« einzustufen (SOIL

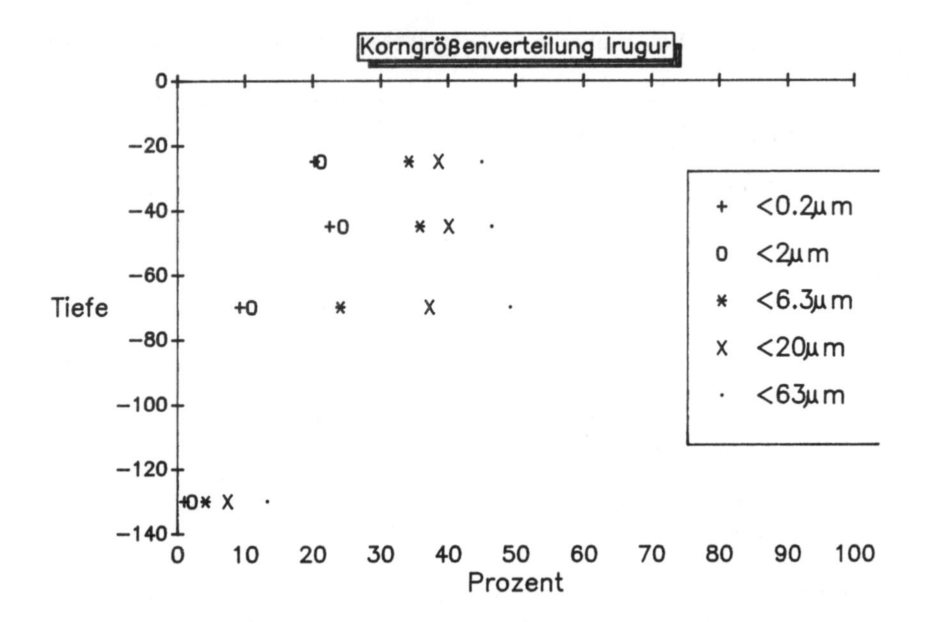

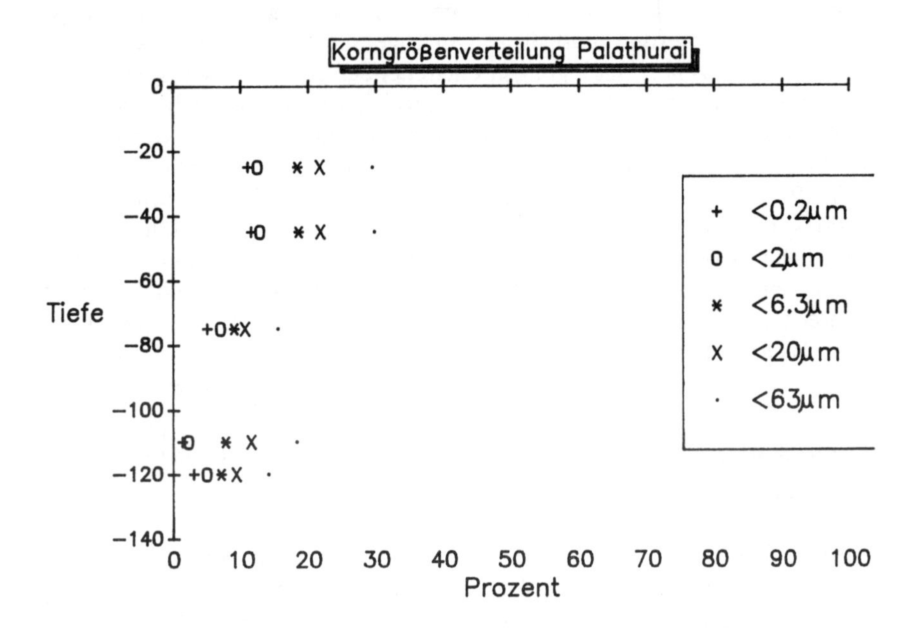

Abb. 24 u. 25: Korngrößenverteilung »Irugur« und »Palathurai«

SURVEY STAFF 1987), aber sein polygenetischer Charakter bliebe trotzdem unberücksichtigt.

Tab. 30: Korngrößenverteilung

Boden	Horizont	Tiefe cm	2000-630µm	630-200µm	200-63µm	63-20 µm	20-6.3 µm	6.3-2 µm	<2 µm	2-0.2 µm	<0.2 µm
Irugur	ApB	25	13.21	19.05	22.78	6.39	4.41	12.92	21.24	.00	21.24
	Bt	45	15.51	16.62	21.43	6.34	4.28	11.36	24.46	.59	23.87
	Bt/Cr	70	9.50	17.35	24.09	11.84	13.14	13.14	10.94	.00	10.94
	Crk	130	37.24	32.88	16.62	5.79	3.30	2.03	2.14	.00	2.14
Palathurai	Ap	25	7.36	21.22	41.98	7.71	3.34	5.96	12.42	.00	12.42
	Ah(k)	45	19.05	20.49	30.73	7.91	3.25	5.77	12.80	.00	12.80
	Crk1	75	54.04	16.23	14.28	4.84	1.60	1.90	7.11	.15	6.97
	Crk2	110	47.33	15.19	19.26	6.75	3.74	5.46	2.26	.07	2.19
	Crk3	130	66.31	8.66	10.99	4.75	2.21	2.16	4.92	.00	4.92

Die Klassifikation des Palathurai als »Typic Haplustalf« (MURTHY et al.1982) entbehrt aufgrund der fehlenden Tonverlagerung ebenfalls einer Grundlage. Die Ansprache als »Typic Ustropept« ist sinnvoller, weil der beprobte »Palathurai« sowohl von der Morphologie als auch vom Mineralbestand als ein relativ junger Boden angesehen werden muß. In seinen Eigenschaften kommt er einem unter den heutigen trockenen Bedingungen entstehenden Klimaxboden sehr nahe, aber schon die Smektite im Calciumcarbonat-Anreicherungshorizont belegen, daß die Bodenbildung teilweise unter einem feuchteren Klima als heute vonstatten ging. Morphologisch ähnelt das beprobte Pedon einem Mollisol (SOIL SURVEY STAFF 1975, 1987), und die Farbwerte qualifizieren ihn durchaus für ein »mollic epipedon« (vgl. Tab.29), doch der organische Kohlenstoff verfehlt knapp das erforderliche Niveau von 0.6 Prozent. Unter der Annahme eines »aridic soil moisture regime« (s.o.) wäre der Palathurai ebenfalls als »Ustollic Calciorthid« anzusprechen. Nach der FAO Klassifikation sind beide Böden als »Chromic Cambisols« anzusprechen.

4.5. Eigenschaften und Genese der Böden aus den spätquartären Sedimenten in Gujarat und Südnepal

Die Böden aus den wahrscheinlich (spät)pleistozänen äolischen Sedimenten in Gujarat und Südnepal (vgl. Kap. 1.4.) waren als Referenzprofile beprobt worden und sollten aufgrund des datierbaren Ausgangsmaterials als Kontrollgruppe für rezente und reliktische Bodenbildungen in Südindien dienen.

Tab. 31: Chemische Kenndaten von Purohit, Raika und Arjun Khola

Boden	Horizont	Tiefe cm	pH H_2O	pH .1nKCl	Na	K	Ca	Mg	H+Al	Basen %
				-------	meq/100g	-- Boden	-------			
Purohit	Ah1	15	6.50	5.21	.23	.31	20.26	3.30	2.50	90.60
	Ah2	25	6.81	5.65	.28	.28	18.95	1.98	2.25	90.52
	Ah3	35	7.01	6.11	.35	.28	19.61	2.74	.75	96.84
	Ah4	65	7.25	6.45	.70	.28	19.73	2.86	1.25	94.96
	AC	95	7.38	6.46	.76	.26	19.55	3.10	.50	97.93
	CA	125	7.21	6.57	.65	.26	21.40	3.00	2.25	91.84
	C1	155	7.44	6.71	.68	.23	28.82	3.30	.00	100.00
	C2	195	7.51	6.75	.76	.25	27.04	3.61	.00	100.00
Raika	Ah	45	8.61	6.12	.18	.22	17.63	1.94	3.50	85.09
	Bw	90	8.20	5.96	.15	.18	16.53	1.04	1.75	91.09
	BC	160	7.90	6.00	.18	.22	17.21	1.95	1.50	92.88
	C1	210	7.90	6.65	.20	.15	31.31	1.15	.00	100.00
	C2	260	8.40	7.05	.21	.11	28.56	.70	.00	100.00
Arjun Khola	AB	25	5.86	3.94	.04	.06	1.56	.88	5.75	30.64
	E1	60	5.80	3.95	.06	.09	1.87	1.10	5.00	38.42
	E2	95	6.06	4.31	.03	.07	3.31	1.50	5.25	48.33
	Btg1	135	6.54	5.05	.08	.09	5.85	2.20	4.25	65.92
	Btg2	170	6.95	5.65	.11	.12	6.37	2.50	1.50	85.85
	Btg3	260	8.31	6.68	.68	.15	6.32	3.00	.00	100.00
	Btg4	350	8.82	6.98	1.13	.14	5.52	3.20	3.00	76.91
	Cg	550	7.45	4.96	.76	.10	4.87	3.30	4.00	69.30

Die Böden aus Gujarat, ein »Vertic Haplustoll« (»Purohit«) und ein »Vertic Ochrept« (»Raika«) (SOIL SURVEY STAFF 1975), sind unter ca. 1000 mm Niederschlag nur mäßig entwickelte Böden. Die Mineralverwitterungstendenzen belegen trotz der störenden sedimentären Inhomogenitäten im Ausgangsmaterial nur eine Illit-Bildung, die, durch das semiaride Klima erklärbar, vornehmlich im Unterboden erfolgt (*s. Abb.26*). Die Smektite im Purohit- und Raika-Profil sind weitgehend aus dem Ausgangsmaterial vererbt und nicht pedogenen Ursprungs. Der höhere Smektitgehalt des Purohit wird an seinen Vertisolen ähnlichen morphologischen Eigenschaften deutlich, obwohl der zu geringe Tongehalt eine Einordnung als Vertisol nicht zuläßt. Die hohen C_{org}-Gehalte und die dunkle Farbe des Oberbodens sind dennoch eine Folge des Selbstmulcheffektes durch die hohen Smektitgehalte. Eine Ansprache als Mollisol ist deshalb gerechtfertigt.

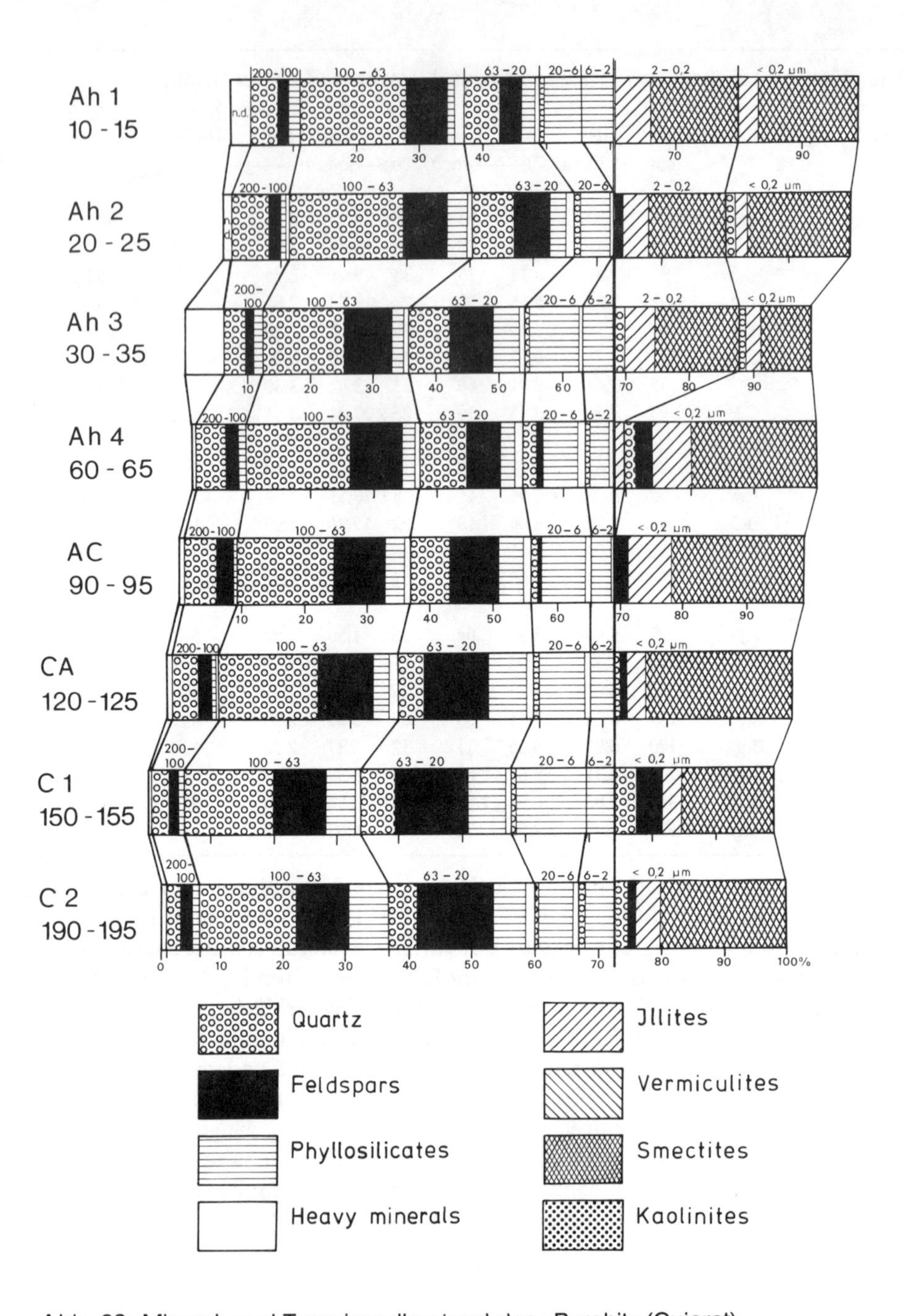

Abb. 26: Mineral- und Tonmineralbestand des »Purohit« (Gujarat)

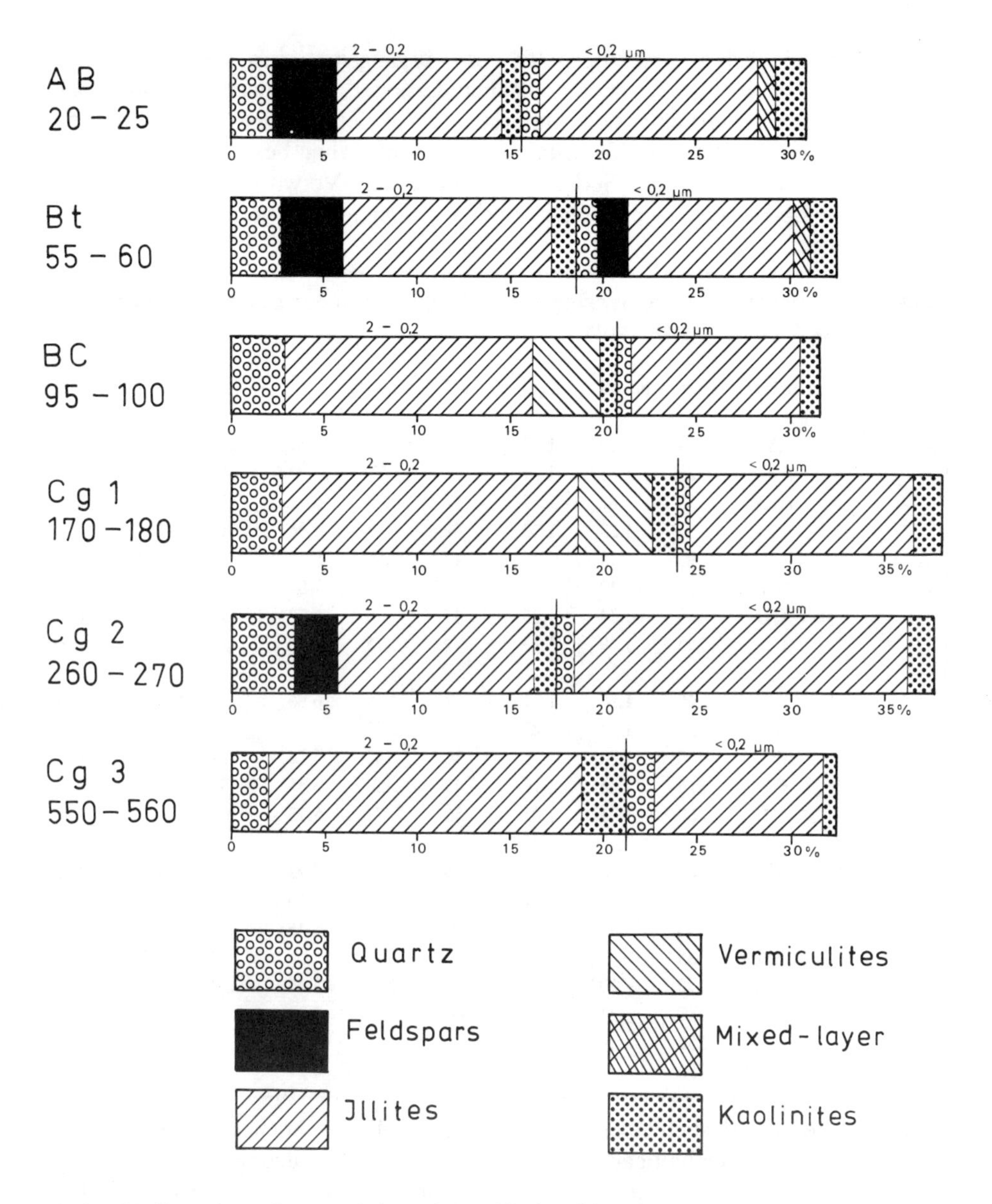

Abb. 27: Tonmineralbestand des »Arjun Khola« (Nepal)

Die unterschiedlichen Smektitgehalte des Ausgangsmaterials von Purohit und Raika, die nur wenige Kilometer auseinanderliegen, verweisen auf eine leicht unterschiedliche Herkunft des Materials. Nach ZEUNER (1950) liegt das Auswehungsgebiet nur ca. 150 Kilometer nördlich, aber besonders südlich des Mahi-Rivers enthalten die Sedimente zunehmend Verwitterungsmaterial des Deccan-Trapp-Basalts, der südlich und westlich des Untersuchungsgebietes verbreitet ist.

Tab. 32: Chemische Zusammensetzung und Kenndaten der Eisenmineralogie Purohit, Raika und Arjun Khola

Boden	Horizont	Tiefe	% Na_2O	% K_2O	% CaO	% MgO	% Fe_2O_3	% Fe_o	% Fe_d	% Fe_t
Purohit	Ah1	15	1.26	1.22	.39	.48	7.87	.19	.91	5.50
	Ah2	25	1.43	1.21	.92	.75	7.72	.17	1.14	5.40
	Ah3	35	1.32	1.27	.42	.45	6.72	.17	1.08	4.70
	Ah4	65	1.23	1.20	.42	.43	6.86	.17	1.17	4.90
	AC	95	1.30	1.26	.42	.60	8.15	.17	1.29	5.80
	CA	125	1.40	1.28	.56	.75	7.87	.16	1.10	5.50
	C1	155	1.34	1.25	.43	.46	6.72	.16	.99	4.70
	C2	195	1.49	1.15	.99	.75	8.58	.15	1.04	6.00
Raika	Ah	45	1.16	1.21	.29	.38	6.86	.28	1.09	4.82
	Bw	90	1.24	1.22	.27	.42	5.29	.17	1.16	3.74
	BC	160	1.30	1.21	.34	.42	5.72	.14	1.09	4.02
	C1	210	1.36	1.16	.43	.53	5.43	.07	.75	3.86
	C2	260	1.31	1.05	.56	.71	5.15	.06	.10	3.56
Arjun Khola	AB	25	.15	1.31	.06	6.57	4.93	.17	1.97	3.45
	E1	60	.16	1.54	.06	-	4.63	.21	1.50	3.24
	E2	95	.18	1.63	.06	2.24	6.18	.18	2.04	4.32
	Btg1	135	-	-	-	-	-	.18	2.23	-
	Btg2	170	.20	1.83	.06	2.57	5.46	.18	.93	3.82
	Btg3	260	.22	1.77	.06	.25	5.99	.14	2.06	4.19
	-	350	-	-	-	-	-	.14	2.13	-
	Cg	550	.24	1.61	.04	.33	4.99	.15	2.09	3.49

Die Gehalte oxalatlöslichen Eisens sind in beiden Böden hoch, da einerseits eine große Reserve eisenhaltiger Primärminerale zur Verfügung steht (niedrige Fe_d/Fe_t-Werte), andererseits die organische Substanz eine schnelle Kristallisation zu Goethit oder Hämatit behindert (vgl. SCHWERTMANN 1985). Die Basensättigung erreicht in beiden Böden 100%, eine Carbonatakkumulation ist aber nur andeutungsweise in den Unterböden feststellbar.

Der sehr viel rotere Boden aus Arjun Khola/Nepal ist trotz der ca. 2000 mm Niederschlag nicht über ein Braunerde-Lessivé-Stadium hinausgekommen. Die Tonbildung beschränkt sich auf die Illit-Bildung. Die Spuren von Kaolinit treten schon im Ausgangsmaterial auf und sind somit vererbt und nicht pedogen gebildet. Die Freisetzung sekundären Eisens ist sehr viel weiter fortgeschritten als in den Böden aus Gujarat (höhere Fe_d/Fe_t-Werte) und scheint sich, belegbar durch hohe Fe_o-Werte, fortzusetzen. Andererseits ist auch das Ausgangsmaterial schon stark rubefiziert, so daß zumindest ein Teil der Eisenoxid-hydroxide als vererbt angesehen werden muß. Neben der Rubefizierung ist eine intensive Tonverlagerung zu beobachten. Sowohl die Korngrößenanalyse als auch die Mikromorphologie belegen die Existenz eines Bt-Horizontes in einer Tiefe von ca. 150-200 cm(!). Dort finden sich viele gut doppelbrechende »illuviation argillans« in Poren und Hohlräumen, die den Bt-Horizontes unzweifelhaft als Tonanreicherungshorizont charakterisieren. Ob die Tonzunahme im Unterboden ausschließlich durch Tonverlagerung zu erklären ist oder auch eine sedimentäre Inhomogenität vorliegt, sollen zukünftige Untersuchungen klären (vgl. BACKER 1989). Die erstaunliche Tiefe des Bt-Horizontes ist eine Folge der sehr hohen Natriumkonzentration an den Austauschern. Die Herkunft dieser Natrium-Ionen läßt sich nur schwer aus dem basenarmen Ausgangsmaterials, das im wesentlichen aus stark verwitterten Biotiten (überwiegend ohne Pleochroismus und Doppelbrechung), Muskoviten und Quarzen besteht und wenig Feldspäte enthält, erklären. Eine bisher nur vermutete Ursache könnte Hangzugwasser sein, das aus den Siwaliks in die intramontanen Becken fließt. Hangzugwasser wäre auch eine plausible Erklärung für die intensive Pseudovergleyung, die sehr tief in das Profil hinabreicht.

Durch die hohen Tongehalte im Bt-Horizont kommt es zu Staunässe und einer intensiven Marmorierung, doch sind die Chroma-Werte nicht niedig genug, um den Boden als »Typic Haplaqualf« anzusprechen. Eine Klassifikation als »Typic Rhodustalf« ist daher am ehesten möglich.

Der Boden aus Arjun Khola entspricht somit weitgehend einem sauren, stark rubefizierten Braunerde-Lessivé. Die Ergebnisse stehen im Einklang mit den Ergebnissen indischer Kollegen (BARDE & GOWAIKAR 1965; SIDHU & GILKES 1977; SAXENA & SINGH 1983; 1984; GHABRU & Gosh 1985), die ebenfalls eine Illit-Bildung konstatierten (vgl. Kap.1.2.3.2.). Erstmalig konnte aber durch einen Vergleich mit dem Ausgangsmaterial der *nicht pedogene* Charakter der Kaolinite belegt werden.

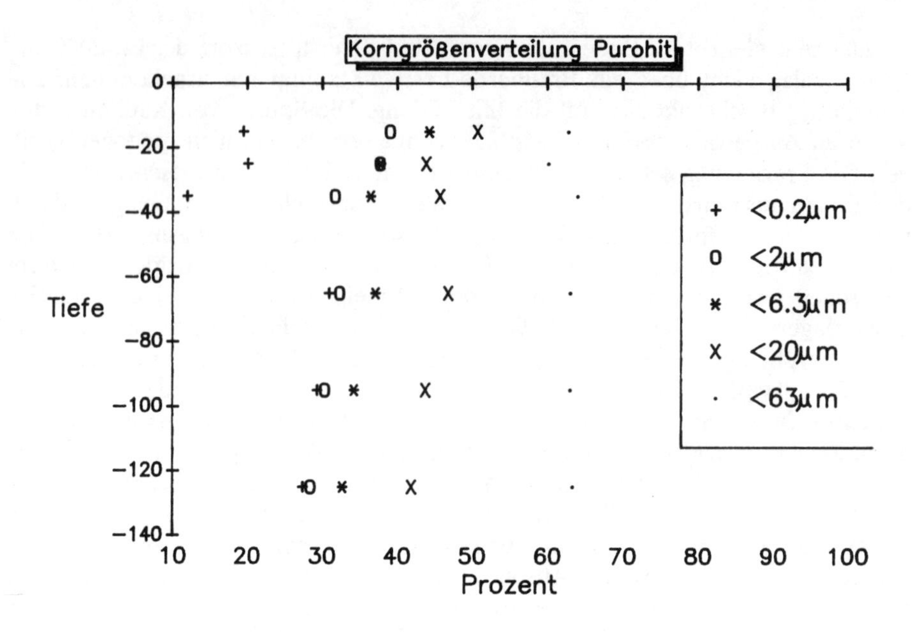

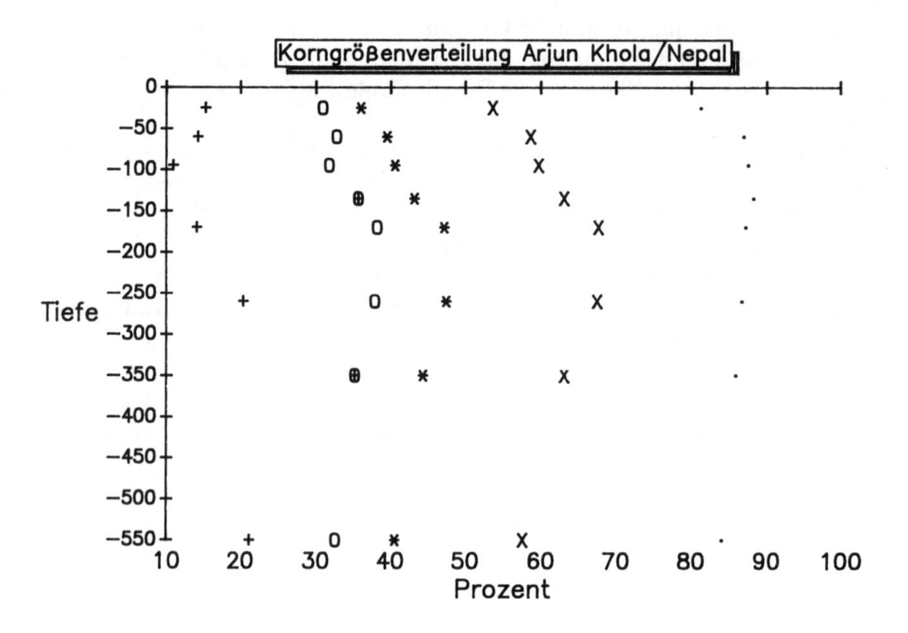

Abb. 28 u. 29: Korngrößenverteilung »Purohit« und »Arjun Khola«

Tab. 33: Korngrößenverteilung

Boden	Horizont	Tiefe cm	2000-63µm	63-20 µm	20-6.3 µm	6.3-2 µm	<2 µm	2-0.2 µm	<0.2 µm
Purohit	Ah1	15	37.16	12.04	6.44	5.28	39.00	19.52	19.48
	Ah2	25	39.79	16.27	6.05	.18	37.62	17.52	20.10
	Ah3	35	35.97	18.30	9.23	4.81	31.65	19.71	11.94
	Ah4	65	36.96	16.23	9.65	4.85	32.28	1.40	30.88
	AC	95	36.97	19.23	9.51	3.94	30.30	.00	30.30
	CA	125	36.67	21.43	9.20	4.29	28.39	.00	28.39
	C1	155	34.21	23.96	11.77	4.62	25.41	.00	25.41
	C2	195	36.82	23.04	6.87	5.88	27.37	.00	27.37
Raika	Ah	45	47.30	16.40	4.92	4.65	26.69	8.34	18.35
	Bw	90	53.22	13.20	5.76	4.72	23.05	1.48	21.57
	BC	160	53.07	14.78	4.60	4,87	22.65	.00	22.65
	C1	210	61.94	13.41	5.25	2,35	17.03	.00	17.03
	C2	260	72.03	8.46	4.52	1,94	13.04	.00	13.04
Arjun Khola	AB	25	18.69	27.64	17.58	5.18	30.87	15.64	15.23
	E1	60	13.02	28.27	19.11	6.81	32.73	18.52	14.21
	E2	95	12.44	27.81	19.10	8.88	31.73	20.83	10.90
	Btg1	135	11.74	25.13	19.91	7.50	35.70	n.b.	35.70
	Btg2	170	12.79	19.50	20.48	9.00	38.20	24.13	14.07
	Btg3	260	13.29	19.19	20.02	9.59	37.88	17.49	20.39
	Btg4	350	14.10	22.76	18.75	9.14	35.22	n.b.	35.22
	Cg	550	15.95	26.39	17.01	8.04	32.57	21.23	11.34

5. Diskussion der Ergebnisse

5.1. Der Prozeß der Tiefenverwitterung

Die Tiefenverwitterung als ein räumlich und funktional von der eigentlichen Bodenbildung zu trennender Prozeß ist in Büdels Konzept der tropischen Flächenbildung für die Tieferlegung der Verwitterungsbasisfläche verantwortlich (BÜDEL 1986). Nach FÖLSTER (1971) gelten für Saprolite aus granitischen Gneisen eine Reihe von morphologischen und mineralogischen Merkmalen: Das Gefüge und die Struktur des unzersetzten Gesteins tradiert sich weitgehend in den Saprolit, weil die Mineralverwitterung überwiegend zur Ausbildung von Pseudomorphosen führt, wie z.B. kaolinisierten Feldspäte und kaolinisierten Biotiten. Die Rotfleckung des Saprolits entspricht der räumlichen Verteilung eisenhaltiger und ferromagnesischer Minerale im Ausgangsgestein und ist nicht Beleg einer hydromorphen Segregation (FÖLSTER 1971:53). Diese Merkmale gelten weitgehend auch für die Saprolite der untersuchten Böden. Aus den mineralogischen, tonmineralogischen und chemischen Ergebnissen können ergänzende Merkmale für die Tiefenverwitterung in Südindien herausgearbeitet werden: Die Gibbsitisierung und/oder Kaolinisierung der Feldspäte, die fast vollständige Umwandlung von Almandinen, Hypersthenen und Hornblenden zu »boxwork«-Pseudomorphosen (vgl.EMBRECHTS & STOOPS 1982) sowie die Kaolinisierung (und Smektitisierung bzw. Vermikulitisierung) von Biotiten. Diese Kennzeichen sind in den untersuchten Saproliten unterschiedlich ausgeprägt (*vgl. Tab.34*) und reflektieren damit Intensitätsstufen der Tiefenverwitterung.

Als Kriterien für intensive *rezente* Tiefenverwitterung können amorphe bis schwach kristalline Komponenten sowie schwach kristalline Kaolinite, erkennbar an breiten XRD-Basisreflexen, in den Tonfraktionen gelten. Diese Merkmale treten nur in in den Saproliten aus den wechselfeucht-humiden West Ghats auf.

Die niedrige Basensättigung in den Saproliten der Profile von Vandiperiyar, Karpurpallam und Palghat kann als weiteres *pedochemisches* Kriterium für eine rezente Tiefenverwitterung angeführt werden, wobei eine Basensättigung von $\leq$35% ein begründbarer Orientierungswert ist, weil unterhalb dieses Wertes die Verwitterungsspuren an den verwitterbaren Primärmineralen besonders intensiv sind (*vgl. Abb.30*).

Die gute negative Korrelation zwischen der Basensättigung des Saprolits und der Zahl der humiden Monate ($r=-0.85$, $n=9$) belegt die Abhängigkeit der Tiefenverwitterung durch Hydrolyse und Basenabfuhr vom Niederschlagsregime. Dadurch kann eine hygrische Schwelle angegeben werden, unterhalb derer es zu

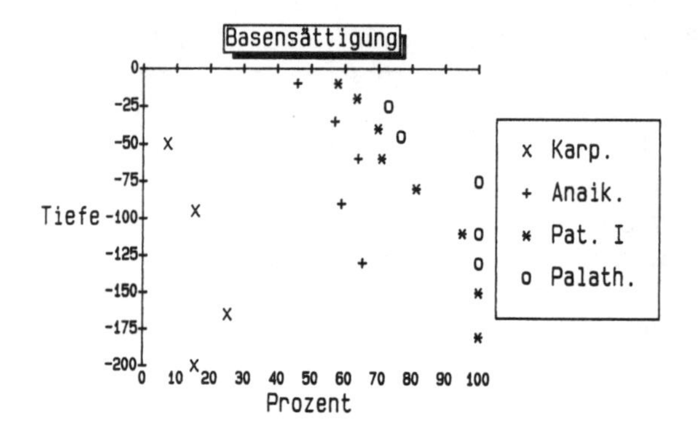

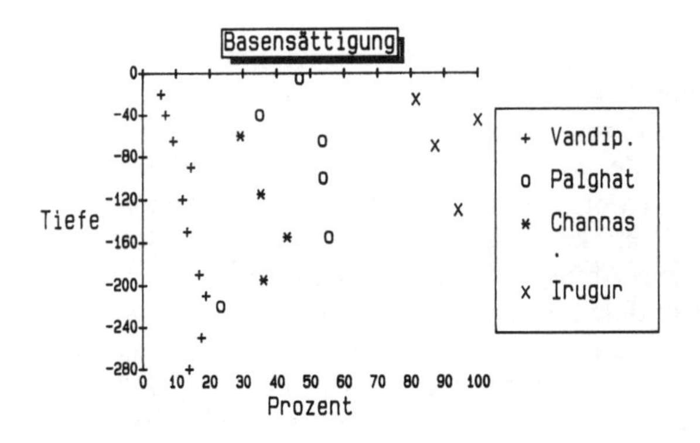

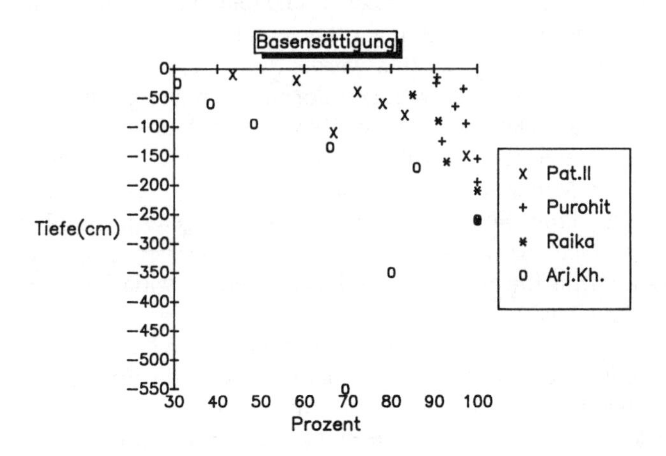

Abb. 30: Basensättigung der untersuchten Pedons

keiner signifikanten Tiefenverwitterung im granitischen Gneis mehr kommt. Einer Basensättigung von $\leq 35\%$ entsprechen unter den spezifischen südindischen Bedingungen ein jährlicher Niederschlag von >2000 mm und mindestens sechs humide Monate. Unter diesen klimatischen Bedingungen ist der Saprolit der Ort intensivster chemischer Verwitterung, wobei die Basensättigung in der Regel niedriger als im darüberliegenden Bodenhorizont ist.

Der Wasserdurchfluß und damit die Tiefenverwitterung ist räumlich auf Klüfte und strukturelle Schwächezonen (z.B. Hornblendeschlieren im Gneis) konzentriert. Von dort ausgehend kommt es bei Niederschlägen >2500 mm zur Gibbsitisierung von Feldspäten, bei Niederschlägen um 2150 mm konnte nur eine Kaolinisierung beobachtet werden. Diese räumliche Selektivität führt zu erheblichen Disparitäten innerhalb des Saprolits, denn entlang der o.g. Schwächezonen verläuft die Verwitterungsfront sehr schnell in die Tiefe, indem die betroffenen Minerale sehr rasch zu sekundären Produkten umgewandelt werden. Dagegen nimmt die Verwitterungsintensität horizontal in die Matrix sehr schnell ab, so daß häufig selbst die Plagioklase kaum Verwitterungsspuren zeigen. Doch bereits im relativ intakten Gesteinsverband kommt es zu einer Verwitterung der eisenhaltigen Primärminerale, wie z.B. Hypersthenen, Almandinen und Hornblenden. Die Präsenz von »boxwork«-Pseudomorphosen aus sekundären Eisenoxiden dieser Minerale auch in stärker aufgelösten Saproliten bedeutet, daß es nicht unbedingt zur vollständigen Abfuhr von Fe^{2+}-Ionen infolge reduzierender Verhältnisse kommen muß und daß eher die Bedingungen des ungesättigten Wasserflusses im Saprolit gelten. Dieser ungesättigte Fluß ist Grund für die besonderen Bedingungen der chemischen Verwitterung im Saprolit. HSU (1977) berichtet von einer Tendenz zur Kaolinisierung von Feldspäten in kieselsäurehaltigeren Gesteinen wie Graniten und Gneisen. Durch deren geringere Verwitterung ist die Porosität und Perkolation im Vergleich zu basischen Gesteinen, in denen eine Gibbsitisierung wahrscheinlicher sein soll, geringer. Dies muß nach den vorliegenden Untersuchungsergebnissen in Frage gestellt werden, weil gerade die anfangs geringere Porosität die Auslaugung in den wenigen Poren beschleunigt und die Bildung von Gibbsiten begünstigt. Die chemischen Reaktionen laufen deshalb weitgehend nicht unter Gleichgewichtsbedingungen ab, so daß die Übernahme thermodynamisch begründeter Mineralstabilitäten problematisch ist. So folgert GARDNER (1970), daß ein Ausfällen von Gibbsiten bei gleichzeitiger Anwesenheit von Quarz nicht möglich ist. Doch das beobachtete Nebeneinander von Quarzen und gibbsitisierten Feldspäten im Karpurpallam und Vandiperiyar widerlegt diese rein theoretisch begründete Ansicht.

Die Auflösung des Gesteinsverbandes und die dadurch zunehmende Porosität des Saprolits reduzieren das Tempo, mit dem die gelösten Verwitterungsprodukte abgeführt werden; tendenziell kann es zur Ausbildung von chemischen Stabilitätsbedingungen kommen. Dies gilt noch mehr für den eigentlichen Boden, dessen Porenvolumen, speziell aber der Anteil der Fein- und Mittelporen, noch einmal signifikant höher liegt. Die in allen Profilen mit rezenter Tiefenverwitterung

(Karpurpallam, Vandiperiyar und Palghat) zu beobachtende Zunahme der Basensättigung zum Boden hin ist durch diesen Prozeß zu erklären.

Unter der Bedingung, daß ausreichend Bodenwasser durch den Saprolit perkoliert, ist der Saprolit der Ort der intensivsten chemischen Verwitterung im Profil. Dann darf es im Boden keine Mineralbildungen mit höherem Verwitterungsindex (z.B. nach JACKSON 1964) geben als im Saprolit. Ist dies aber der Fall, so handelt es sich bei diesen Mineralen um reliktische Bildungen aus früheren, klimatisch feuchteren Epochen. Zum Beispiel sind die Gibbsite im Karpurpallam und im Vandiperiyar zum großen Teil schon im Saprolit gebildet worden, während die Kaolinite pedogenen Ursprungs sind. Im Anaikatti hingegen sind die Kaolinite reliktischer Natur, da im Saprolit nur Smektite gebildet werden.

Die Bestimmung einer eindeutigen hygrischen Schwelle, unterhalb derer es nicht mehr zu einer signifikanten, geomorphologisch wirksamen Tiefenverwitterung kommt, scheint durch die Eigenschaften des Channasandra-Profils konterkariert zu werden. Unter nur 890 mm Niederschlag und drei humiden Monaten zeigt der Saprolit eine erstaunlich geringe Basensättigung. Auch werden ausschließlich Kaolinite im Saprolit gebildet. Vorstellbar ist eine sprunghafte Austrocknung des Klimas und die Konservierung von Eigenschaften, die unter den heutigen Bedingungen als reliktisch anzusprechen sind. Eine geringe Reserve an Ca-Feldspäten verhindert möglicherweise ein rasches Ansteigen der Basensättigung.

Bei Niederschlägen von <2000 mm, wie es für den überwiegenden Teil des Untersuchungsraumes die Regel ist, kommt es nicht notwendigerweise zu einer Überlappung von Bodenbildung und Saprolitisierung (vgl. FÖLSTER et al.1971). In den Böden der Patancheru Series sowie dem Irugur und Palathurai ist unter den rezenten Bedingungen die Bodenbildung nicht mehr in der Lage, gegen den Saprolit vorzudringen. Es kommt zu einer Calciumkarbonat-Akkumulation im Übergangsbereich Boden-Saprolit, was einen völligen Stillstand der Tiefenverwitterung bedeutet, da eine Stoffverlagerung im gelösten Zustand in und unterhalb des Karbonathorizontes nicht wahrscheinlich ist. Die trotzdem vorhandenen Verwitterungsmerkmale wie die Smektitisierung von Biotiten sind daher eindeutig reliktisch.

Im Anaikatti unter 1550 mm Niederschlag dürfte sich die Intensität der Tiefenverwitterung sehr stark reduziert haben, weil bei der hohen Basensättigung nur noch die Smektitisierung von Biotiten sowie die Verwitterung von Hornblenden zu beobachten sind.

Tab. 34: Verwitterungszustand ausgewählter Mineralgruppen nach mikromorphologischen Befunden (Abkürzungen siehe Abb.31)

A-Horizonte (soweit beprobt oder vorhanden):

Pyroxene/Amphibole	Biotite	
Patancheru I	B_{0-4}	Patancheru I keine
Patancheru II	Fragmente*	Patancheru II Keine
Anaikatti	B_{0-4}	Vandiperiyar $C1_{0-2}$
Palghat	B_{1-3}	Karpurpallam $C1_{1-3}$
Karpurpallam	B_4	Anaikatti $C1_{2-4}$*
Vandiperiyar	keine	Palghat $C1_{2-4}$

Feldspäte	
Patancheru I	viele Feldsp., überwiegend Mikrokline
Patancheru II	viele Feldsp., überwiegend Mikrokline
Anaikatti	viele kleine Feldsp.
Palghat	stark verwitterte Reste
Karpurpallam	fast völlig verwitterte Mikrokline
Vandiperiyar	fast völlig verwitterte Mikrokline

* = nur wenige (1-5) Minerale im Dünnschliff
? = keine Minerale im Dünnschliff

obere B-Horizonte

Pyroxene/Amphibole	Biotite	
Irugur	B_{0-3}*	Channasandra $C1_{1-2}$*
Palathurai	B_{0-3}	Anaikatti $C1_{1-2}$*
Channasandra	?	Patancheru I $C1_2$*
Anaikatti	B_{0-3}	Patancheru II ?
Patancheru I	ein Fragm.	Palathurai $C1_{0-2}$*
Patancheru II	ein Fragm.	Irugur $C1_{0-3}$*
Palghat	B_{2-4}	Palghat $C1_{1-3}$
Vandiperiyar	B_{2-3}	Vandiperiyar $C1_{1-4}$
Karpurpallam	B_4	Karpurpallam $C1_{1-4}$

Feldspäte	
Irugur	viele gut erhaltene Fragmente
Palathurai	viele große u. kleine Feldsp.
Anaikatti	viele kleine angewitterte Fragmente
Patancheru I	große Fragmente, meist Mikrokline
Patancheru II	große Fragmente, meist Mikrokline
Channasandra	viele kleine, angewitterte Fragmente, meist Mikrok.
Palghat	stark angewitterte Fragmente
Vandiperiyar	fast völlig verwittert
Karpurpallam	fast völlig verwittert

untere B-Horizonte

Pyroxene/Amphibole	Biotite	
Irugur	B_{0-1} (Fragm.)	Irugur $C1_1$
Anaikatti	B_1	Palathurai $C1_1$
Palathurai	B_{1-3} (Fragm.)	Anaikatti $C1_{1-2}$
Channasandra	B_2	Vandiperiyar $C1_{1-2}$
Palghat	B_{2-3}	Patancheru I $C1_2$
Patancheru I	B_3	Patancheru II $C1_2$
Patancheru II	?	Palghat $C1_2$
Karpurpallam	B_{3-4}	Channasandra $C1_2$
Vandiperiyar	B_4	Karpurpallam $C1_3$

Feldspäte

Irugur und Palathurai wie oberer B-Horizont.
Channasandra, Patancheru I und Patancheru II überwiegend Mikroklin-Fragmente
Anaikatti und Palghat einige Plagiokl. und Mikrokl.
Karpurpallam. und Vandiperiyar völlig verwittert

Saprolite

Pyroxene/Amphibole	Biotite	
Irugur	B_{1-2*}	Irugur ?
Channasandra	B_{1-2}	Palathurai $C1_1$
Anaikatti	B_{1-2}	Anaikatti $C1_1$
Patancheru II	B_2	Channasandra $C1_1$
Patancheru I	?	Patancheru I $C1_2$
Palghat	B_2	Patancheru II $C1_2$
Palathurai	B_3	Palghat $C1_2$
Karpurpallam	B_3	Karpurpallam $C1_2$
Vandiperiyar	B_3	Vandiperiyar $C1_3$

Feldspäte	
Irugur	$C2_0^*$
Anaikatti	$C2_0 + E_{0*}$
Palathurai	$C2_1 + E_1$
Channasandra	$C2_2 + E_2$
Palghat	$C2_2 + E_2$
Patancheru I	E_3 (Mikrokl. frisch)
Patancheru II	E_3 (Mikrokl. frisch)
Vandiperiyar	$C2_4$
Karpurpallam	$C2_4$

* = nur wenige (1-5) Minerale im Dünnschliff
? = keine Minerale im Dünnschliff

Alteration pattern	Degree of alteration (class and volume percent). 0 0-2.5%	1 2.5-25%	2 25-75%	3 75-97.5%	4 (class). 97.5-100%
A	ORIGINAL MINERAL	pellicular (Fig. 2c).	thick pellicular (Fig. 2a, 2b).		COMPLETELY ALTERED
			large core	core	
B		irregular linear (Fig. 2f).	irregular banded		
			random residues	random minute residues	
C.1.		parallel linear (Fig. 2d).	parallel banded (Fig. 2e).		
			organised residues	organised minute residues	
C.2.		cross linear	cross banded		
			organised residues	organised minute residues	
D		dotted	patchy		
			cavernous residue	dispersed minute residues	
E		COMPLEX			

Abb. 31: Terminologie der verschiedenen Verwitterungsstrukturen und -grade

5.2. Die Verwitterung der Primärminerale

Die *Tabelle 34* stellt den Versuch der Hierarchisierung der mikromorphologischen Befunde zum Verwitterungszustand der Primärminerale dar. Als gravierende Probleme erweisen sich das sehr breite Verwitterungsspektrum der Primärminerale, ihre variablen Anteile und ihre Zerkleinerung in die Feinsand- und Schluff-Fraktionen, die eine Beschreibung mit Hilfe der Lichtmikroskopie sehr einschränkt.

Für die einzelnen Minerale bzw. Mineralgruppen können folgende Verwitterungstendenzen abgeleitet werden. Die *Almandine* sind die am wenigsten verwitterungsresistenten Minerale in den untersuchten Böden und Saproliten. Ihre Existenz kann nur für den Vandiperiyar indirekt nachgewiesen werden, da dort der in unmittelbarer Nähe anstehende Charnockit sehr granathaltig ist. Doch bereits im Saprolit des Vandiperiyar sind nur noch »boxwork«-Pseudomorphosen vorhanden, die keine Aussagen über ihren genauen mineralogischen Ursprung zulassen. Nach EMBRECHTS & STOOPS (1982) und VELBEL (1984) bestehen Pseudomorphosen des Almandins aus einem Goethitgerüst mit variablen Anteilen an Gibbsiten, in das intakte Reste des Almandins eingebettet sein können, die so vor schneller Verwitterung geschützt sind. Die Bildung persistenter »boxwork«-

Pseudomorphosen ist nur im Saprolit möglich, da im Boden durch Pedoturbation und die Einwirkung organischer Säuren keine adäquaten Bedingungen gegeben sind. Dort entwickeln eingemischte frische Almandine eine pockennarbige Oberfläche.

Diese Gerüststrukturen sind in den untersuchten Böden ebenfalls typisch für *Hypersthene* und *Hornblenden*. Besonders im Palghat-Soil sind in diese sehr zahlreichen Gerüststrukturen noch variable Anteile von Hornblenden eingeschlossen. Im Palghat und im Vandiperiyar stellen diese »boxworks« neben Eisenkonkretionen, denen sie als Keimzelle dienen können (VELBEL 1984), eine bedeutende Akkumulationsform sekundärer Eisenoxide dar. Aufgrund ihrer geringen Verwitterungsresistenz und ihrer sehr variablen Anteile in den Böden eignen sich die eisenhaltigen und ferromagnesischen Minerale nicht zur Differenzierung der Verwitterungsintensität im Untersuchungsraum.

Die *Biotite* dagegen sind in allen Böden in ausreichender Menge nachzuweisen. Ihre Transformation zu sekundären Mineralen, wie z.B. zu Kaoliniten, Vermikuliten, Illiten und Smektiten wurde von BISDOM et al.(1982) eingehend beschrieben. Es bilden sich durch Transformation Kaolinitpäckchen, die parallel zu den Biotitschichten ausgerichtet sind, oder durch Lösung und Neosynthese solche, die senkrecht ausgerichtet sind. Diese Transformation nimmt im Saprolit ihren Ausgang, sobald sich der Mineralverband etwas gelockert hat. Die damit verbundene Volumenzunahme trägt zur weiteren Auflösung der Gesteinsstruktur bei (vgl. auch STOOPS & DELVIGNE 1989). Ähnliches konnte PYE (1985) in Saproliten unter semi aridem Klima in Kenia beobachten.

In den untersuchten Böden sind häufig im Dünnschliff scheinbar noch gut erhaltene Biotite zu identifizieren, die durchaus eine Doppelbrechung 1. und auch 2. Ordnung zeigen können. Sie sind meist sehr stark zu Illiten, Vermikuliten und besonders Kaoliniten umgewandelt, denn die teilweise recht großen Plättchen (Grobsandfraktion) zerfallen durch die mechanische und chemische Beanspruchung während der Probenaufbereitung für die mineralogischen Analysen und sind im Streupräparat nicht nachweisbar oder wenn, dann nur als kaolinisierte Plättchen. Kaolinite assoziiert mit Biotiten in der Grobsandfraktion konnten auch HARRIS et al. (1985a; 1985b) in Ultisolen aus dem Piedmontgebiet der USA ausmachen. Trotz geringer Anteile intakter Biotitlagen in diesen Mineralen wurden ihre optischen Eigenschaften von den Biotiten geprägt. Solche Pseudomorphosen sind deshalb nur schwer zu identifizieren. In den untersuchten Böden nehmen die Doppelbrechung und der Pleochroismus dieser Biotit-Pseudomorphosen mit zunehmender Feuchte in der Klimasequenz ab. Nicht umgewandelte Biotite finden sich nur in den Saproliten und in geringen Mengen auch im Vandiperiyar-Boden. Dort verdanken sie ihre Stabilität wohl ihrem hohen Titangehalt, der sie weniger verwitterungsanfällig macht (SRIKANTAPPA, pers. Mitteilg.). Die wenigen intakten Biotite in den anderen Böden sind wahrscheinlich aus dem Saprolit eingemischt. Ihre Stabilität hängt von der heutigen Verwitterungsintensität ab, doch ein Vergleich mit den spätquartären Referenzprofilen in

Gujarat und Nepal zeigt, daß ihre Enteisenung schon bei relativ geringen Niederschlägen einsetzt.

Die *Feldspäte* stellen in den untersuchten Böden eine weitere bedeutende Quelle für die Tonmineralbildung speziell der Kaolinite dar. Im Vandiperiyar und im Karpurpallam kann sogar eine intensive Gibbsitisierung der Feldspäte im Saprolit beobachtet werden, die im Boden dann einer Kaolinisierung weicht. Dieser qualitative Unterschied belegt, daß es während der Bildungsphase der heutigen Bodendecke in Lee der West Ghats niemals so feucht war wie heute in Luv der West-Ghats. Noch sichtbare Kaolinisierungen auf Plagioklasen (Feldspatpseudomorphosen) zeigen die beiden Profile aus Patancheru, während die Mikrokline in der Regel keine Pseudomorphosen ausbilden. Die Kaolinisierungen dort müssen in Anbetracht der hohen Basensättigung in den Böden als *reliktische* Bildungen betrachtet werden. Unklar ist, warum sich in den genannten Profilen die Feldspatpseudomorphosen konserviert haben und in anderen Profilen nur angelöste Plagioklase übrigbleiben. Unterhalb einer kritischen Größe scheint es nicht mehr zum Ausfällen von sekundären Mineralen auf der Oberfläche der Feldspäte zu kommen, sondern zu einer räumlichen Trennung von Verwitterung und Ausfällung, die durch eine reduzierte Aktivität der Kieselsäure an der Mineraloberfläche zu erklären ist, denn auf kleinen Fragmenten sind kaum sekundäre Neubildungen zu erkennen, wohl aber starke randliche Auflösungen.

Das in allen Böden breite morphologische Spektrum der verwitterbaren Primärminerale und ihre Assoziation mit sekundären Neubildungen macht eine Differenzierung der Verwitterungsprozesse in Abhängigkeit von den bodenbildenden Randbedingungen schwierig. Alle Böden mit Ausnahme des Palathurai haben ein Stadium intensiverer Verwitterung durchlaufen bzw. die Verwitterung hält unter den heutigen Bedingungen noch an. Die Aufbereitung des festen Gesteins durch die Tiefenverwitterung ist die nachweisbar intensivste Umwandlung primärer Minerale unter der Bedingung perkolierenden Bodenwassers. Die Almandine, Hypersthene und Hornblenden erfahren dabei eine nahezu vollständige Umwandlung, und auch die biotitischen Glimmer werden weitgehend schon zu sekundären Tonmineralen transformiert. Neben den Quarzen, die nur randlich angelöst erscheinen, zeigen die Mikrokline die höchste Verwitterungsresistenz. Plagioklase werden dagegen zügig kaolinisiert und bei besonders intensiver Auslaugung auch gibbsitisiert. Damit ist durch die Tiefenverwitterung des Saprolits der »Primär«-Mineralbestand im sich daraus entwickelnden Boden schon weitgehend festgelegt. Die Verwitterung im Boden erfaßt das weitgehend *vorverwitterte* Material und setzt mit abgeschwächter Tendenz das fort, was die Tiefenverwitterung eingeleitet hat. So werden z.B. die »boxwork«-Pseudomorphosen durch Pedoturbation zerstört und dabei bisher eingeschlossene Mineralfragmente in den Boden entlassen. In allen untersuchten Böden stellten diese Hypersthen- und Hornblendefragmente eine bedeutende Quelle der rezenten Eisendynamik dar.

5.3. Die Tonmineralogie

In den Referenzböden aus spätpleistozänen Sedimenten in Gujarat und Nepal sind nachweislich nur Illite als pedogene Tonminerale entstanden. Für die Bodenprofile im eigentlichen Untersuchungsraum ergibt sich ein weitaus komplexeres Bild, da sich der polygenetische Charakter vieler dieser Böden besonders im Tonmineralbestand offenbart.

Monogenetischen Charakters und durchaus im Einklang mit den rezenten Umweltbedingungen sind nur die Böden aus Vandiperiyar, Karpurpallam und Palghat. Monogenetisch darf hier nicht als gleichbedeutend mit jung interpretiert werden oder als kontinuierliche Bodenbildung verstanden werden. Gemeint ist, daß die Böden im Gleichgewicht mit ihrer rezenten Umwelt stehen und alle Merkmale auch unter den heutigen Niederschlagsverhältnissen hervorgebracht werden könnten.

Im Karpurpallam und Vandiperiyar können drei Zonen unterschiedlicher Umwandlungs- und Bildungsbedingungen für Tonminerale unterschieden werden. Im Saprolit kommt es, wenn auch räumlich selektiv, zu einer Gibbsitisierung vorwiegend von Plagioklasen. Die Gibbsite entstehen direkt auf der Oberfläche der Feldspäte. Eine Maskierung in Form einer Verwitterungshülle ist daher vorstellbar. Die Ansprache dieser maskierten Feldspäte noch in der Sandfraktion als Gibbsite mag z.B. im Karpurpallam zu einer Verzerrung in der quantitativen Bestimmung geführt und ihren relativen Anteil erhöht haben. Neben den Gibbsiten, die sehr gut kristallisiert sind, entstehen Kaolinite, deren breite XRD-Basisreflexe einen geringen Kristallisationsgrad anzeigen. Aufgrund der gemessenen Kationenaustauschkapazitäten müssen signifikante Anteile amorpher Substanzen in den Tonfraktionen der Saprolite vermutet werden.

Die zweite Zone mit spezifischen Bildungsbedingungen ist im Oberboden, d.h. in den Ah- und oberen Bt-Horizonten, angesiedelt. In dieser Profilzone finden sich sowohl in der Grobton- wie auch in der Feintonfraktion *Vermikulite* mit gibbsitischen oder brucitischen Zwischenschichten, die eine Kontraktion bei der Kaliumsättigung verhindern, aber auf Äthylen-Glykol-Behandlung auch nicht expandieren. Da sie sich aufgrund ihres Temperaturverhaltens und ihres pedogenen Ursprungs von »echten« Chloriten unterscheiden, werden sie auch als pedogene Chlorite oder *»hydroxy-interlayered vermiculites«* bezeichnet (BARNHISEL 1977; RICH 1968), als solche sind sie auch in den *Abbildungen 8 und 9* bezeichnet. Diese »hydroxy-interlayered vermiculites« stellen für Ultisole[13] typische Mineralbildungen dar, weil im Oberboden durch periodisches Austrocknen eine Kristallisation von Verwitterungsgels in den Zwischenschichten der 2:1-Tonminerale möglich ist (RICH & OBENSHAIN 1955; KREBS & TEDROW

13 Die Probleme bei der Klassifikation des Karpurpallam und des Vandiperiyar sind an anderer Stelle diskutiert worden (s. Kap. 4.1.3.).

1958; Diskuss. bes. BAKKER 1960). RICE et al. (1985a; 1985b) konnten für Ultisole im Piedmontgebiet der USA eine ähnliche Zunahme der »hydroxy-interlayered vermiculites« zum Oberboden hin feststellen. Ihre Herkunft als Glimmerabkömmlinge scheint sich durch eine Zunahme der K-Gehalte der Tonfraktionen im Oberboden zu bestätigen.

Als dritte Profilzone mit spezifischen Bildungsbedingungen ist der Unterboden auszumachen. Aufgrund ganzjähriger Feuchtigkeit liegt hier das *pedogene* Verwitterungsmaximum. In dieser Zone entstehen überwiegend nur *Kaolinite*, doch auch ein Teil der Gibbsite dürfte pedogenen Ursprungs sein. 2:1-Tonminerale kommen nur noch in Spuren vor. In dieser Profilzone befindet sich auch das Minimum an verwitterbaren Primärmineralen wie z.B. Mikroklinen, die noch in diesen stark verwitterten Böden vorhanden sind.

Die übrigen untersuchten Böden heben sich in ihren Eigenschaften deutlich von den beiden Böden aus den West Ghats ab, wobei der Palghat eine Zwischenstellung einnimmt. Seine kaolinitische Tonmineralogie mit zunehmenden Anteilen an 2:1-Tonmineralen im oberen Teil des Profils steht im Einklang mit den klimatischen Rahmenbedingungen und macht den Palghat zu einem Klimaxboden unter wechselfeuchten Bedingungen mit >2000 mm Niederschlag und mindestens sechs humiden Monaten. Unterhalb dieser hygrischen Schwelle zeigen sich zunehmende Divergenzen zwischen Tonmineralbestand, pedochemischen Bedingungen und rezenter Verwitterung in den Böden. Die Kaolinite in diesen Böden müssen als *reliktische* Bildungen angesprochen werden, weil der Vergleich mit den holozänen Böden zeigt, daß unter vergleichbaren klimatischen Randbedingungen keine rezente Kaolinitbildung möglich ist. Es besteht dagegen die Tendenz zur Bildung von 2:1-Tonmineralen. Die in fast allen Böden unterhalb der genannten hygrischen Schwelle auftretenden Illite, Illit-Smektit-Wechsellagerungsminerale und Smektite dokumentieren nicht eine Verwitterungsreihe, an deren Ende die Kaolinite stehen, sondern Rückzugsstadien der pedogenen Verwitterung, die heute fast nur noch zur Bildung von Illiten führt. Denn unter den besonderen Bedingungen in den Böden aus Patancheru, Irugur und Palathurai, angezeigt durch absolute Basensättigung und sogar Karbonatmetabolik, müssen selbst die Smektite und Wechsellagerungsminerale als reliktische Rückzugsstufen der Verwitterung interpretiert werden. Das völlige Fehlen von Kaoliniten im Palathurai unterstreicht dessen relativ geringes Alter. Die stärker verwitterte Bodengeneration, die es auf der Rumpffläche mit Sicherheit gegeben haben muß, ist nach Beginn der klimatischen Austrocknung abgetragen worden.

Die Herkunft der Tonminerale aus einer einfachen Bilanzierung des Primärmineralbestandes im Profil zu bestimmen, verbietet der offene und polygenetische Charakter dieser Bodensysteme. Auch wenn unter den heutigen Bedingungen selbst im Saprolit eine subterrane Materialabfuhr kaum vorstellbar ist, so war dies in der Vergangenheit unter feuchteren Bedingungen, die zur Bildung der Kaolinite geführt haben, sicherlich der Fall. Doch bestimmte Tendenzen sind ableitbar. So sind die *Feldspäte* (besonders die Plagioklase) Hauptquelle für die Gibbsite, soweit vorhanden, und eine Quelle der Kaolinite. Ein weiterer Ursprung der Kaolinite stellt selbstverständlich die Verwitterung der Biotite z.B. im Karpurpallam und Vandiperiyar dar. Beide Quellen sind im Dünnschliff nachvollziehbar. Daß eine Verwitterung der Feldspäte auch zu Smektiten erfolgt, ist anzunehmen. Während dieser Vorgang in der Literatur theoretisch begründet und empirisch belegt worden ist (vgl. BORCHARDT 1977), ist dies aber im konkreten Fall nicht möglich, da in allen untersuchten Böden Biotite in ausreichender Menge als alternativer Ursprung in Frage kommen. Die gleichzeitige Präsenz von Illit-Smektit-Wechsellagerungsmineralen läßt die Herkunft aus der Glimmerverwitterung wahrscheinlicher erscheinen. Die Umwandlung von Glimmern zu Illiten, Vermikuliten und Smektiten ist von FANNING und KERAMIDAS (1977) eingehend diskutiert worden, doch auch die Neosynthese der genannten Minerale ist möglich, aber empirisch noch nicht eingehend belegt. Gleiches gilt für die Genese von Wechsellagerungsmineralen mit regelmäßiger Abfolge von Illit und Smektit, deren Entstehung sowohl von den Illiten wie auch von den Smektiten ausgehen kann (SAWHNEY 1977). Nimmt man für die Entstehung der 2:1-Tonminerale in den Böden die Glimmerminerale als Ursprung an, so müssen in der Phase sukzessiver Austrocknung ausreichend frische Glimmer zur Verfügung gestanden haben, die aber heute weitgehend aufgebraucht sind. Deshalb ist zu prüfen, ob nicht die Re-Illitisierung von Smektiten über ein Durchgangsstadium der Wechsellagerungsminerale eine denkbare Alternative darstellt, die es in Zukunft empirisch zu belegen gilt. Der Einsatz von SEM und Mikrosonde könnte zu neuen Ergebnissen führen.

BLUME et al.(1985) haben eine qualitative Darstellung rezenter bodenbildender Prozesse in den niederen Breiten in Abhängigkeit von Niederschlagsregimen versucht. Demnach müßte in den Böden aus dem heute semiariden Klimabereich rezent eine Verlehmung durch *Tonumbildung* ablaufen mit einem Maximum in den Fraktionen des Grobtons und des Feinschluffes. In den untersuchten Böden aber zeigt sich eine bemerkenswerte Dominanz der Fraktion $<0.2\mu m$ (Ausnahme Channasandra), die eigentlich für eine Tonneubildung in humiden bis wechselfeucht-humiden Niederschlagsregimen typisch ist (BLUME et al.1985: Abb.1). Danach wäre fast die gesamte Tonbildung in den untersuchten Böden des semiariden Klimaspektrums als *reliktisches* Phänomen anzusprechen.

Einen atmosphärischen Eintrag für die Präsenz der 2:1-Tonminerale neben den Kaoliniten in den Pedons aus dem semiariden Klimabereich verantwortlich zu machen, entbehrt aufgrund der Ergebnisse aus dem Green-Kelley-Test jeder Grundlage. In allen Profilen, in denen Smektite auftreten, wurden jeweils die Smektite des Oberbodens und des Saprolits miteinander verglichen. In fast allen Fällen gehören *alle* Smektite zu den stärker tetraedisch geladenen Endgliedern wie Beidellit oder Nontronit. Nur in den Patancheru-Profilen sind die saprolitischen Smektite der Beidellit/Nontronit-Gruppe zugehörig, während die Smektite im Oberboden montmorillonitischen Charakters sind und vermutlich durch äolischen Eintrag aus den benachbarten Vertisolen der »Kasireddipalli-Series«

stammen.

Die Existenz der von MURALI et. al. (1974;1978) und RENGASAMY et al. (1978) endeckten amorphen Substanzen (vgl. Kapitel 1.2.3.1.) konnte nicht bestätigt werden. Mit Ausnahme der Saprolite des Karpurpallam und des Vandiperiyar, wo sie durch intensive Tiefenverwitterung entstehen, ist ihre Existenz unter den semiariden Klimabedingungen und angesichts der pedochemischen Parameter auch nicht wahrscheinlich.

5.4. Die Eisenmineralogie und -dynamik

Gemeinsames Kennzeichen der untersuchten Böden ist ihre rote Färbung, die mindestens 5YR auf der MUNSELL-Farbskala erreicht. Die Quelle der so offensichtlich pigmentierenden Eisenoxide sind eisenhaltige Primärminerale wie Magnetite, Almandine, Hypersthene, Hornblenden und Biotite, die in wechselnden Anteilen im Charnockit und im »Peninsular Gneiss« vorkommen und schon während der Tiefenverwitterung zum Teil zu sekundären Eisenoxiden umgewandelt werden.

In den Magnetiten, die im Vandiperiyar, Karpurpallam und Palghat in signifikanten Mengen vorkommen, ist ein großer Teil des Eisens durch Aluminium substituiert. Diese Emery[14] werden schon ansatzweise im Saprolit zu Hämatit umgewandelt, was röntgenographisch an assoziierten Verwitterungskrusten nachgewiesen werden konnte. Das von SCHWERTMANN (1984) in Böden Südindiens gefundene Maghemit konnte in keinem Pedon als sekundäres Verwitterungsprodukt des Emery beobachtet werden.

Bei der Diskussion der sehr komplexen Eisenmineralogie und -dynamik soll von bestimmten Grundsätzen ausgegangen werden, die sich in der Bodenkunde bewährt haben. So sagt das Fe_d/Fe_t-Verhältnis etwas über den Umfang der Umwandlung von Eisen aus primären Silikaten zu dreiwertigem, sekundären Eisen und damit über die verbliebene Eisenreserve im Boden aus. Diese Daten lassen dann Schlüsse auf das relative Alter von Böden bei vergleichbaren Rahmenbedingungen zu (BLUME & SCHWERTMANN 1969; BRONGER 1974, et al.1984; ARDUINO et al.1986). Das Fe_o/Fe_d-Verhältnis gibt Auskunft über die rezente Dynamik des Eisens im Boden.

Die Umwandlungsprozesse von primären eisenhaltigen Silikaten zu sekundären Eisenoxiden-hydroxiden sind sehr stark abhängig vom Bodenwasserhaushalt und der pedochemischen Umwelt (SCHWERTMANN 1985); von daher verbietet sich eine einfache Korrelationen zwischen der Bodenfarbe und dem Gehalt an sekundären Eisenoxiden. Gleichwohl konnten TORRENT et al. (1983)

---

14 Mineral aus Magnetit und Korund (HURLBUT & KLEIN 1977)

eine lineare Beziehung zwischen Hämatitgehalten und Bodenfarbe belegen, was von BRONGER et al. (1984) für slowakische Terrae calcis nur z.T. bestätigt werden konnte. Eine Beziehung zwischen dem Grad der Rubefizierung und dem Bodenalter ist nicht herstellbar, weil schon geringe Mengen Hämatit eine sehr stark pigmentierende Wirkung haben.

In den untersuchten Böden scheint die Eisendynamik einigen Regeln zu folgen. Ist z.B. ein Großteil des primären Eisens schon zu sekundären Eisen umgewandelt (hohes Fe_d/Fe_t-Verhältnis), dann ist in der Regel der Fe_o-Gehalt niedrig und ebenso das Fe_o/Fe_d-Verhältnis. Umgekehrt gilt, daß, wenn die Eisenreserve noch relativ hoch ist (niedrigeres Fe_d/Fe_t-Verhältnis), die Fe_o-Gehalte und die Fe_o/Fe_d-Verhältnisse höher sind (*vgl. Tab.35*). Dabei scheint die Höhe des Niederschlags kaum einen Einfluß auf die rezente Eisendynamik zu haben. Auf der Basis des Fe_d/Fe_t-Verhältnisses ist eine Hierarchisierung der Böden aus dem semiariden Spektrum (ohne Referenzprofile) nach dem relativen Alter möglich, doch ist eine vorsichtige Interpretation geboten, da die jeweiligen Ausgangsmaterialien sehr unterschiedlich im Gehalt an primär eisenhaltigen Mineralen sind. Deshalb ist eine Absicherung dieser Hierarchie auf der Basis der qualitativen Eisenmineralogie notwendig.

Die Bildung von Goethit und Hämatit kann u.a. durch ein kinetisches Modell erklärt werden (SCHWERTMANN 1985), bei dem Goethit spontan aus der Bodenlösung auskristallisiert, wenn das Löslichkeitsprodukt von Goethit überschritten wird, nicht aber das Löslichkeitsprodukt von Ferrihydrit. Aber auch auf dem Umweg der Lösung von Ferrihydrit kann Goethit im Boden entstehen. Kommt es dagegen zu einer Dehydrierung von Ferrihydrit, dann ist die Bildung von Hämatit wahrscheinlicher. Die Bildung von Hämatit ist nur über die Stufe des Ferrihydrit möglich. Die unterschiedlichen Löslichkeitsprodukte von Goethit und Hämatit erlauben nur die Umwandlung von Hämatit zu Goethit unter feuchteren Bedingungen (SCHWERTMANN 1971), nicht aber die Umwandlung von Goethit zu Hämatit durch einfache Dehydrierung. So konnte ROHDENBURG (1982) eine »Vergelbung« von Böden in NO-Brasilien beobachten, in denen die Staunässe wegen Geringmächtigkeit des Saprolits zugenommen hatte.

Dem entgegengestellt ist ein thermodynamisch orientiertes Modell (TARDY & NAHON 1985; TROLARD & TARDY 1987) mit stärkerer Berücksichtigung des chemischen Potentials des Wassers. Danach wird bei geringer Wasseraktivität immer Hämatit gebildet bzw. bei hoher Wasseraktivität nur Goethit. Unter abnehmender Wasseraktivität kann es zur Umwandlung von Goethit zu Hämatit kommen; ansteigende Temperaturen haben bis zu einem gewissen Grad den gleichen Effekt.

Tab. 35: Eisenmineralogie und -dynamik der oberen B-Horizonte

Boden	Fe_o %	Fe_d %	Fe_t %	Fe_o/Fe_d	Fe_d/Fe_t	Häm./Goeth.	MUNSELL-values (dry)
Karpurpallam	.30	4.13	7.83	.07	.53	.45	5 YR 4/8
Vandiperiyar	.31	7.60	8.77	.04	.87	.76-.41	2.5 YR 4/6
Palghat	.39	3.91	10.60	.10	.37	1.27-.61	2.5 YR 3/6
Anaikatti	.15	2.14	4.33	.07	.49	1.18-.88	2.5 YR 4/6
Channasandra	.13	2.17	3.24	.06	.67	.61-.10	5 YR 4/6
Patancheru I	.04	2.45	4.10	.02	.60	.37-.35	2.5 YR 3/4
Patancheru II	.03	2.44	3.75	.01	.65	.70	2.5 YR 4/6
Irugur	.20	3.15	5.82	.06	.54	4.91	2.5 YR 3/4
Palathurai	.24	1.83	4.67	.13	.39	3.81	2.5 YR 3/2
Arjun Kh./Nep.	.19	1.91	3.78	.10	.51	---	5 YR 5/6

Die beiden in der Frage der Transformation von Goethit zu Hämatit gegensätzlichen Modelle lassen nun verschiedene Interpretationen der Eisenmineralogie bezüglich des Alters von Böden zu. Die meisten der untersuchten Böden unter semiaridem Klima (Palghat, Irugur und Palathurai) zeigen eine Hämatitdominanz oder wie im Falle des Anaikatti ein hohes Hämatit/Goethit-Verhältnis. Demgegenüber haben der Karpurpallam, Vandiperiyar, Patancheru I und II sowie der Channasandra einen weitaus geringeren Hämatitgehalt. Falls die Dehydrierung von Goethiten zur Bildung von Hämatiten führt, so müßten alle Böden, die von der klimatischen Austrocknung betroffen sind, hohe Hämatit/Goethit -Verhältnisse aufweisen. Sollte sich Hämatit aber nicht durch einfache Dehydrierung aus Goethit bilden, sondern vom Ferrihydrit als Vorstufe abhängen, so wird nur in jungen Böden mit ausreichender Eisenreserve eine Hämatitbildung möglich sein. Dies scheint in den südindischen Böden der Fall zu sein, denn die Goethitdominanz in einigen Profilen läßt sich nicht aus dem rezenten Niederschlagsregime, den pH-Werten oder den C_{org}-Gehalten erklären. Sie ist wahrscheinlich reliktisches Merkmal ehemals feuchterer Bildungsbedingungen. Demnach sind der Channasandra, der Patancheru I und Patancheru II älter als die übrigen Böden, die im wesentlichen erst während der klimatischen Austrocknung entstanden sind.

5.5. Der Prozeß der Tonverlagerung

Die untersuchten Böden sind taxonomisch von indischer Seite überwiegend als »Rhodustalf« nach der »Soil Taxonomy« (MURTHY et al.1982) oder als »Chromic Luvisols« nach der FAO-Systematik (FAO 1974) klassifiziert worden. Ausschlaggebend dafür ist die Existenz eines Tonanreicherungshorizontes, der durch Verlagerung von silikatischen Tonmineralen entstanden sein muß (SOIL SURVEY STAFF 1975). Dabei gilt als quantitatives Kriterium eine Tonzunahme von $\geq$20% gegenüber dem darüberliegenden Eluvialhorizont, sofern der Tongehalt im Bereich von 15-40% liegt. Zusätzliche Nachweiskriterien sind sichtbare Toncutane im Profil und/oder mindestens 1% Toncutane (»illuviation argillans«) im Dünnschliff. Der genetische Anspruch an den »argillic horizon« und dessen Schlüsselstellung in der »Soil Taxonomy« bedürfen der zweifelsfreien Unterscheidung von einer lithologischen Diskontinuität. Diese Unterscheidung ist durch den Nachweis von »illuviation argillans« anhand der Mikromorphologie möglich (BRONGER 1976; BULLOCK & THOMSON 1985). Ein Problem stellt nach wie vor die *quantitative* Bestimmung von mikrolaminiertem Feintonplasma dar, denn einfache Schätzungen können bei sehr geringen Mengen sehr subjektiv sein (MCKEAGUE et al.1980).

In den Böden der untersuchten Klimasequenz ist eine ausreichende Tonzunahme vom A- zum Bt-Horizont nur in vier Profilen (Palghat, Anaikatti, Patancheru I und II) beobachtbar. Im Vandiperiyar liegt die Tonzunahme knapp unter den geforderten 8% (absolut), und die übrigen Profile haben durch Acker- und Gartenbau gestörte Oberböden, die, wenn es sich um eindeutige Y-Horizonte handelt (z.B.Channasandra), nicht beprobt wurden. Schon auf makroskopischer Ebene wird deutlich, daß auch in den Pedons mit ausreichender Tonzunahme das Tonmaximum des Bt-Horizontes nicht ausschließlich durch Verlagerung aus dem oft geringmächtigen A-Horizont erklärt werden kann. Allerdings ist vorstellbar, daß der Eluvialhorizont durch Abtragung , wie sie für Rumpfflächenlandschaften typisch ist, in seiner Mächtigkeit vermindert worden ist.

Im Vandiperiyar konnte mikromorphologisch nur eine sehr geringe Tonverlagerung (»illuviation argillans« weit weniger als 1%) und im Karpurpallam überhaupt keine Tonverlagerung nachgewiesen werden, was zu den bereits erwähnten Problemen bei der Klassifikation der Böden nach der »Soil Taxonomy« führt. Die pedogene Tonbildungsrate (=Tongehalt des Bt-Horizontes minus Tongehalt des Saprolits) hingegen beträgt zwischen 40% und 50%. In den Böden aus dem mehr semiariden Klimabereich beträgt die Tonbildung häufig bis 40% und mehr, doch nur im Palghat, Anaikatti und Channasandra sind eindeutige »illuviation argillans« im Bt-Horizont und auch im Übergang zum C-Horizont identifizierbar. Im Palghat sind es sehr zahlreiche (>20%), sehr gut ausgebildete, mikrolaminierte »argillans«, die stark rubefiziert sind. Im Channasandra und Anaikatti sind es deutlich weniger »argillans«, die bei guter Doppelbrechung weit weniger rubefiziert sind. Besonders im Anaikatti und im Patancheru I stehen die mikromorphologischen Befunde im Widerspruch zu der dramatischen Tonzunahme vom Ah- zum Bt-Horizont. Im Patancheru II finden sich nur im Saprolit einige, schwach doppelbrechende »argillans« in kleinen Poren. Die übrigen Böden zeigen kein Feintonplasma, das auf eine Tonverlagerung hindeutet, sondern nur dünne Toncutane um diskrete Minerale, die bei schwacher Doppelbrechung häufig auch noch durchbrochen sind. Handelt es sich in diesen Böden um das

Phänomen des »argillic horizon without clay skins«, wie es NETTLETON et al. (1969) formuliert haben? Sie konnten nachweisen, daß stark quellfähige Tonminerale durch Schrumpfen und Quellen Toncutane zerstören und schwach orientierte Hüllen um diskrete Minerale ausbilden können. Dies mag eine Erklärung für die Böden aus dem semiariden Klimaspektrum sein, die Smektite und Wechsellagerungsminerale enthalten. Eine rezente Tonverlagerung dürfte aufgrund der hohen pH-Werte im Irugur und Palathurai auszuschließen sein. Doch auch in den Böden aus dem feuchten Spektrum der Klimasequenz können eventuelle Spuren einer Tonverlagerung durch zunehmende Verwitterung getilgt sein. NETTLETON et al. (1987) führen in einer Studie über Tonverlagerung in Böden mit schwach dispergierenden Tonmineralen (»poorly dispersible clay«) neun (!) Gründe an, warum Tonverlagerung in diesen Böden nicht möglich (z.B. Boden-pH liegt zu dicht am ZPC; Dominanz amorpher Kolloide; Tonteilchen sind zementiert) oder nicht nachweisbar ist (verlagerter Ton wird erst im Saprolit ausgeflockt; Cutane durch biologische Aktivität zerstört). Aufgrund empirischer Ergebnisse stellten sie fest, daß Al- und Fe-Oxide-Hydroxide die Toncutane maskieren können und damit unauffindbar machen. Im Vandiperiyar, in dem einzelne Toncutane erkennbar sind, ist eine Maskierung durch den hohen Eisengehalt vorstellbar, doch im Karpurpallam fehlt jede Evidenz für eine Tonverlagerung. Zudem widerspricht dort das Feinton/ Grobton-Verhältnis einer möglichen Tonverlagerung.

Die vollkommene mechanische Zerstörung ehemals vorhandener »argillans« ist zudem zweifelhaft, weil selbst in transportierten Böden Amazoniens und Zentralafrikas noch Reste von »argillans« gefunden wurden (ESWARAN 1979b). Die Persistenz von Toncutanen auch bei sich verändernden Umweltbedingungen konnte SMOLIKOVA (1967) belegen. ZACHARIAE (1964) fand Reste von »argillans« sogar in den Ausscheidungen von Regenwürmern, BRONGER (1969/70) solche in Fließerden.

Die Schwierigkeiten, den Prozeß der Tonverlagerung in den untersuchten Böden nachzuweisen, läßt auf ein sehr enges Bildungsspektrum schließen. Ein adäquater pH-Wert (6.5-4.8), ausreichend leicht dispergierbare 2:1-Tonminerale und wechselfeuchte Bedingungen lassen eine rezente Tonverlagerung nur im Palghat vermuten, die den Klimaxcharakter des Bodens unterstreicht.

Die Verarmung einiger Oberböden an Feinmaterial, die auch im Dünnschliff sehr anschaulich nachzuvollziehen ist, muß nicht notwendigerweise durch vertikale Tonverlagerung im Profil entstehen. BREMER (1973) und BÜDEL (1965; 1986) verweisen auf den Prozeß der Tonverarmung durch oberflächlichen Abfluß. Während der Regenzeit kommt es zur mechanischen Zerstörung von Aggregaten durch die Regentropfen, zur Aufschlemmung des Tons und zu dessen lateralem Abtransport.

Aufgrund einer Untersuchung von Alfisolen im »ustic/thermic regime« in Australien favorisieren WALKER & CHITTLEBOROUGH (1986) ein Modell, bei dem durch die zunehmende Stauwirkung (»water logging«) des Bt-Horizontes sich die Wasserauffüllung und Austrocknung im Eluvialhorizont akzentuieren, so daß Verwitterung und Tonzerstörung dort stark zunehmen. Die Autoren gehen jedoch nicht näher auf die Art der Verwitterung, die an das Ferrolyse-Modell von BRINKMAN (1970, 1979) erinnnert, ein. Durch die eigenen (ton)mineralogischen Daten wird die o.g. Hypothese aber nicht bestätigt, denn in den A-(E)-Horizonten ist die Verwitterungsintensität in der Regel geringer als in den Bt-Horizonten. Die geringfügig höheren Gehalte an verwitterbaren Primärmineralen und z.B. Illiten sind, wie die mikromorphologischen Untersuchungen bestätigen, nur z.T. allochthonen Charakters. FRIED (1983) dagegen konnte für Rotlehme in Kamerun signifikante äolische Komponenten in den Oberböden nachweisen. Auch in den Patancheru-Profilen sind Montmorrillonite aus benachbarten Vertisolen in die Oberböden eingetragen, doch mikromorphologisch zeigen die Oberböden ein Brückengefüge und eine gefurische Grundmasse. Beides deutet eher auf eine residuale Anreicherung oder Verarmung an Feinmaterial hin.

Ob Tonverlagerung (mit und ohne »clay skins«) oder nur Tonbildung das Tonmaximum zu verantworten hat, ist aber entscheidend für die Klassifikation der Böden nach der »Soil Taxonomy« (SOIL SURVEY STAFF 1975). Wenn ein Boden wie der Patancheru I einen pedogen gebildeten Tonanteil von fast 30% hat, aber aufgrund fehlender »illuviation argillans« in die Order der Inceptisole fällt, dann wäre eine Revision des Konzeptes der Alfisole, das die Tonbildung und nicht die Tonverlagerung als Kriterium beinhaltet, überlegenswert. Ein Anstieg des Tongehaltes vom C- zum B-Horizont von etwa 10% wäre ein Vorschlag für ein solches Kriterium (vgl. BRONGER & BRUHN 1988). Gerade in Böden des semiariden Klimas liegt das Verwitterungsmaximum im Unterboden, so daß Bt-Horizonte dort auch durch Tonbildung entstehen können (vgl. u.a. BOURNE & WHITESIDE 1962).

5.6. Die Genese der Bodendecke im Untersuchungsraum

Die Böden aus saprolitisch zersetzten granitischen Gneisen in Südindien bilden ein komplexes Mosaik aus monogenetischen Klimaxböden und polygenetischen Reliktböden. Für den Untersuchungsraum gilt eine hygrische Schwelle von ca.2000 mm Niederschlag und mindestens sechs humiden Monaten, oberhalb derer die rezenten, im wesentlichen durch das Niederschlagsregime bewirkten bodenbildenden Prozesse im Gleichgewicht mit den Eigenschaften der Böden stehen. Diese hygrischen Verhältnisse gelten für die Luvseite der West Ghats sowie für den westlichen Teil der Rumpffläche von Palghat (»Palghat Gap«). In dem durch die Saisonalität des Niederschlags vorherrschenden »dry tropudic« und »udic tropustic soil moisture regime« (SOIL SURVEY STAFF 1975; 1987; VAN WAMBEKE 1985) schreitet die Tiefenverwitterung der eigentlichen Bodenbildung voran, die zur Ausbildung tiefgründig verwitterter Böden führt. Im Westanstieg der West Ghats erfolgt die Bodenbildung in einem »udic soil moisture regime« in Abhängigkeit vom Gehalt ferromagnesischer Minerale des Ausgangsgesteins. Auf Charnockiten mit hohen Almandin- und Hypersthenanteilen entstehen tiefgründige kaolinitische Ultisole, deren Tonanreicherungshorizont nur schwach ausgeprägt ist und die nur geringe Spuren rezenter Tonverlagerung zeigen. Auf Charnockiten mit geringeren Anteilen an ferromagnesischen Mineralen entstehen trotz z.T. höherer Quarzgehalte Oxisole mit hohen Gibbsitanteilen an der überwiegend kaolinitischen Mineralogie. Unter den etwas trockneren Verhältnissen im Bereich der »Palghat-Gap« bilden sich auf grano-dioritischem Gestein tiefgründige »Typic Rhodustalfs« (SOIL SURVEY STAFF 1975; 1987) mit kaolinitischer Tonmineralogie und ausgeprägtem Tonanreicherungshorizont.

Die Böden aus dem semi-ariden Klimaspektrum sind sämtlich Paläoböden (BRONGER & CATT 1989), die unter einem viel feuchteren Klima als heute entstanden sind. Auf dem Mysore-Plateau am Fuße der Nilgiris unter ca. 1550 mm Niederschlag ist die Tiefenverwitterung schon stark verlangsamt, so daß nur noch Smektite im Saprolit entstehen. Die im Boden dominierenden Kaolinite belegen einstmals feuchtere Bildungsbedingungen und sind schon ein reliktisches Merkmal in diesen »Typic Rhodustalfs«. Heute tendiert die Mineralverwitterung im Boden eindeutig zu 2:1-Tonmineralen.

Die ausgewählten Böden vom Bangalore- und Golconda-Plateau offenbaren am deutlichsten das Ungleichgewicht zwischen Bodenmerkmalen und rezenten Umweltbedingungen. Niederschläge von 760-890 mm und ca. drei humide Monate bewirken heute nur eine schwache Bodenentwicklung und die Bildung von illitischen Tonmineralen. Reliktischer Natur sind die Kaolinitdominanz sowie die signifikanten Anteile an Smektiten und Illit-Smektit-Wechsellagerungsmineralen in den Böden, die Rückzugsstufen der klimatischen Austrocknung repräsentieren. Die Goethitdominanz sowie die Einmischung Hämatit-verfüllter Quarze (Runiquarze) und vieler pisolithischer Eisenkonkretionen sind Zeugen einer ehemals intensiveren Bodenbildung. In den »Aridic Rhodustalfs« und »Typic Rhodustalfs« des Golconda Plateaus kommt es heute zur Akkumulation von Calciumkarbonaten im Saprolit.

Die jüngsten Böden, wenngleich auch Paläoböden, sind auf dem Kongunad Upland bei Coimbatore unter einem fast »aridic soil moisture regime« zu finden. Diese flachgründigen, aber intensiv rubefizierten Böden haben einen Calciumkarbonat-Anreicherungshorizont; es dominieren 2:1-Tonminerale (Illite, Illit-Smektit-Wechsellagerungsminerale und Smektite) in den Tonfraktionen. Der Palathurai ist der jüngste Boden der Klimasequenz. Gröbere Textur, relativ frischer Primärmineralbestand sowie fehlende Kaolinite in den Tonfraktionen sind Beleg dafür. Doch die heutigen Verhältnisse sind wahrscheinlich selbst für die Hervorbringung smektitischer Tonminerale zu trocken, wie ein Vergleich mit ebenfalls untersuchten Referenzböden aus spätquartären Sedimenten in Gujarat und Südnepal bestätigt. In diesen Referenzböden wurden nur Illite pedogen gebildet.

Unter der Annahme, daß die Aridisierung des Klimas für das in Lee der West Ghats liegende, südliche Deccan gleichmäßig erfolgte, ergibt sich folgende wahrscheinliche Alterssequenz der Böden:

Palathurai	zunehmendes
Anaikatti	
Irugur	Alter
Patancheru I	
Patancheru II	der Paläoböden
Channasandra	

Die Ergebnisse der Untersuchungen belegen die Hypothese, daß die meisten tropischen Alfisole Südindiens *Paläoböden* sind, die unter einem früheren, weitaus feuchteren Klima gebildet wurden. Zu ähnlichen Ergebnissen kommt SEMMEL (1985) sogar für feuchttropische Gebiete Afrikas, wo auf präkambrischen basischen Kristallingestein sowie in jungen allochthonen Decklehmen *rezent* nur braunerdeähnliche Böden entstehen.

Durch unterschiedlich starke Abtragungsprozesse in der Vergangenheit, die zu einer Verjüngung der Bodendecke führten, sind die Böden sogar kleinräumig sehr verschiedenen Alters. In den Böden haben sich die Rückzugsstufen der klimatischen Austrocknung in bestimmten Eigenschaften konserviert. Sie belegen, daß die Trockenerwerdung des Klimas sukzessive erfolgt sein muß, wie es etwa der miozäne-pliozäne Aufstieg der West Ghats verursacht haben könnte. Damit würde das Alter zumindest der Alfisole in das Tertiär zurückreichen. Doch eine solche Aussage bedarf noch weiterer Überprüfung.

5.6. Die rezente Dynamik der Rumpfflächengenese in Südindien

Wie eingangs dargelegt, geht BÜDEL (1965; 1986) in seinem Modell der Rumpfflächengenese am Beispiel Südindiens vom *rezenten* Charakter der Prozesse der Profundation und Nivellation aus. Dabei erfolgt die Profundation durch das Zusammenspiel von Tiefenverwitterung an der Verwitterungsbasisfläche und gleichzeitiger Abspülung von Feinmaterial an der Oberfläche (»Mechanismus der doppelten Einebnung«). Seit dem Miozän sollen diese Prozesse der doppelten Einebnung trotz der klimatischen Austrocknung fortgewirkt haben. Die Böden bilden dabei nur ein Durchgangsstadium; auch bei größerer Mächtigkeit können sie kein Reifeprofil ausbilden, weil permanente Abtragung und die in tropischen Böden besonders intensive Bioturbation jede Horizontierung verhindern. Allenfalls auf fossilen Altflächen finden sich nach BÜDEL (1965:16) polygenetische Böden mit Mächtigkeiten von 10-30 m, die eine Profildifferenzierung einschließlich lateritisierter Horizonte demonstrieren. Für eine rezente Flächenbildung sind dagegen monogenetische Böden von 4-10 m Mächtigkeit typisch, die mit zunehmender Tiefe gelber erscheinen und aus einem die Abtragung besonders fördernden Kaolin-Feinsandgemisch bestehen. Diese Böden konservieren während der bis zu zehnmonatigen Trockenzeit die Feuchte, so daß die chemische Verwitterung an der Verwitterungsbasisfläche nicht abreißt.

Die in dieser Studie untersuchten Böden entsprechen trotz ihrer flächenmäßigen Verbreitung in Südindien in keinem Punkt den von Büdel beschriebenen Charakteristika der Böden auf den aktiven Rumpfflächen (BÜDEL 1986:16): Ihre Mächtigkeit erreicht selten einmal zwei Meter; in der Regel beträgt sie ein bis zwei Meter. Ebenfalls ist ein Kaolin-Feinsandgemisch in dieser Kombination nicht typisch für die untersuchten Böden, wenn auch in einigen Bodenhorizonten ein hoher Feinsandanteil bei überwiegend kaolinitischer Mineralogie vorkommt (*vgl. Tab. 9, 18, 24, 30*). Eine selektive Verarmung der Oberböden an Ton und Feinsand durch Abspülung (BÜDEL 1965:18; BREMER 1979:34) kann nicht bestätigt werden. Die Verarmung betrifft vorwiegend die Tonfraktion und ist wahrscheinlich durch vertikale Toneluvation bedingt, die nicht unbedingt rezenten Charakters sein muß. Obwohl die analysierten Böden von oberflächlicher Abtragung mehr oder weniger betroffen sind, können sie nicht als homogene »Durchgangsgebilde« (BÜDEL 1986:16) angesehen werden. Die Böden stellen weitaus stabilere Systeme dar, denen eine morphologische Differenzierung eigen ist. In ihnen haben sich Merkmale und Eigenschaften konserviert, wie z.B. Kaolinite in den Tonfraktionen, die unter weitaus feuchteren Bedingungen als heute entstanden sind. Eine Überprüfung an spätquartären Böden, in denen unter vergleichbaren Bedingungen nur Illite gebildet wurden, konnte dies bestätigen. Auch die sukzessive Austrocknung des Klimas hat sich in der Präsenz von Smektiten, Illit-Smektit-Wechsellagerungsmineralen und Illiten niedergeschlagen. Diese Zeugnisse eines sich verändernden Klimas stehen in deutlichem Widerspruch zu Büdels Vorstellung vom »Durchgangsgebilde Boden«, aber noch viel mehr im Gegensatz zur Annahme einer *rezenten* Flächenbildung in Südindien mit einer Profundationsrate von 1-2 cm/ka seit dem Miozän. Da eine Bestätigung von feuchteren Episoden während des Pleistozäns in Südindien noch aussteht (vgl. Kap. 2.2.2.) und signifikant feuchtere Episoden für die Gebiete in Lee der West-Ghats sehr unwahrscheinlich erscheinen, reicht die Genese der Bodendecke wahrscheinlich bis ins Miozän-Pliozän zurück, als mit dem Aufstieg der West-Ghats eine Aridisierung des Klimas einsetzte. Die Persistenz dieser Böden konterkariert den zeitlichen Rahmen, den Büdel der Rumpfflächenbildung in Südindien gegeben hat. Diese Ergebnisse stehen im Einklang mit Aussagen von SPÄTH (1983) über die Flächenbildung in Nordwest-Australien. Auch dort ist die Bodendecke reliktisch, und die Paläoböden werden zunehmend erodiert.

Auch die von Büdel postulierte Tiefenverwitterung bedarf weitaus höherer Niederschläge als von ihm angegeben. Zu einer intensiven Tiefenverwitterung, die durch Gibbsit- und/oder Kaolinitbildung sowie einer niedrigen Basensättigung von $\leq$35% gekennzeichnet ist, kommt es nur bei mehr als 2000 mm Niederschlag und mindestens sechs humiden Monaten. Doch auch dann dürfte eine Tieferlegung von Rumpfflächen von ca. 100 m in zwei bis drei Millionen Jahren, wie sie BREMER (1981:117) für Sri Lanka konstatiert, stark übertrieben sein. Denn die untersuchten Böden in der monsunalen Luv-Lage der West-Ghats bezeugen durch ihre Mineralogie und morphologische Differenzierung eine höhere Stabilität der Bodendecke auch unter humiden Bedingungen. Unterhalb der genannten hygrischen Schwelle der Tiefenverwitterung kommt es abgestuft nur noch zur Bildung von Smektiten im Saprolit, bzw. es herrschen unterhalb von 800 mm Niederschlag und drei humiden Monaten im Saprolit Akkumulationsbedingungen. Die Akkumulation von Calciumcarbonat signalisiert den vollständigen Einhalt der chemischen Verwitterung.

Die Bodendecke Südindiens ist zunehmend durch anthropogen beschleunigte Erosion bedroht. Die Rumpfflächenlandschaften Südindiens neigen deshalb zur Flächenzerstörung, denn durch das Auftauchen des Grundhöckerreliefs als Schildinselberge gewinnt die linienhafte Abtragung an Bedeutung. Die Tiefenverwitterung vermag es nicht mehr, die Erosionsverluste auch nur annähernd auszugleichen (vgl. BRONGER & BRUHN 1989). Der sukzessive Verlust der Bodendecke bedroht Indiens wichtigste Naturressource und bedeutet nicht nur eine ökologische Katastrophe, sondern vor dem Hintergrund der Bevölkerungszunahme auch eine sozio-ökonomische Katastrophe ungeahnten Ausmaßes.

Nachdem auch SEUFFERT (1989) Büdels Vorstellungen einer exzessiven tropischen Flächenspülung in Südindien in Frage gestellt und eine Tendenz zur Tiefenerosion konstatiert hat, sind sowohl die Tiefenverwitterung wie auch die Abspülung als Teilprozesse der doppelten Einebnung in diesem Raum ohne empirischen Gehalt. Büdels deduktives Konstrukt (THOMAS 1974:3) des »Mechanismus der doppelten Einebnung« beruht in Südindien auf einer Reihe von Fehlschlüssen, die z.B. bei einer eingehenden Auseinandersetzung mit den Böden und Saproliten dieser Region hätten vermieden werden können. ROHDENBURG (1988) hat auf die häufig große Diskrepanz zwischen nur reliefanalytisch begründeten Konzeptionen mancher Geomorphologen und substratanalytisch begründeten Konzeptionen von Bodenkundlern hingewiesen und eine Konzeption als fruchtbar empfohlen, die Reliefanalyse, Substratanalyse und Prozeßanalyse integriert. Leider ist die Einbeziehung einer Prozeßanalyse aufgrund der oftmals geringen Geschwindigkeit landschaftsformender Prozesse methodisch sehr schwer zu realisieren. Auch in der vorliegenden Untersuchung mußten Verwitterungsprozesse und andere bodenbildende Prozesse durch die Analyse und Bewertung von Eigenschaften der Saprolite und Böden nachvollzogen werden. Dabei sind Ungenauigkeiten, ja Fehlschlüsse durchaus möglich. Deshalb wäre für die Zukunft ein prozeßorientiertes Forschungsvorhaben im südindischen Raum wünschenswert, das quantitative Daten über rezent ablaufende Teilprozesse der Landschaftsgenese liefert. Der notwendigerweise hohe Aufwand zur Messung aktueller Stofflüsse wäre angesichts der schon von BÜDEL (1965:12) gerühmten guten Infrastruktur, die auch die wissenschaftliche

Infrastruktur einschließt, leichter zu realisieren als in anderen semiariden Räumen z.B. Afrikas oder Südamerikas.

6. Literaturverzeichnis

AG BODENKUNDE 1982. Bodenkundliche Kartieranleitung (3. Aufl.). Hannover. (331 S., 19 Abb.,98 Tab., 1 Beil.)

AHNERT, F. 1983. Einige Beobachtungen über Steinlagen (stone- lines) im südlichen Hochland von Kenia. Z. Geomorph. N.F. Suppl. Bd. 48, 65-77.

ALLEN, B. L. & FANNING, D. S. 1983. Composition and Soil Genesis. In: Wilding, L. P., Smeck, N. E. & Hall, G. F. (Ed.): Pedogenesis and Soil Taxonomy (Part I: Concepts and Interactions), Amsterdam, Oxford; New York: Elsevier, 141-192.

AMARASIRIWARDENA, D. D., BOWEN, L. H. & WEED, S. B. 1988. Characterization and Quantification of Aluminum-Substituted Hematite-Goethite Mixtures by X-ray Diffraction, and Infrared and Mössbauer Spectroscopy. Soil Sci.Soc.Am.J. 52, 1179-1186.

ARDUINO, E., BARBERIS, E., AJMONE MARSAN, F., ZANINI, E. & FRANCHINI, M. 1986. Iron Oxides and Clay Minerals Within Profiles as Indicators of Soil Age in Northern Italy. Geoderma, 37, 45-55.

BACKER, S. 1989. Zur Genese holozäner und jungpleistozäner Böden auf quartären Lockersedimenten in Gujarat und Süd-Nepal (Ein Beitrag zur Verwitterungsintensität in den semiariden Tropen). Kiel. (unveröffentlichte Diplomarbeit)

BAKKER, J. P. 1960. Some observations in connection with recent Dutch investigations about granite weathering and slope development in different climates and climate changes. Z.Geomorph. N.F. Suppl.Bd. 1, 69-92. (Berlin, Stuttgart)

BARDE, N. K. & GOWAIKAR, A. S. 1965. Studies on Soils of semi- arid Region of north Gujarat. J.Indian Soc.Soil Sc. 13, 43-52.

BARNHISEL, R. I. 1977. Chlorites and Hydroxy Interlayered Vermiculite and Smectite. In: Dixon, J. B. & Weed, S. B. (Ed.): Minerals in Soil Environments, Madison, Wisc.:Soil Science Society of America, 331-356.

BECKINSALE, R. D., DRURY, S. A. & HOLT, R. W. 1980. 3,360-Myr old gneisses from the South Indian Craton. Nature, 283, 469-470.

BEINROTH, F. H. & PANICHAPONG, S. 1978. Second International Soil Classification Workshop (Part II: Thailand). Bangkok/ Thailand: Soil Survey Division: Land Development Department.

BENNEMA, J. 1967. The Red and Yellow Soils of the Tropical and Subtropical Uplands. In: Drew, J. V. (Ed.): Selected Papers in Soil Formation and Classification, Madison, Wisc.:Soil Sc.Soc.of America, 72-82. (SSSA Special Publication Series No. 1)

BIRKELAND, P. W. 1974. Pedology, Weathering, and Geomorphological Research. New York,London,Toronto:Oxford University Press.

BISDOM, E. B. A., STOOPS, G., DELVIGNE, J., CURMI, P. & ALTEMÜLLER, H. J. 1982. Micromorphology of Weathering Biotite and its Secondary Products. Pedologie, XXXII, 225-252.

BISWAS, C. R., KARALE, R. L. & DAS, S. C. 1978. Clay mineralogical composition of the soils developed under different climatic regions of India. J.Indian Soc.Soil Sc. 26, 339-344.

BLUME, H.-P., BRÜMMER, G., KALK, E., LAMP, J., LICHTFUß, R., SCHIMMING, C.-G. & ZINGK, M. 1984. Bodenkundliches Laborpraktikum. Kiel:Institut für Bodenkunde und Pflanzenernährung. (Selbstverlag)

BLUME, H.-P., PETERMANN, T. & VAHRSON, W.-G. 1985. Klimabezogene Deutung rezenter und reliktischer Eigenschaften von Wüstenböden. Geomethodica, 10, 91-121.

BLUME, H.-P. & RÖPER, H.-P. 1977. Der Mineralbestand als bodengenetischer Indikator. Mitteilg.Dtsch.Bodenkundl. Ge-sellschaft, 25(Heft 2), 797-824.

BLUME, H. P. & SCHWERTMANN, U. 1969. Genetic Evaluation of Profile Distribution of Aluminum, Iron, and Manganese Oxides. Soil Sci.Soc.Am.Proc. 33, 437-444.

BOERO, V. & SCHWERTMANN, U. 1987. Occurence and Transformations of Iron and Manganese in a Colluvial Terra Rossa Toposequence of Northern Italy. Catena, 14, 519-531.

BONELL, M., COVENTRY, R. J. & HOLT, J. A. 1986. Erosion of Termite mounds under natural rainfall in semiarid tropical Northeastern Australia. Catena, 13, 11-28.

BORCHARDT, G. A. 1977. Montmorillonite and Other Smectite Minerals. In: Dixon, J. B. & Weed, S. B. (Ed.): Minerals in Soil Environment, Madison, Wisc.:Soil Sc.Soc.of America, 293- 330.

BOURNE, W. C. & WHITESIDE, E. P. 1962. A Study of the Morphology and Pedogenesis of a Medial Chernozem Developed in Loess. Soil Sc.Soc.Am.Proc. 26, 484-490.

BREMER, H. 1973. Der Formungsmechanismus im tropischen Regenwald Amazoniens. Z. Geomorph. N.F. Suppl. Bd. 17, 195-222. (Berlin, Stuttgart)

BREMER, H. 1979. Relief und Böden in den Tropen. Z.Geomorph.N.F. Suppl. Bd. 33, 25-37.

BREMER, H. 1981. Reliefformen und reliefbildende Prozesse in Sri Lanka. Relief-Boden-Paläoklima, 1, 7-184.

BREMER, H. 1986. Geomorphologie in den Tropen - Beobachtungen, Prozesse, Modelle. Geoökodynamik, 7, 89-112.

BREWER, R. 1964. Fabric and Mineral Analysis of Soils. New York:John Wiley & Sons. (470pp)

BRINKMAN, R. 1970. Ferrolysis, a Hydromorphic Soil Forming Process. Geoderma, 3, 199-207.

BRINKMAN, R. 1979. Ferrolysis, a Soil Forming Process in Hydromorphic Conditions. Centre Agric.Publ.:Wageningen/The Netherlands.

BRONGER, A. 1966. Lösse, ihre Verbraunungszonen und fossilen Böden - ein Beitrag zur Gliederung des oberen Pleistözäns von Südbaden. Schriften d. Geograph. Instituts der Universität Kiel, 25/2, 1-113.

BRONGER, A. 1969/70. Zur Mikromorphologie und zum Tonmineralbestand quartärer Lößböden in Südbaden. Geoderma, 3, 281-320.

BRONGER, A. 1974. Zur postpedogenen Veränderung bodenchemischer Kenndaten insbesondere von pedogenen Eisenoxiden in fossilen Lößböden. Transactions of the 10th Internat. Congress of Soil Science, VI, (II), 429-441. (Moskau)

BRONGER, A. 1976. Zur quartären Klima- und Landschaftsgeschichte des Karpatenbeckens auf paläopedologischer und bodengeographischer Grundlage. Kieler Geographische Schriften, 45, 1-268, (13 Abbildungen, 24 Farbbilder).

BRONGER, A. 1980. Zur neuen »Soil Taxonomy« der USA aus bodengeographischer Sicht. Peterm. Geogr. Mitt. 124, 253-263.

BRONGER, A. 1985. Bodengeographische Überlegungen zum »Mechanismus der doppelten Einebnung« in Rumpfflächengebieten Südindiens. (Berlin Stuttgart). Z.Geomorph.N.F. Suppl.- Bd.56(Berlin Stuttgart), 39-53.

BRONGER, A. & BRUHN, N. 1989. Can deep weathering balance soil erosion in the SAT of South India?. In: USDA Southern Region Conservation and Production Research Lab.: Proceedings of the »International Conference on Dryland Farming« in Amarillo/Texas 1988, College Station:Texas A & M Univ..

BRONGER, A.; BRUHN, N. 1989. Clay Illuviation Semi-Arid-Tropical (SAT) Alfisols? A First Approach to a New Concept. In: Douglas, L.A.: Proceedings of the International Working Meeting on Soil Micromorphology in San Antonio/Texas 1988 (in

preparation), Amsterdam:Elsevier
BRONGER, A. & CATT, J. A. 1989. Paleosols: Problems of Definition, Recognition and Interpretation. In: Bronger, A. & Catt, J. A. (Ed.): Paleopedology, Nature and Applications of Paleosols Cremlingen:Catena Verlag. (Catena Suppl.16)
BRONGER, A., ENSLING, J., GÜTLICH, P. & SPIERING, H. 1983. Mössbauer Studies on the Rubefication of Terrae Rossae in Slovakia. Clays and Clay Minerals, 31, 269-276.
BRONGER, A., ENSLING, J. & KALK, E. 1984. Mineralverwitterung, Tonmineralbildung und Rubefizierung in Terrae calcis der Slowakei. Ein Beitrag zum paläoklimatologischen Aussagewert von Kalkstein-Rotlehmen in Mitteleuropa. Catena, 11, 115-132.
BRONGER, A., GRAF v. REICHENBACH, H. & SCHRÖDER, D. 1966. Zum Tonmineralbestand des Lößprofils von Heitersheim, Südbaden. Z.f.Pflanzenernährung, Düngung und Bodenkunde, 113, 193-203.
BRONGER, A., KALK, E. & SCHRÖDER, D. 1976. Über Glimmer- und Feldspatverwitterung sowie Entstehung und Umwandlung von Tonmineralen in rezenten und fossilen Lößböden. Geoderma, 16, 21- 54.
BRÜCKNER, H. 1989. Küstennahe Tiefländer in Indien - ein Beitrag zur Geomorphologie der Tropen. Düsseldorfer Geographische Schriften, 28, Düsseldorf.
BRUNNER, H. 1969. Verwitterungstypen auf den Granit-Gneisen (Penninsular Gneis)des östlichen Mysore-Plateaus (Südindien). Petermanns Geogr. Mitt. 113, 241-248.
BRUNNER, H. 1970. Der indische Subkontinent - eine physisch- geographische, regionalsystematische Betrachtung. Geographische Berichte, 55, 81-117.
BRYANT, R. B., CURI, N., ROTH, C. B. & FRANZMEIER, D. P. 1983. Use of an Internal Standard with Differential X-ray Diffraction Analysis for Iron Oxides. Soil Sci.Soc.Am.J. 47, 168-173.
BÜDEL, J. 1957. Die »Doppelten Einebnungsflächen« in den feuchten Tropen. Z.Geomorph.N.F. 1, 201-228. (Berlin)
BÜDEL, J. 1965. Die Relieftypen der Flächenspülzone Süd-Indiens am Ostabfall des Dekans gegen Madras. Bonn:Colloquim Geographicum Bd. 8. (100 S.)
BÜDEL, J. 1977. Klima-Geomorphologie. Bonn- Stuttgart:Borntraeger.
BÜDEL, J. 1978. Das Inselberg-Rumpfflächenrelief der heutigen Tropen und das Schicksal seiner fossilen Altformen in anderen Klimazonen. Z.Geomorph.N.F.Suppl.Bd. 31, 79-110. (Berlin, Stuttgart)
BÜDEL, J. 1986. Tropische Relieftypen Süd-Indiens . In: Busche, D. (Hg.): Relief-Boden - Paläoklima Bd. 4, Berlin, Stuttgart, 1-84.
BULLOCK, P., FEDEROFF, N., JONGERIUS, A., STOOPS, G., TURSIMA, T. & BABEL, U. 1985. Handbook for Soil Thin Section Description. Wolverhampton:Waine Research Publications.
BULLOCK, P. & THOMPSON, M. L. 1985. Micromorphology of Alfisols. In: Douglas, L. A. & Thompson, M. L. (Ed.): Soil Micromorphology and Soil Classification (SSSA Special Publication No. 15), Madison/ Wisc., 17-47.
BUOL, S. W., HOLE, F. D. & MCCRACKEN, R. J. 1980. Soil Genesis and Classifikation. Ames:Iowa State University Press. (2nd Edition)
CAMARGO, M. N. & BEINROTH, F. H. (Ed.) 1978. Proceedings of the First International Soil Classification Workshop (Rio de Janeiro 1977). Rio de Janeiro:EMBRAPA, SNLCS. (376p)
CAROLL, D. 1959. Ion exchange in Clays and other Minerals. Bulletin of the Geol.Soc.of America, 70, 749.780.
CAROLL, D. 1970. Clay Minerals: A Guide to their X-ray Identification. Boulder, Co. (The Geological Society of America Special Paper 126)
CENTRE OF EARTH SCIENCE STUDIES 1984. Resource Atlas of Kerala. Trivandrum.

CHAPMAN, H. D. 1965. Cation Exchange Capacity. In: Black, C. A. (Ed.): Methods of Soil Analysis (Part II), Madison/ Wisc.: Agronomy 9, 891-901.

CHATTERJEE, R. K. & DALAL, R. C. 1976. Mineralogy of clay fraction of some soil profiles from Bihar and West Bengal. J.Indian Soc.Soil Sc. 24, 253-262.

CHITTLEBOROUGH, D. J. 1982. Effect of the Method of Dispersion on the Yield of Clay and Fine Clay. Australian Journal of Soil Research, 20, 339-346.

COLMAN, S. M. & DETHIER, D. P. 1986. An Overview on rates of chemical weathering. In: Colman, S. M. & Dethier, D. P. (Ed.): Rates of chemical weathering of rocks and minerals, Austin, London, Montreal, New York:Academic Press, 1-18.

DAS, D. K. & DAS, S. C. 1966. Mineralogy of Clays from some Black, Brown and Red Soils of Mysore. J.Indian Soc.Soil Sc. 14, 43-49.

DAS GUPTA, S. P. (Ed.) 1982. National Atlas of India (Vol.II). Calcutta:Govt.of India, Department of Science & Technology.

DAS GUPTA, S. P. (Ed.) 1980. Atlas of Agricultural Resources of India. Calcutta.

DATTA, B. & ADHIKARI, M. 1969. Relation of Parent Material and Environment to the Clay Minerals of some Indian Soils of Perhumid Tropical Zones. Acta Agronomica-Academiae Scientiarum Hungaricae, 18(3-4), 355-363.

DIGAR, S. & BARDE, N. K. 1982. Morphology, Genesis and Classifikation of Red and Laterite Soils. In: Review of Soil Research in India (Part II), New Delhi, 498-507.

DIXON, J. B. 1977. Kaolinite and Serpentine Group Minerals. In: Dixon, J. B. & Weed, S. B. (Ed.): Minerals in Soil Environment, Madison, Wisc.: Soil Science Society of America, 357-403.

DÜMMLER, H. & SCHROEDER, D. 1965. Zur qualitativen und quantitativen röntgenographischen Bestimmung von Dreischicht- Tonmineralen in Böden. Z.Pflanzenernaehr.Bodenkd. 109, 35-47.

DUPLESSY, J. C. 1982. Glacial to interglacial contrasts in the northern Indian Ocean. Nature, 295, 494-498.

EL-SWAIFY, S. A., PATHAK, P., REGO, T. J. & SINGH, S. 1985. Soil Management for Optimized Productivity Under Rainfed Conditions in the Semi-Arid Tropics. Advances in Soil Science, 1, 1-64.

EMBRECHTS, J. & STOOPS, G. 1982. Microscopical aspects of garnet weathering in humid tropical environment. Journal of Soil Sc. 33, 535-545.

ESWARAN, H. 1979a. Micromorphology of Oxisols. In: Beinroth, F. H. & Paramananthan, S. (Ed.): Second International Soil Classification Workshop (Part I: Malaysia), Bangkok:Soil Survey Division/Land Development Department, 61-74.

ESWARAN, H. 1979b. Micromorphology of Alfisols and Ultisols with Low Activity Clays. In: Beinroth, F. H. & Panichapong, S. (Ed.): Second International Soil Classification Workshop (Part II: Thailand), Bangkok:Soil Survey Division/ Land Development Department, 53-76.

ESWARAN, H., SYS, C. & SOUSA, E. C. 1975. Plasma Infusions -A Pedological Process of Significance in the Humid Tropics. Anales de Edafologia y Agrobiologia, 34, 665-674.

FANNING, D. S. & KERAMIDAS, V. Z. 1977. Micas. In: Dixon, J. B. & Weed, S. B. (Ed.): Minerals in Soil Environment, Madison, Wisc.: Soil Science Society of America, 195-258.

FAO (Ed.) 1974. Soil Map of the World, Vol. I (59pp), Paris:UNESCO.

FEDOROFF, N. & ESWARAN, H. 1985. Micromorphology of Ultisols. In: Douglas, L. A. & Thompson, M. L. (Ed.): Soil Micromorphology and Soil Classification, Madison,Wisc.:Soil Science Soc.of America, 145-164. (SSSA Spec.Publ.No.15)

FLOHN, H. 1985. Das Problem der Klimaänderungen in Vergangenheit und Zukunft. Darmstadt. (228 S.)

FÖLSTER, H. 1971. Ferralitische Böden aus sauren metamorphen Gesteinen in den feuchten und wechselfeuchten Tropen Afrikas. Göttinger Bodenkundliche Berichte, 20, 1-231.
FÖLSTER, H., KALK, E. & MOSHREFI, N. 1971. Complex Pedogenesis of Ferralitic Savanna Soils in South Sudan. Geoderma, 6, 135- 149.
FRÄNZLE, O. 1976. Ein morphodynamisches Grundmodell der Savannen- und Regenwaldgebiete. Z.Geomorph.N.F. Suppl. Bd. 24, 177-184.
FRIED, G. 1983. Äolische Komponenten in Rotlehmen des Adamaua- Hochlandes/Kamerun. Catena, 10, 87-97.
GARDNER, L. R. 1970. A chemical model for the origin of gibbsite from kaolinite. Am. Min. 55, 1380-1389.
GERASSIMOV, I. P. 1958. Genetic types of soils on the territory of India. J.Indian Soc.Soil Sc. 6, 193-213.
GHABRU, S. K. & GOSH, S. K. 1985. Soil mineralogy and clay mineral genesis in Alfisols from Dhauladhar Range of Middle Siwaliks. J.Indian Soc.Soil Sc, 33, 98-109.
GHOSH, S. K. & KAPOOR, B. S. 1982. Clay Minerals in Indian Soils. In: Review of Soil Research in India (Part II), New Delhi, 703-710.
GODSE, N. G. & TAMHANE, R. V. 1966. Composition and Classification of some Typical Red Soils of Western Maharashtra. J.Indian Soc.Soil Sc. 14, 119-125.
GOVINDA RAJAN, S. V. & DATTA BISWAS, N. R. 1968. Characteristics of Certain Soils in the Subtropical Humid Zone in the South Eastern Part of India-Soils of Machkund Basin. J.Indian Soc.Soil Sc. 16, 179-186.
GOVINDA RAJAN, S. V. & GOPALA RAO, H. G. 1978. Studies on Soils of India. New Delhi: Vikas Publ. House. (425p)
GREENE-KELLY, R. 1955. Dehydration of the montmorillonite minerals. Mineral.Mag. 30, 604-615.
HALL, G. F. 1983. Pedology and Geomorphology. In: Wilding, L. P., Smeck, N. E. & Hall, G. F. (Ed.): Pedogenesis and Soil Taxonomy (Part I: Concepts and Interactions), Amsterdam, Oxford; New York: Elsevier, 117-140.
HARRIS, W. G., ZELAZNY, L. W., BAKER, J. C. & MARTENS, D. C. 1985. Biotite Kaolinization in Virginia Piedmont Soils: I.Extent, Profile Trends, and Grain Morphological Effects. Soil Sci.Soc.Am.J. 49, 1290-1297.
HARRIS, W. G., ZELAZNY, L. W. & BLOSS, F. D. 1985. Biotite Kaolinization in Virginia Piedmont Soils: II. Zonation in Single Grains. Soil Sci.Soc.Am.J. 49, 1297-1302.
HSU, P. H. 1977. Aluminum Hydroxides and Oxyhydroxides. In: Dixon, J. B. & Weed, S. B. (Ed.): Minerals in Soil Environments, Madison,Wisc.:Soil Science Society of America, 99- 143.
HURLBUT, C. S. & KLEIN, C. 1977. Manual of Mineralogy (after James D. Dana). New York:John Wiley & Sons. (19th Edition)
INDIA METEOROLOGICAL DEPARTMENT 1971. Monthly and Annual Rainfall and Number of Rainy Days, Period 1901-1950 (Part Vb). Delhi:Govt.of India Press.
IRVING, E. 1977. Drift of the major continental blocks since the Devonian. Nature, 270, 304-309.
JACKSON, M. L. 1964. Chemical Composition of Soils. In: Bear, F. E. (Ed.): Chemistry of the Soil, New York-Amsterdam- London:Reinhold Publ.Comp. 71-141. (American Chemical Soc. Monograph Series)
JANARDHAN, A. S. 1986. Evolution of Archean Lithosphere: South India. In: Indian National Science Academy: The Indian Lithosphere, New Delhi:Kapoor Art Press, 40-61.
JENNY, H. 1941. Factors of soil formation. New York:McGraw- Hill. (281pp)

JENNY, H. 1961. Derivation of State Factor Equations of Soils and Ecosystems. Soil Sc.Soc.Am.Proc. 25, 385-388.
JENNY, H. 1980. The Soil Ressource. Origin and Behavior. Ecological Studies, 37, 1-377.
JONGERIUS, A. & RUTHERFORD, G. K. 1979. Glossary of Soil Micromorphology (English, French, German, Spanish, Russian). Wageningen:Centre for Agric. Publ. and Doc. (138pp)
KALE, V. S. 1983. The Indian Peninsular movements, Western Ghat formation and their geomorphic repercussions - a geographical overview (No.2). Trans. Inst. Indian Geographers, 5(No.2), 145- 155.
KARALE, R. L., TAMHANE, R. V. & DAS, S. C. 1969. Soil Genesis as Related to Parent Material and Climate. J.Indian Soc.Soil Sc. 17, 227-239.
KLOOTWIJK, C. T. & PEIRCE, J. W. 1979. India's and Australia's pole path since late Mesozoic and the India-Asia collision. Nature, 282, 605-607.
KOOISTRA, M. J. 1982. Micromorphological Analysis and Characterisation of 70 Benchmark Soils of India. - A Basic Reference Set (Part IV). Wageningen. (Netherlands Soil Survey Institute)
KRANTZ, B. A., KAMPEN, J. & RUSSELL, M. B. 1978. Soil Management Differences of Alfisols and Vertisols in the Semiarid Tropics. In: Stelly, M. (Ed.): Diversity of Soils in the Tropic, Madison, Wisc.:American Society of Agronomy, 77-95. (ASA Special Publication No. 34)
KREBS, R. D. & TEDROW, J. C. F. 1958. Genesis of red-yellow- podzolic and related soils in New Jersey. Soil Science, 85, 28- 37.
KRISHNAMOORTHY, P. & GOVINDA RAJAN, S. V. 1977. Genesis and Classification of Associated Red and Black Soils under Rajolibunda Diversion Irrigation Scheme (Andhra Pradesh). J.Indian Soc.Soil Sc. 25, 239-246.
KRISHNA MURTI, G. S. R. 1982. Amorphous Constituents of Soil Clays. In: Review of Soil Research in India (Part II), New Delhi: Indian Soc. Soil. Sc., 725-730.
KUBIENA, W. L. 1938. Micropedology. Ames/Iowa:Collegiate Press.
KUMAR, R. & SAXENA, R. K. 1985. Actual productivity and potential productivity of some Benchmark Soils of India. J.Indian Soc.Soil Sc. 33, 596-603.
KUTZBACH, J. E. 1981. Monsoon Climate of the Early Holocene: Climate Experiment with the Earth's Orbital Parameters for 9000 Years ago. Science, 214, 59-61.
KUTZBACH, J. E. & OTTO-BLIESNER, B. L. 1982. The Sensitivity of the African-Asian Monsoonal Climate to Orbital Parameter Changes for 9000 Years B.P. in a Low-Resolution General Circulation Model (No.6). Journal of the Atmospheric Sciences, 39(No.6), 1177-1188.
LAVES, D. & JÄHN, G. 1972. Zur quantitativen röntgenographischen Bodenton-Mineralanalyse. Arch. Acker- und Pflanzenbau und Bodenkd. 16, 735-739.
LEE, K. E. & WOOD, T. G. 1971. Termites and Soils. London-New York:Academic Press. (251pp)
LESER, H. 1985. Das zehnte »Basler Geomethodische Colloquium«: Klimaaussage von Paläoböden arider bis wechselfeuchter Klimate Afrikas - Ein methodisches Grundproblem der Paläoökologie. Geomethodica, 10, 5-30.
LOUIS, H. 1964. Über Rumpfflächen- und Talbildung in den wechselfeuchten Tropen besonders nach Studien in Tanganyika. Z.Geomorph.N.F. (Sonderheft), 8, 43*-70*.
MANN, H. H. & GOKHALE, N. G. 1960. Soils of Tea Growing Tracts of India. J.Indian Soc.Soil Sc. 8, 191-200.
MCKEAGUE, J. A. 1983. Clay Skins and Argillic Horizons. In: Bullock, P. & Murphy, C. P. (Ed.): Soil Micromorphology (Vol. 2, Soil Genesis), Berkhamsted, AB Academic Publishers, 367-387.

MCKEAGUE, J. A., GUERTIN, R. K., VALENTINE, K. W. G., BELISLE, J., BOURBEAU, G. A., HOWELL, A., MICHALYNA, W., HOPKINS, L., PAGE, F. & BRESSON, L. M. 1980. Estimating illuvial clay in soils by micromorphology. Soil Science, 129,(No.6), 386- 388.

MEHER HEMJI, V. M. 1967. Vegetation of Peninsular India and its Cartography. Geographical Review of India, 29(No.4), 29- 46.

MEHRA, O. P. & JACKSON, M. L. 1960. Iron oxide removal from soils and clays by a dithionite-citrate-bicarbonate system buffered with sodium-bicarbonate. Clays Clay Miner. 7, 317-327.

MENSCHING, H. 1984. Julius Büdel und sein Konzept der Klima- Geomorphologie - Rückschau und Würdigung. Erdkunde, 38,3, 157- 166.

MEYER, B. & KALK, E. 1964. Verwitterungs-Mikromorphologie der Mineral-Spezies in mitteleuropäischen Holozän-Böden aus pleistozänen und holozänen Lockersedimenten. In: Jongerius, A. (Ed.): Soil Micromorphology, Amsterdam:Elsevier, 109-130.

MEYER, R. 1967. Studie über Inselberge und Rumpfflächen in Nordtransvaal. Münchner Geogr. Hefte, 31,81p. (+Abbildungen und Karten)

MILLER, B. J. 1983. Ultisols . In: Wilding, L. P., Smeck, N. E. & Hall, G. F. (Ed.): Pedogenesis and Soil Taxonomy (II.The Soil Orders), Amsterdam, Oxford, New York,Tokyo:Elsevier, 283-323.

MOHR, E. C. J., BAAREN VAN, F. A. & SCHUYLENBORGH VAN, J. 1972. Tropical Soils (481 pp.). The Hague.

MURALI, V., KRISHNA MURTHY, G. S. R. & SARMA, V. A. K. 1978. Clay Mineral Distribution in Two Toposequences of Tropical Soils in India. Geoderma, 20, 257-269.

MURALI, V., SARMA, V. A. K. & KRISHNA MURTHY, G. S. R. 1974. Mineralogy of two Red Soil (Alfisols) Profiles of Mysore State, India. Geoderma, 11, 147-155.

MURPHY, C. P., MCKEAGUE, J. A., BRESSON, L. M., BULLOCK, P., KOOISTRA, M. J., MIEDEMA, R. & STOOPS, G. 1985. Description of Soil Thin Sections: An International Comparison. Geoderma, 35, 15-37.

MURTHY, R. S. 1982. Preface. In: Murthy, R. S., Hirekerur, L. R., Deshpande, S. B. & Venkata Rao, B. V. (Ed.): Benchmark Soils of India (Morphology, Characteristics and Classification for Resource Management), New Delhi:NBSS& LUP(ICAR), -.

MURTHY, R. S., HIREKERUR, L. R., DESHPANDE, S. B. & VENKATA RAO, B. V. (eds.) 1982. Benchmark Soils of India. Morphology, Characteristics and Classification for Resource Management. (Nat. Bureau of Soil Survey and Land Use Planing (ICAR). Nagpur.

NARAYANA, D. V. V. & BABU, R. 1983. Estimation of soil erosion in India. Journal of Irrigation and Drainage Engineering, 109(No. 4), 419-434.

NELSON, D. W. & SOMMERS, L. E. 1982. Total Carbon, Organic Carbon, and Organic Matter. In: Page, A. L. (Ed.): Methods of Soil Analysis (Part II, Chemical and Microbiological Properties), Madison, Wisc.:American Society of Agronomy, 539-579.

NETTLETON, W. D., ESWARAN, H., HOLZHEY, C. S. & NELSON, R. E. 1987. Micromorphological Evidence of Clay Translocation in Poorly Dispersible Soils. Geoderma, 40, 37-48.

NETTLETON, W. D., FLACH, K. W. & BRASHER, B. R. 1969. Argillic horizons without clay skins. Soil Sci.Soc.Am.Proc. 33, 121-125.

NIEDERBUDDE, E. A. & KUSSMAUL, H. 1978. Tonmineraleigenschaften und -umwandlungen in Parabraunerde-Profilpaaren unter Acker und Wald in Süddeutschland. Geoderma, 20, 239-255.

OLLIER, C. D. 1983. Weathering or hydrothermal alteration? Catena, 10, 57-59.

OMUETI, J. A. I. & LAVKULICH, L. M. 1988. Identification of Clay Minerals in Soils: The Effect of Sodium-Pyrophosphate. Soil Sci.Soc.Am.J. 52, 285-287.

PAVICH, M. J. 1986. Processes and rates of saprolite production and erosion on a foliated granitic rock of the Virginia Piedmont. In: Colman, S. M. & Dethier, D. P. (Ed.): Rates of chemical weathering of rocks and minerals, Austin, London, Montreal, New York:Academic Press Inc., 551-590.

PRELL, W. L., HUTSON, W. H., WILLIAMS, D. F., Bé, A. W. H., GEITZENAUER, K. & MOLFINO, B. 1980. Surface Circulation of the Indian Ocean during the Last Glacial Maximum, Approxemately 18,000yr B.P. Quarternary Research, 14, 309-336.

PYE, K. 1985. Granular Desintegration of Gneiss and Migmatites. Catena, 12, 191-199.

PYE, K. 1986. Mineralogical and textural controls on the weathering of granitoid rocks. Catena, 13, 47-57.

RAITH, M., RAASE, P., ACKERMAND, D. & LAL, R. K. 1982. The Archean craton of Southern India: metamorphic evolution and P- T conditions. Geolog. Rundschau, 71, 280-290.

RAITH, M., RAASE, P., ACKERMAND, D. & LAL, R. K. 1983. Regional geothermobarometry in the granulite facies terrane of South India. Transactions of the Royal Society of Edinburgh: Earth Sciences, 73, 221-244.

RANDHAWA, N. S. 1981. Soil science in eighties in India. J.Indian Soc.Soil Sc. 29, 285-296.

RAO, M. V. R. 1963. Identification of Clay Minerals in some Indian Soil Clays by X-ray Diffraction. J.Indian Soc.Soil Sc. 11, 321-323.

RAO, T.V.; GURCHARAN SINGH; KRISHNA MURTI, G.S.R. 1977. the nature of amorphous materials in alluvial soils. Z.Pflanzenernaehr.Bodenkd. 140, 689-696.

RENGASAMY, P., KRISHNA MURTHI, G. S. R. & SARMA, V. A. K. 1975. Isomorphous Substitution of Iron for Aluminum in some Soil Kaolinites. Clays and Clay Minerals, 23, 211-214.

RENGASAMY, P., SARMA, V. A. K., MURTHY, R. S. & KRISHNA MURTI, G. S. R. 1978. Mineralogy, Genesis and Classification of Ferruginous Soils of the Eastern Mysore Plateau, India. Journal of Soil Science, 29,3, 431-445.

RICE, T. J., BUOL, S. W. & WEED, S. B. 1985a. Soil Saprolite Profiles Derived from Mafic Rocks in the North Carolina Piedmont: I.Chemical, Morphological, and Mineralogical Characteristics and Transformations. Soil Sci.Soc.Am.J. 49, 171-178.

RICE, T. J., BUOL, S. W. & WEED, S. B. 1985b. Soil Saprolite Profiles Derived from Mafic Rocks in the North Carolina Piedmont: II. Association of Free Iron Oxides with Soils and Clays. Soil Sci.Soc.Am.J. 49, 178-186.

RICH, C. I. 1968. Hydroxy Interayers in Expansible Layer Silicates. Clays and Clay Minerals, 16, 15-30.

RICH, C. I. & BARNHISEL, R. I. 1977. Preparation of Clay Samples for X-ray Diffraction Analysis. In: Dixon, J. B. & Weed, S. B. (Ed.): Minerals in Soil Environment, Madison,Wisc.:Soil Science Society of America, 797-808.

RICH, C. I. & OBENSHAIN, S. S. 1955. Chemical and clay mineral properties of a red-yellow-podzolic soil derived from muscovite schist. Soil Sci. Amer. Proc. 19, 334-339.

ROHDENBURG, H. 1970. Hangpedimentation und Klimawechsel als wichtige Faktoren der Flächen- und Stufenbildung in den wechselfeuchten Tropen. Z. Geomorphologie N.F. 14, 58-78.

ROHDENBURG, H. 1982. Geomorphologisch-bodenstratigaphischer Vergleich zwischen dem nordostbrasilianischen Trockengebiet und immerfeucht-tropischen Gebieten Südbrasiliens. In: Ahnert, F., Rohdenburg, H. & Semmel, A. (Hg.): Beiträge zur Geomorphologie der Tropen (Ostafrika, Brasilien, Zentral- und Westafrika), Braunschweig:Catena Verlag, 73-122. (Catena Supplement 2)

ROHDENBURG, H. 1983. Beiträge zur allgemeinen Geomorphologie der Tropen und Subtropen. Geomorphodynamik und Vegetation, klimazyklische Sedimentation, Panplain/Pediment - Terassen - Treppen. Catena, 10, 393-438.
ROHDENBURG, H. 1988. Landschaftsökologie - Geomorphologie. Braunschweig:Catena Verlag. (Catena paperback)
ROONWAL, G. S. & GARALAPURI, V. N. 1982. Mineralogy of Coarse Fraction of Soils. In: Review of Soil Research in India (Part II), New Delhi: Indian Soc. Soil. Sc. 711-717.
RUST, R. H. 1983. Alfisols. In: Wilding, L. P., Smeck, N. E. & Hall, G. F. (Ed.): Pedogenesis and Soil Taxonomy. II. The Soil Orders, Amsterdam:Elsevier, 253-281.
SAHU, G. C., PANDA, N. & NANDA, S. S. K. 1983. Genesis and mineralogy of some red and laterite soils of Orissa. J.Indian Soc.Soil Sc. 31, 254-262.
SARKAR, A. N. & RAJ, D. 1973. Characterisation of Clay Minerals in Major Soil Groups of West Bengal and South India. J.Indian Soc.Soil Sc. 21, 111-117.
SARMA, V. A. K. & SIDHU, P. S. 1982. Genesis and Transformation of Clay Minerals. In: Review of Soil Research in India (Part II), New Delhi: Indian Soc. Soil. Sc. 718-724.
SAWHNEY, B. L. 1977. Interstratification in Layer Silicates. In: Dixon, J. B. & Weed, S. B. (Ed.): Minerals in Soil Environments, Madison, Wisc.:Soil Science Society of America, 405-434.
SAWHNEY, B. L., JACKSON, M. L. & COREY, R. B. 1959. CEC Determination of Soil as Influenced by Cation Species. Soil Science, 87, 243-248.
SAXENA, S. C. & SINGH, K. S. 1983. Clay mineralogy of semi-arid region soils of Rajasthan. J.Indian Soc.Soil Sc. 31, 85-93.
SAXENA, S. C. & SINGH, K. S. 1984. Clay mineralogy of soils of sub-humid to humid regions of Rajasthan. J.Indian Soc.Soil Sc. 32, 731-736.
SCHLICHTING, E. & BLUME, H.-P. 1966. Bodenkundliches Praktikum. Hamburg/Berlin:Paul Parey.
SCHMIDT-LORENZ, R. 1986. Die Böden der Tropen und Subtropen. In: Rehm, S. (Hg.): Handbuch der Landwirtschaft und Ernährung in den Entwicklungsländern (Band 3:Grundlagen des Pflanzenbaus in den Tropen und Subtropen), Stuttgart:Eugen Ulmer, 47-92.
SCHNÜTGEN, A. & SPÄTH, H. 1983. Mikromorphologische Sprengung von Quarzkörnern durch Eisenverbindungen in tropischen Böden. Z.Geomorph.N.F. Suppl. Bd. 48, 17-34.
SCHROEDER, D. 1978. Bodenkunde in Stichworten. Kiel:Hirt Verlag. (144pp)
SCHULZE, D. G. 1981. Identification of Soil Iron Oxide Minerals by Differential X-Ray diffraction. Soil Sci.Soc.Am.J. 45, 437- 440.
SCHULZE, D. G. 1982. The Identification of Iron Oxides by Differential X-Ray Diffraction and the Influence of Aluminum Substitution on the Structure of Goethite (Dissertation). München-Weihenstephan:Fakultät für Landw. u. Gartenb. d.Techn.Univ.
SCHULZE, D. G. 1986. Correction of Mismatches in 2θ Scales During Differential X-Ray Diffraction. Clays and Clay Minerals, 34,681-685.
SCHWERTMANN, U. 1964. Differenzierung der Eisenoxide des Bodens durch Extraktion mit Ammoniumoxalatlösung. Z.Pflanzenernaehr.Bodenkd. 105, 194-202.
SCHWERTMANN, U. 1971. Transformation of Hematite to Goethite in Soils (no. 5313). Nature 232, 624-625.
SCHWERTMANN, U. 1984. Iron Oxides in some Ferruginous Soils of India. Clay Research, 3(No.1), 23-30.
SCHWERTMANN, U. 1985. The Effect of Pedogenec Environments on Iron Oxide Minerals. Advances in Soil Science, 1, 171-200.

SEMMEL, A. 1985. Böden des feuchttropischen Afrikas und Fragen ihrer klimatischen Interpretation. Geomethodica, 10, 71-89.
SEUFFERT, O. 1978. Leitlinien der Morphogenese und Morphodynamik im Westsaum Indiens. Z.Geomorph.N.F. 30, 143-161.
SEUFFERT, O. 1986. Geoökodynamik - Geomorphodynamik. Aktuelle und vorzeitliche Formungsprozesse in Südindien und ihre Steuerung durch raum/zeitliche Variationen der geoökologischen Raumgliederung. Geoökodynamik, 7, 161-214. (Darmstadt)
SEUFFERT, O. 1989. Ökomorphodynamik und Bodenerosion. Geographische Rundschau, 41(H.2), 108-115.
SIDHU, P. S. & GILKES, R. J. 1977. Mineralogy of Soils Developed on Alluvium in the Indo-Gangetic Plain (India). Soil Sci.Soc.Am.J. 41, 1194-1201.
SINHA, S. D., VERMA, R. P. & LALL, A. B. 1962. A study of the Morphology of the Red Soils of Ranchi District in Relation to the Topography of the Land. J.Indian Soc.Soil Sc. 10, 35-41.
SMECK, N. E., RUNGE, E. C. A. & MACKINTOSH, E. E. 1983. Dynamics and genetic modelling of soil systems. In: Wilding, L. P., Smeck, N. E. & Hall, G. F. (Ed.): Pedogenesis and soil taxonomy (I. Concepts and interactions), Amsterdam-Oxford-New York:Elsevier, 51-81.
SMITH, G. D. 1978. Problems of Application of Soil Taxonomy with Special Reference to Tropical Soils with Low Activity Clays. In: Beinroth, F. H. & Panichapong, S. (Ed.): Second International Soil Classification Workshop (Part II: Thailand), Bangkok/Thailand: Soil Survey Division/Land Development Department, 5-11.
SMITH, G. D. 1983. Historical Development of Soil Taxonomy - Background. In: Wilding, L. P., Smeck, N. E. & Hall, G. F. (Ed.): Pedogenesis and Soil Taxonomy (Part I: Concepts and Interactions), Amsterdam, Oxford, New York: Elsevier, 23-49.
SMITH, G. D. 1986. The Guy Smith Interviews: Rationale for concepts in Soil Taxonmy (SMSS technical monograph no. 11). Washington, Ithaca, New York. (259 pp.)
SMOLIKOVA, L. 1967. Polygenese der fossilen Lößböden der Tschechoslowakei im Lichte mikromorphologischer Untersuchungen. Geoderma, 1, 315-324.
SOIL SURVEY STAFF 1975. Soil Taxonomy. A Basic System of Soil Classification for Making and Interpreting Soil Surveys (Agriculture Handbook No. 436). Washington, D.C.:U.S. Govt. Printing Office. (U.S.D.A. Soil Conservation Service)
SOIL SURVEY STAFF 1987. Keys to Soil Taxonomy (third printing) (SMSS technical staff monograph No.6). Ithaca, New York. (280 pp.)
SOMAYAJULU, B. L. K. & SRINIVASAN, M. S. 1986. Indian Ocean Floor: Evolution and Palaeoenvironment. In: Indian National Science Academy: The Indian Lithoshere, New Delhi: Kapoor Art Press, 124-133.
SPÄTH, H. 1981. Bodenbildung und Reliefentwicklung in Sri Lanka. Relief-Boden-Paläolklima, 1, 185-238.
SPÄTH, H. 1983. Flächenbildung in Nordwest-Australien. Geoökodynamik, 4, 191-208.
STOOPS, G. 1978. Provisional notes on micropedology. Rijksuniversiteit Gent, International Training Centre for Post- Graduate Soil Scientists. (115pp)
STOOPS, G. 1989. Relict Properties in Zonal Soils of Humid Tropical Regions with Special Reference to Central Afrika. In: Bronger, A. & Catt, J. A. (Ed.): Paleopedology, Cremlingen: Catena Verlag. (Catena Suppl. 16)
STOOPS, G. & DELVIGNE, J. 1989. Micromorphology of Mineral Weathering and Neoformation (in press). In: L.A.Douglas (Ed.): Proceedings of the International Working Meeting on Soil Micromorphology (in press), Amsterdam:Elsevier.
STOOPS, G. (Ed.) 1986. Multilingual Translation of the Terminology used in the »Handbook for Soil Thin Section Description«. Pedologie, 36, 337-348.

STOOPS, G. J. & BUOL, S. W. 1985. Micromorphology of Oxisols. In: Douglas, L. A. & Thompson, M. L. (Ed.): Soil Micromorphology and Soil Classification, Madison,Wisc.:Soil Science Soc.of America, 105-119. (SSSA Spec.Publ.No.15)

SWAMI NATH, J., RAMAKRISHNAN, M. & WISWANATHA, M. N. 1976. Dhawar stratigraphic model and Karnataka craton evolution. Records of the Geological Survey of India, 107, 149-175.

TARDY, Y. & NAHON, D. 1985. Geochemistry of Laterites, Stability of Al-Goethite, Al-Hematite, and Fe(3+)-Kaolinite in Bauxites and Ferricretes: An Approach to the Mechanism of Concretion Formation. American Journal of Science, 285, 865-903.

TERRA DE, H. 1938. Der eiszeitliche Zyklus in Südasien und seine Bedeutung für die menschliche Vorgeschichte. Zeitschrift der Gesellschaft für Erdkunde zu Berlin, 285-296.

TERRA DE, H. & PATERSON, T. T. 1939. Studies on the Ice Age in India and Associated Human Cultures. (Carnegie Institute, Publ. No.493, 1-394). Washington D.C.

THOMAS, G. W. 1982. Exchangeable Cations. In: Page, A. L. (Ed.): Methods of Soil Analysis (Part II, Chemical and Microbiological Properties), Madison, Wisc.:American Society of Agronomy, 159-165.

THOMAS, M. F. 1974. Tropical Geomorphology (a study of weathering and landform development in warm climates). London; McMillan.

THOMAS, M. F. 1978. The study of Inselbergs. Z.Geomorph.N.F. Suppl.Bd. 31, 1-41.

THORNTHWAITE, C. W. 1948. An Approach Towards a Rational Classification of Climate. The Geographical Review, 38, 55-94.

TORRENT, J., SCHWERTMANN, U. & FECHTER, H. 1983. Quantitative Relationships Between Soil Color and Hematite Content. Soil Science, 136(No.6),354-358.

TROLARD, F. & TARDY, Y. 1987. The Stabilities of Gibbsite, Boehmite, Aluminous Goethites and Aluminous Hematites in Bauxites, Ferricretes and Laterites as a Function of Water Activity, Temperature and Particle Size. Geochimica et Cosmochimica Acta, 51, 945-957.

VAN WAMBEKE, A. 1985. Calculated Soil Moisture and Temperature Regimes of Asia (Soil Management Support Services (SMSS) Tech. Monograph No.9). Ithaca N.Y. (144p, 9 maps)

VELBEL, M. A. 1984. Natural weathering mechanisms of almandine garnet. Geology, 12, 631-634.

VELBEL, M. A. 1985. Geochemical Mass Balances and Weathering Rates in Forested Watersheds of the Southern Blue Ridge. American Journal of Science, 285, 904-930.

WADA, K. 1977. Allophane and Imogolite. In: Dixon, J. B. & Weed, S. B. (Ed.): Minerals in Soil Environment, Madison, Wisc.: Soil Science Society of America, 603-638.

WADIA, D. N. 1985. Geology of India. New Delhi:Tata McGraw- Hill. (507pp + 19 plates)

WAGNER, M. & RUPRECHT, E. 1975. Materialien zur Entwicklung des indischen Sommermonsuns. Bonner Meteorologische Abhandlungen, 23, 1-29. (+61 Abb.)

WALKER, P. H. & CHITTLEBOROUGH, D. J. 1986. Development of Particle-size Distributions in some Alfisols of Southeastern Australia. Soil Sci.Soc.Am.J. 50, 394-400.

WILDING, L. P. & DREES, L. R. 1983. Spatial Variability and Pedology. In: Wilding, L. P., Smeck, N. E. & Hall, G. F. (Ed.): Pedogenesis and Soil Taxonomy (I. Concepts and Interactions), Amsterdam-Oxford-New York:Elsevier, 83-116.

WILDING, L. P., SMECK, N. E. & HALL, G. F. 1983. Preface. In: Wilding, L. P., Smeck, N. E. & Hall, G. F. (Ed.): Pedogenesis and Soil Taxonomy (II.The Soil Orders), Amsterdam-Oxford-New York-Tokyo:Elsevier, IX. (Developments in Soil Science 11B)

WIMMENAUER, W. 1985. Petrographie der magmatischen und metamorphen Gesteine. Stuttgart: Enke Verlag. (382pp)
WIRTHMANN, A. 1981. Täler, Hänge und Flächen in den Tropen. Geoökodynamik, 2, 165-204.
YAALON, D. H. 1983. Climate, time and soil development. In: Wilding, L. P., Smeck, N. E. & Hall, G. F. (Ed.): Pedogenesis and Soil Taxonomy (I.Concepts and Interactions), Amsterdam-Oxford-New York:Elsevier, 233- 251. (Developments in Soil Science 11A)
ZACHARIAE, G. 1964. Welche Bedeutung haben Enchytraeen im Waldboden? In: Jongerius, A. (Ed.): Soil Micromorphology, Amsterdam :Elsevier, 57-68.
ZEESE, R. 1983. Reliefentwicklung in Nordost- Nigeria - Relief-generationen oder morphogenetische Sequenzen. Z. Geomorphologie N.F. Suppl. Bd. 48, 225-234.
ZEUNER, F. E. 1950. Stone Age and Pleistocene Chronology in Gujarat. Poona. (Deccan College Monograph Series:6, 67p)

7. Summary:

Introduction:

The study of the regular relationship between the distribution of different soil categories distinguished by soil classification systems and the soil forming factors of JENNY (1941, 1961,1980) is extremely difficult in most parts of the tropics. In contrast to most mid-latitude regions large areas in the tropics are covered with very old soils, often with deep weathering profiles, which may date back to the Tertiary (SCHMIDT-LORENZ 1986). Dating of these soils is often badly neglected, and the efficiency of weathering under tropical climate is often overestimated, especially by geomorphologists. During soil development over such a long period the soil forming factors *climate* and *vegetation* must have changed considerably, especially in the present day semiarid-tropics (SAT), making these soils *polygenetic* or *relict* soils (BRONGER & CATT 1989)

In India tropical Alfisols - the so called *Red Soils* - cover an area of about 720,000 km^2 (KRANTZ et al. 1978) mainly in the south. Most of them are classified as Rhodustalfs (SOIL SURVEY STAFF 1975; DAS GUPTA 1980) or Chromic Luvisols (FAO-Unesco 1974). With a dominantly kaolinitic clay mineralogy they seem to represent an advanced stage of soil weathering. Some soil scientists consider them to be developed under the present day climate (GOVINDA RAJAN & GOPALA RAO 1978), but others suggest they are relict soils, formed in a more humid past climate (MURALI et al. 1974; 1978; BRONGER 1985). Although much information on their morphology, chemical properties and mineralogy has been published (DIGAR & BARDE 1982; GOSH & KAPOOR 1982; SARMA & SIDHU 1982), little is certain about which of their features result from recent soil forming processes and which are relict.

The purpose of this study was to distinguish between recent and relict features in the *Red Soils* of South India. The parent material is saprolite formed by deep weathering of granitic gneiss. Deep weathering should be separated from soil formation sensu strictu (FÖLSTER 1971; ROHDENBURG 1983; COLMAN & DETHIER 1986); it leads to preweathered material containing many of the final weathering products of the overlying soils (i.e. gibbsite, secondary iron-oxides), but often retaining the original rock structure.

A climatic sequence of nine Alfisols and Ultisols - where possible *Benchmark Soils* (MURTHY et al. 1982) - representing rainfall conditions ranging from 2500 mm/year (10 humid months) to 590 mm/year (1 humid month) was sampled. Additionally a *Red Soil* from an intermontane basin in the Siwaliks of Nepal was sampled; this has formed in reworked eolian sediments of Middle to Upper Pleistocene age, under about 1800 mm rainfall per year and a hyperthermic soil temperature regime (for definitions see SOIL SURVEY STAFF 1975, 1987). Two other soils from Gujarat/India derived from Middle to Upper Pleistocene eolian sediments were also included in the study. These younger soils should provide information about the intensity of soil forming processes since the late Pleistocene, such as whether kaolinites have been formed in this period or not.

Changes in the Environment

Most Alfisols from South India are formed in saprolitically weathered Peninsular Gneiss, but the age of the rock (2600-3500 Ma, RAITH et al. 1982, 1983) does not give any hint of the age of the soil-cover.

Although the surface of the craton has been stable since the Permian, the environment of soil development has changed considerably over this time. As a fragment of the old Gondwana continent the southern part of the Indian plate crossed the equator to its present day position in the Miocene. This caused large changes in rainfall. From paleomagnetic data the continental drift was about 3-6 cm/year (KLOOTWIJK & PEIRCE 1979; SOMAYAJULU & SRINIVASAN 1986). Every part of the Indian plate was then subjected to a hot, wet tropical climate for about 15 million years. Due to northward drift most of the Indian plate has now dried out. This effect has been reinforced by the uplift of the Western Ghats since the Miocene/Pliocene (WADIA 1985). Major parts of South India are now in the rainshadow of this mountain range.

The history of 5,000 years of soil cultivation has also changed the soil cover, mainly by man-initiated soil erosion. Many soils are consequently truncated and of little use for soil genesis studies. On the other hand there are many deep profiles of *soil sediments* with almost no horizon differentiation.

Materials and Methods

Soil samples from each horizon were analysed granulometrically and chemically by standard procedures (SCHLICHTING & BLUME 1966, 1989). The mineral composition of the different particle size fractions was determined by light microscopy, phase contrast microscopy and XRD. The quantitative composition of the sand and silt fractions is based on mineral counts of 400-1000 grains. Semi-quantitative estimations of the clay fractions were made by the procedure of LAVES & JÄHN (1972), using peak area and correction factors of selected diagnostic peaks. Multiplying the relative proportion of each mineral group by the weight percentage of each fraction gave the weight-percentage of each mineral group. Illites and vermiculites were given a weighting factor of 1, illite-smectitemixed-layer minerals and gibbsite a factor of 0.5, kaolinites and smectites of 0.25. The results of this semi-quantitative estimation were checked against the CEC of the clay fractions. Iron minerals were determined by the Mössbauer technique and Differential-XRD (SCHULZE 1982; BRONGER et al. 1983).

Soil thin sections were described using the terminology of BULLOCK et al. (1985). Quantitative statements are based on estimations.

Results and Discussion

The mineralogical and clay mineralogical results of the selected pedons are summarized in *figures 8+9, 12+13, 16-18, 22+23, 26+27.*

In the Upper Pleistocene soil from Nepal and Gujarat, *no kaolinites* have been formed (*fig.26+27*). Traces of kaolinites are present in the soil, but also occur in the underlying sediments, so they are considered to be inherited from the parent material. Illites have been formed by the degradation of micas. The intense red colour of the Red Soil from Nepal (5YR to 2.5YR in the MUNSELL-notation) is already present in the parent material and therefore also considered to be an inherited feature.

Tropical Alfisols in South India cover a broad spectrum of morphological and soil mineralogical features, probably related to different stages of soil rejuvenation. The input of atmospheric dust is one source of rejuvenation. This is indicated by the high base saturations in the uppermost layers of the soils compared with the B horizons, and by montmorillionite-type smectites in the topsoil of the *Patancheru* soil which is adjacent to the *Kasireddypalli* (verti)soil at the ICRISAT in Patancheru/Hyderabad. Both inputs of fresh materials from airborne dust and from below due to faunal activity have changed the chemical character of the soils, but soil mixing has not destroyed the distinct profile horizonation, so that former soil forming processes can still be reconstructed. In contrast to the statement of STOOPS (1989) that the parent material of many tropical soils is of allochthonous origin and often has gone through several weathering cycles, none of the selected Alfisols has developed from polycyclic weathering material and they seem to be strictly authochtonous. Also no plinthisation was recognized.

From the above information about Holocene and late Pleistocene soil forming processes, we can conclude that the dominant *kaolinites* in most South Indian soils must be *relict* in origin. The contrasting recent soil environment, indicated by high base saturation and mineral properties, seems to be a useful indicator for relict features of soils in the tropics. In our study only soils with a base saturation <35% showed recent weathering features. The climatic threshold giving sufficient leaching capacity for recent weathering is about 2000 mm rainfall (about six humid months). The two pedons from the humid Western Ghats (*Vandiperiyar* and *Karpurpallam*) show evidence of recent deep weathering, i.e. low base saturation, gibbsitisation of plagioclase, kaolinization of biotite, boxwork-pseudomorphs of weathered almandine garnets and hypersthene (*photos 10-13*). The soils formed in this highly preweathered material are kaolinitic with various amounts of gibbsite (*fig. 8+9*). In the upper part of the pedons hydroxy-interlayered vermiculites are common. If the soils are developed in parent material low in ferro-magnesian minerals and high in quartz, oxic properties are more dominant. Although the particle size results indicate an argillic horizon in the Vandiperiyar profile, almost no illuviation argillans were seen in thin sections. These soils seem to be in equilibrium with the recent climatic environment, so they are not paleosols although they are quite old and maybe polygenetic.

In the transitional zone represented by the *Palghat* and *Anaikatti* soils no gibbsites are being formed anymore (*fig. 12+13*) but deep weathering resulted in formation of kaolinites and in the solum 2:1 clay minerals occur. Below the 2000 mm threshold the base saturation of the saprolite increases and so do the amounts of 2:1-clay-minerals in the saprolite and the soil. No fresh weathering features on micas and feldspars are visible. Despite the decreased weathering intensity, a broad spectrum of weathering features in the soils is present: kaolinized biotite flakes with iron crusts, boxwork of weathered hypersthene, garnet or hornblende, ferruginous nodules and single quartz grains with hematitic fillings (runiquartz of ESWARAN et al. 1975; ESWARAN 1979; SCHNÜTGEN & SPÄTH 1983). These features obviously do not fit into the recent soil environment.

The juxtaposition of kaolinites and illites with no intergrades in the *Channasandra* soil near Bangalore (*fig. 16*) clearly reflects past environmental change and indicates the polygenetic origin of the soil. Runiquartzes and some hematitic iron concretions could be remnants of a former lateritic layer which has been removed. The altered illuviation argillans, which are often reworked into the fabric, also indicate a past soil forming process.

In the other soils there is less kaolinite but increasing amounts of smectite, illite-smectite intergrades, and illite. This succession of clay minerals seems to reflect the process of climatic desiccation in the past. Under the present day climate illites are being formed but smectites and mixed-layer minerals are apparently relict features (*fig.17+18, 22+23*). In the *Patancheru I*, *Irugur*, and *Palathurai* soils secondary lime has accumulated in the saprolite and lower B horizons. In contrast to the kaolinites this carbonate accumulation is good evidence for a changing soil environment where weathering (i.e. leaching) has slowed down a lot. Even where no carbonate has accumulated in the profile (i.e. *Patancheru II*), base saturation is up to 100 percent.

The *Palathurai* soil near Coimbatore is probably the youngest soil of our climatic sequence from South India to contain no kaolinites at all (*fig. 23*). However, we consider the smectites and the mixed-layer minerals in it are relict features, as are weathering features on biotites, because the recent soil environment with only one humid month has a completely non-leaching character.

The deep red colour is often taken as evidence for the age of the Rhodustalfs of South India, but this assumption is misleading. First, there is no direct correlation between secondary iron content and soil colour. TORRENT et al.(1983) found a linear relationship between redness and hematite content of B horizons, but BRONGER et al. (1984) could only partly confirm this relationship in *Terrae calcis* from Slovakia. Second, there is no correlation between rubefication and soil age.

The studied pedons seem to follow certain rules regarding iron activity in the soils: if most of the iron weathering reserve (primary iron bearing minerals) is consumed (high Fe_d/Fe_t-values), the Fe_o-values (active iron of low crystallinity) and the Fe_o/Fe_d-ratios are low. If the iron weathering reserve is relatively high (lower Fe_d/Fe_t-values), the Fe_o-values are generally higher and so are the Fe_o/Fe_d-ratios. Increasing aridity does not seem to affect significantly the iron released by mineral weathering. On the other hand there are some qualitative differences in iron mineralogy (table 35).

The formation of goethite and hematite can be explained by a kinetic model (SCHWERTMANN 1985) in which goethite crystallizes spontaneously from solution when its solubility product is exceeded but that of ferrihydrite is not. Another pathway of goethite formation is the detour over ferrihydrite. If dehydration of ferrihydrite occurs, formation of hematite is favoured. Hematite formation seems to depend on ferrihydrite as a precursor. Different solubility products allow the transformation of hematite to goethite in a more aquic environment, but not vice versa due to dehydration of goethite.

TARDY & NAHON (1985) and TROLARD & TARDY (1987) favoured a thermodynamic model of goethite and hematite formation which seems to be applicable because of the small crystal size of both minerals. Following their suggestions hematite is always formed under low water activity whereas goethite formation is favoured by high water activity. Therefore in tropical soils hematite/goethite-ratios are higher in the upper parts of pedons than in lower parts. Goethite may transform to hematite under diminishing water activity. To a certain extent increasing temperature in soils will lead to a similar result.

The alternative models allow different interpretations of the iron mineralogy regarding soil age. Most of the studied Rhodustalfs show dominance of hematite over goethite (*Palghat* soil, *Irugur* soil, and *Palathurai* soil) or at least high hematite/goethite-ratios (*Anaikatti* soil), whereas both *Patancheru* soils and the *Channasandra* soil have lower hematite contents. If dehydration of goethite leads to hematite formation, all soils should have high hematite/goethite-ratios regardless of age, due to the semiarid climate. However, if hematite is not formed by dehydration of goethite, but needs ferrihydrite as a precursor, it should be formed only in the relatively younger soils with sufficient Fe-reserve. This seems to be the case in the South Indian soils. Following this interpretation iron mineralogy can indicate soil age and it seems to be so in South India. The pedons from *Channasandra*, and *Patancheru* (*I & II*) seem to be older and have formed under more humid conditions than the other soils. However, none of the other soils is recent in origin, as the clay mineralogy clearly indicates.

Most of the soils we studied are classified as Rhodustalfs due to a clay maximum in the B horizon which implies clay illuviation as the dominant soil forming process (SOIL SURVEY STAFF 1975:19).

However, in only three pedons (the *Palghat* , *Anaikatti* , and *Channasandra* soils) could oriented illuviation argillans be detected. In the *Palghat* soil under 2115 mm rainfall clay translocation is an intense and recent process; in the two other soils argillans are less common (ca. 1%) and show lower birefringence. In all other soils the b-fabric is mainly granostriated with almost no illuviation argillans. Two explanations are possible. First, the increase in clay content in the profiles could be due to clay formation in-situ in the Bt horizon (BRONGER and BRUHN 1989). Second, reworking into the matrix may have destroyed the argillans. Under the present day climate of less than 1500 mm rainfall, clay illuviation is not an important process, mainly because the pH-values of most of these soils exceed the range favouring clay dispersion. Some clay has recently illuviated into cracks in the saprolite.

Geomorphological Conclusions

The results on recent and relict weathering features in Rhodustalfs developed from granitic gneiss in the SAT of South India strongly disagree with some geomorphological opinions regarding the rate of weathering. According to BÜDEL's theory of the »mechanism of double planation« (1965, 1982, 1986), recent deep-weathering of the Peninsular Gneiss in South India, defined as weathering below the soil cover at the »basal surface of weathering«, is faster than the erosion of the surface soil, even under semiarid conditions. According to BREMER (1981, 1986) the formation of »etchplains« (Rumpfflächen) needs »deep and uniform weathering« in tropical climate with rainfall exceeding 1600 mm/year. This uniphase process leads to planation of rocks of different resistance at rates of 100 m/2-3 Ma (1981) to 100 m/3-6 Ma (1986). THOMAS (1974, 1978) suggested that, as deep weathering (*etching*) and soil erosion (*stripping*) are processes of different moisture regimes, peneplain formation must be a polygenetic process. He estimated a »preformation of 30-50 m of weathering in crystalline rocks« within »10^5-10^6 years, perhaps even 10^7years« (1978). SEUFFERT (1986) assumed that the southeasternmost part of India, which now has only 1-2 humid months per year (see BRONGER 1985, fig. 2:Coimbatore, Madurai; an aridic tropustic soil moisture regime after VAN WAMBEKE 1985), had a semihumid to full humid climate during cold periods of the Quaternary due to increased influence of the NE-Monsoon. During these geologically short periods he postulated intense deep weathering. The weathering products were removed in the following warm periods including the Holocene. This stripping was responsible for excavation of the numerous inselbergs in this area. One important conclusion of SEUFFERT is that the Palghat Gap between the Nilgiris ($\geq$2600 m) and the Anaimalai Hills ($\geq$2650 m) is not the result of tectonic processes but of intensive back wearing from both west and east sides by the peneplanation processes. He concluded that this zone shows the highest rate of planation in South India during the Pleistocene and Holocene.

All these assumptions seem to be questionable for two reasons: first, in the eastern part of the Palghat Gap, which is part of the Bhavani-Sagar-Kollaimalai shear belt (RAITH et al. 1983, fig. 1), the *Palathurai* and *Irugur* soils are very widespread. Second, the shape of the numerous inselbergs in the vicinity of Coimbatore and Madurai seems to depend on the structure of the rocks often exhibiting a fragile shape which is difficult to understand if they are situated in a »zone of the maximum rate of planation surface formation«. Our pedogenetic results demonstrate that the efficiency of weathering under a seasonal tropical climate is often much overestimated. Significant deep-weathering needs rainfall conditions exceeding 2000 mm/year. Otherwise leaching decreases and there may even be accumulation of secondary carbonates in the saprolite. Kaolinites in those soils are of relict origin documenting a former more humid climate. Most Alfisols in South India are therefore *paleosols*.

Sheet erosion - not only man initiated - is the most serious soil erosion problem in India, and has a severe impact on agricultural productivity. The depth of most »Red Soils « (mainly Rhodustalfs) is less than 1 m in most areas (DAS GUPTA 1980). Because under present day semiarid conditions deep weathering cannot balance soil erosion and in many parts of South India shield inselbergs are coming to the surface (BRONGER 1985:photos 1+6), peneplains are not being formed any more.

Fotos

Verzeichnis der Fotos

(+N: gekreuzte Polarisatoren)

Foto 17:	*Runiquartz* - Quarz mit hämatitischer Spaltenfüllung *Channasandra*, Bt1 Horizont (+N, Bildlänge: 5 mm)
Foto 18:	Verwitterter Biotit mit sekundären Calciten *Patancheru I*, Crk1 Horizont (+N, Bildlänge: 2 mm)
Foto 19:	Kaolinisierter Plagioklas *Patancheru I*, Bt3 Horizont (+N, Bildlänge: 1.25 mm)
Foto 20:	Gibbsitisierter Feldspat *Karpurpallam*, Cr Horizont (+N, Bildlänge: 2 mm)
Foto 21:	Gealterte *illuviation argillans* um einen Feldspat *Channasandra*, Bt2 Horizont (+N, Bildlänge: 2 mm)
Foto 22:	Gealterte *illuviation argillans* *Channasandra*, Bt1 Horizont (+N, Bildlänge: 5 mm)
Foto 23:	Quarz mit rubefizierter Tonhülle, von sekundären Calciten umgeben *Irugur*, Crk Horizont (+N, Bildlänge: 1.25 mm)
Foto 24:	(wahrscheinl. allochthoner) Hämatitfleck in der Bodenmatrix *Channasandra*, Bt2 Horizont (Bildlänge: 0.5 mm)
Foto 25:	Schwammgefüge *Karpurpallam*, B Horizont (Bildlänge: 5 mm)
Foto 26:	Gut aggregiertes Gefüge mit eingemischtem Unterbodenaggregat *Vandiperiyar*, AB Horizont (Bildlänge: 5 mm)
Foto 27:	Hornblende mit Ansatz zur *boxwork*-Verwitterung von sekundären Calciten umgeben *Irugur*, Crk Horizont (+N, Bildlänge: 5 mm)
Foto 28:	Aufgeweiteter Biotit mit $CaCO_3$-Füllung und $CaCO_3$-Akkumulation *Palathurai*, Crk1 Horizont (+N, Bildlänge: 2 mm)

Fotos III

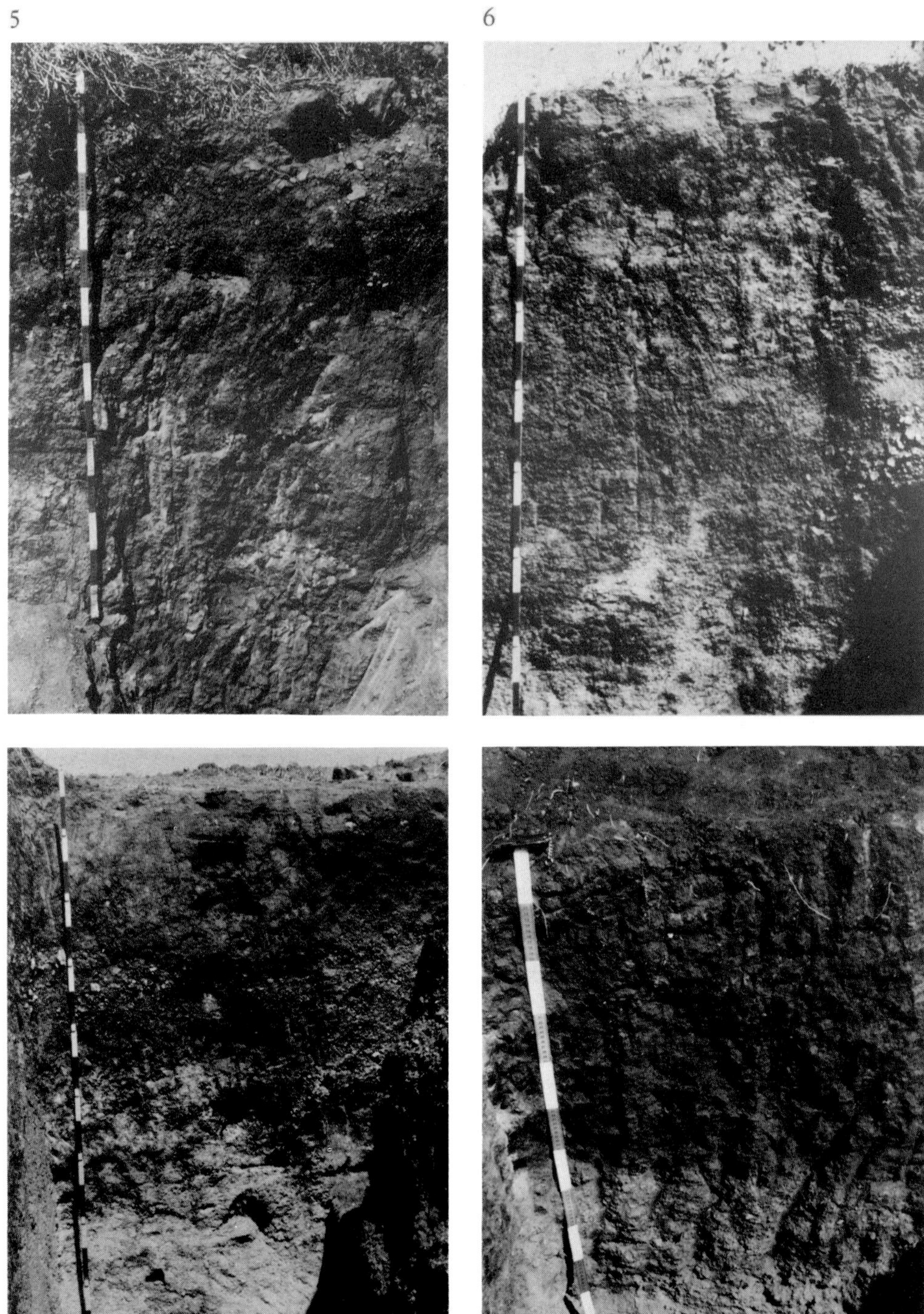

5

6

7

8

IV Fotos

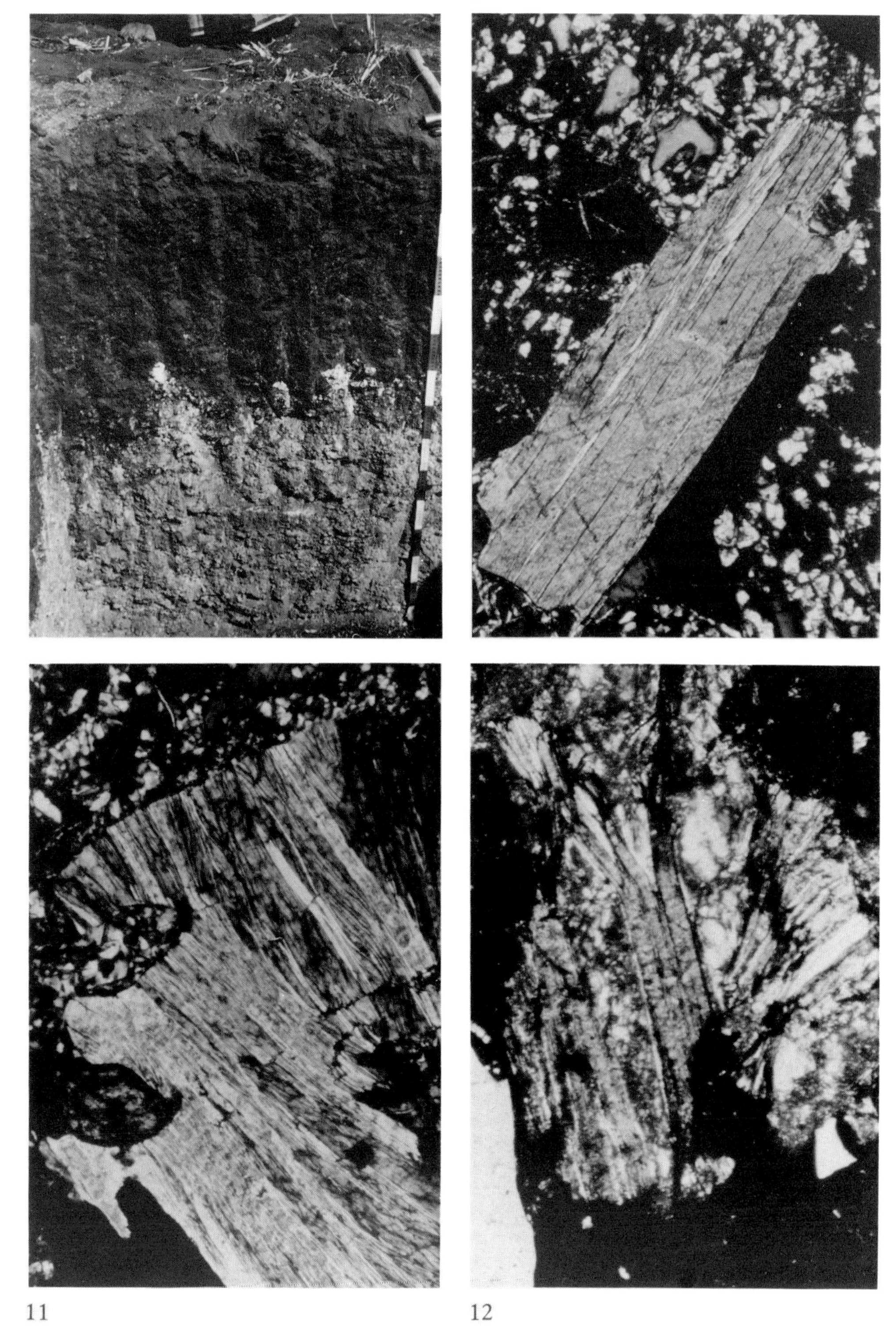

9 10 11 12

Fotos V

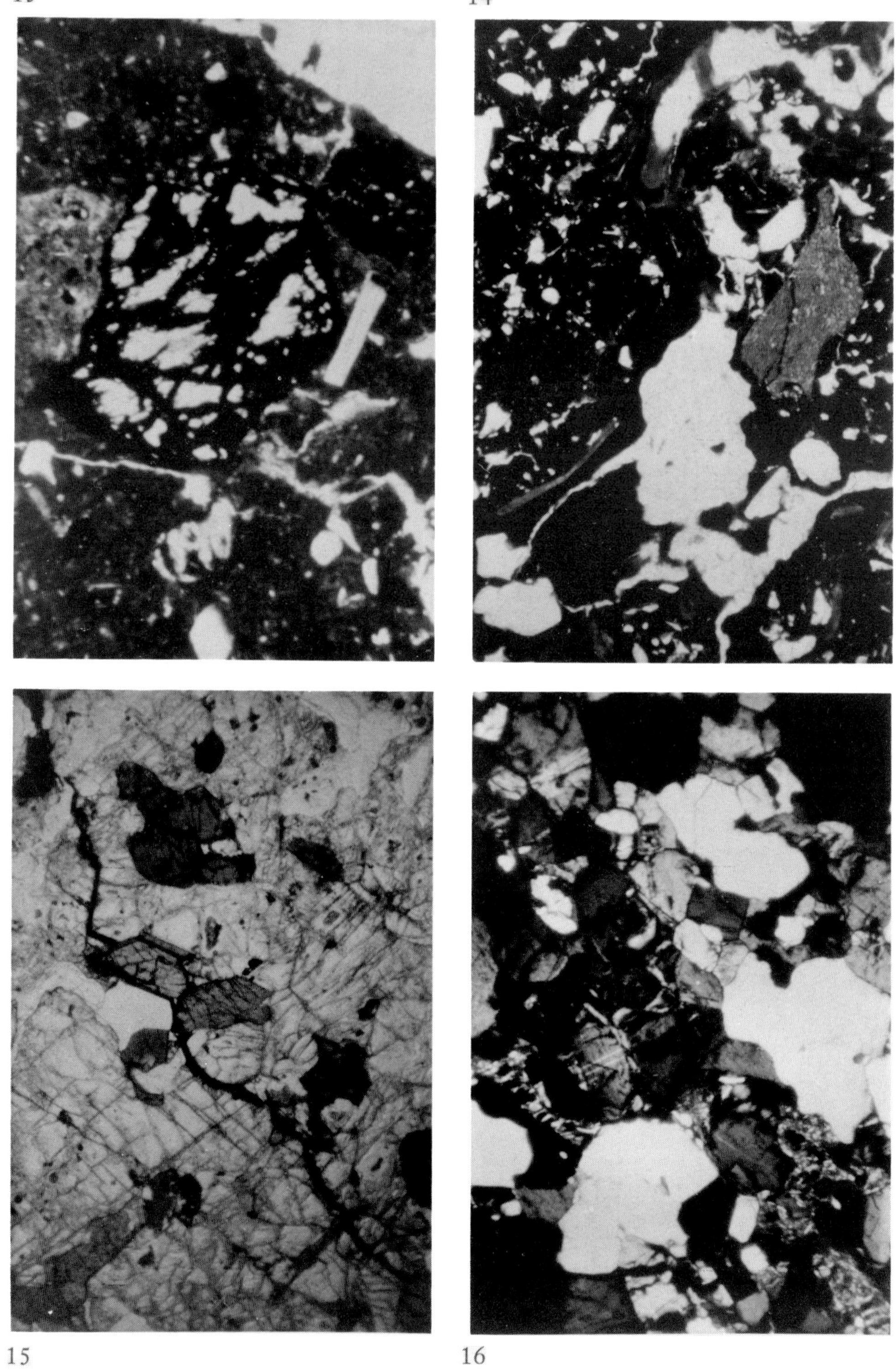

VI Fotos

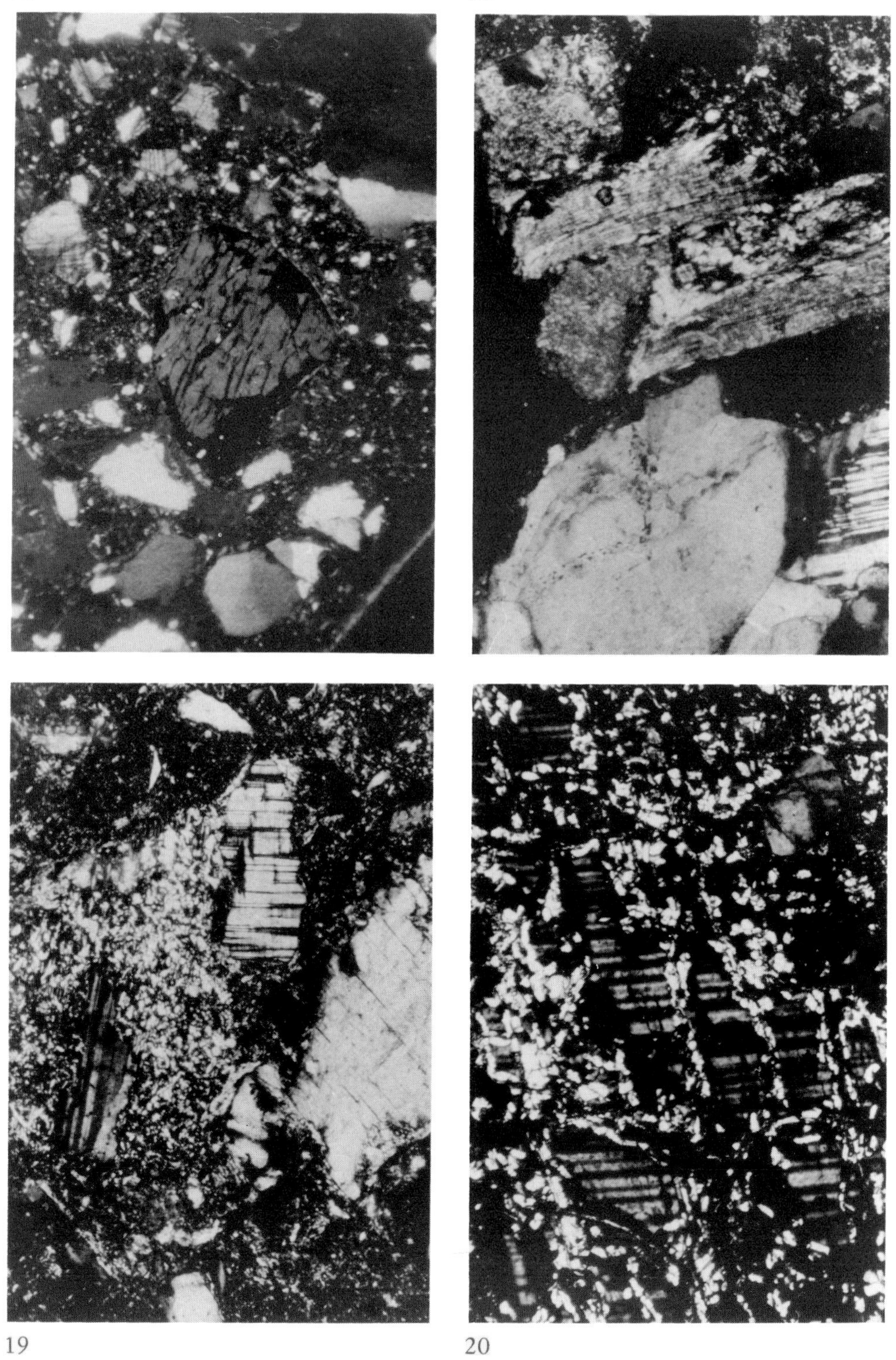

Fotos VII

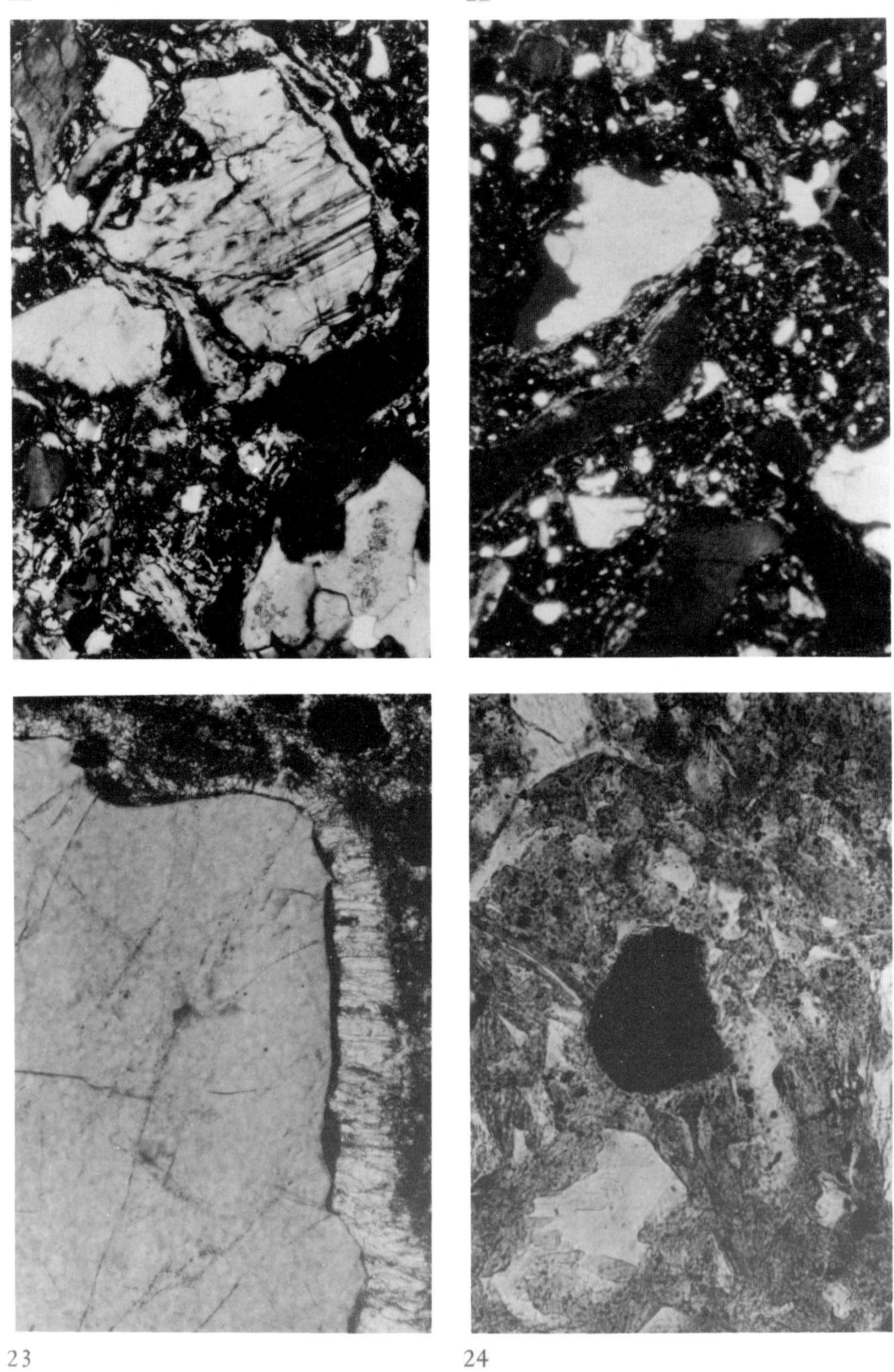
21
22
23
24

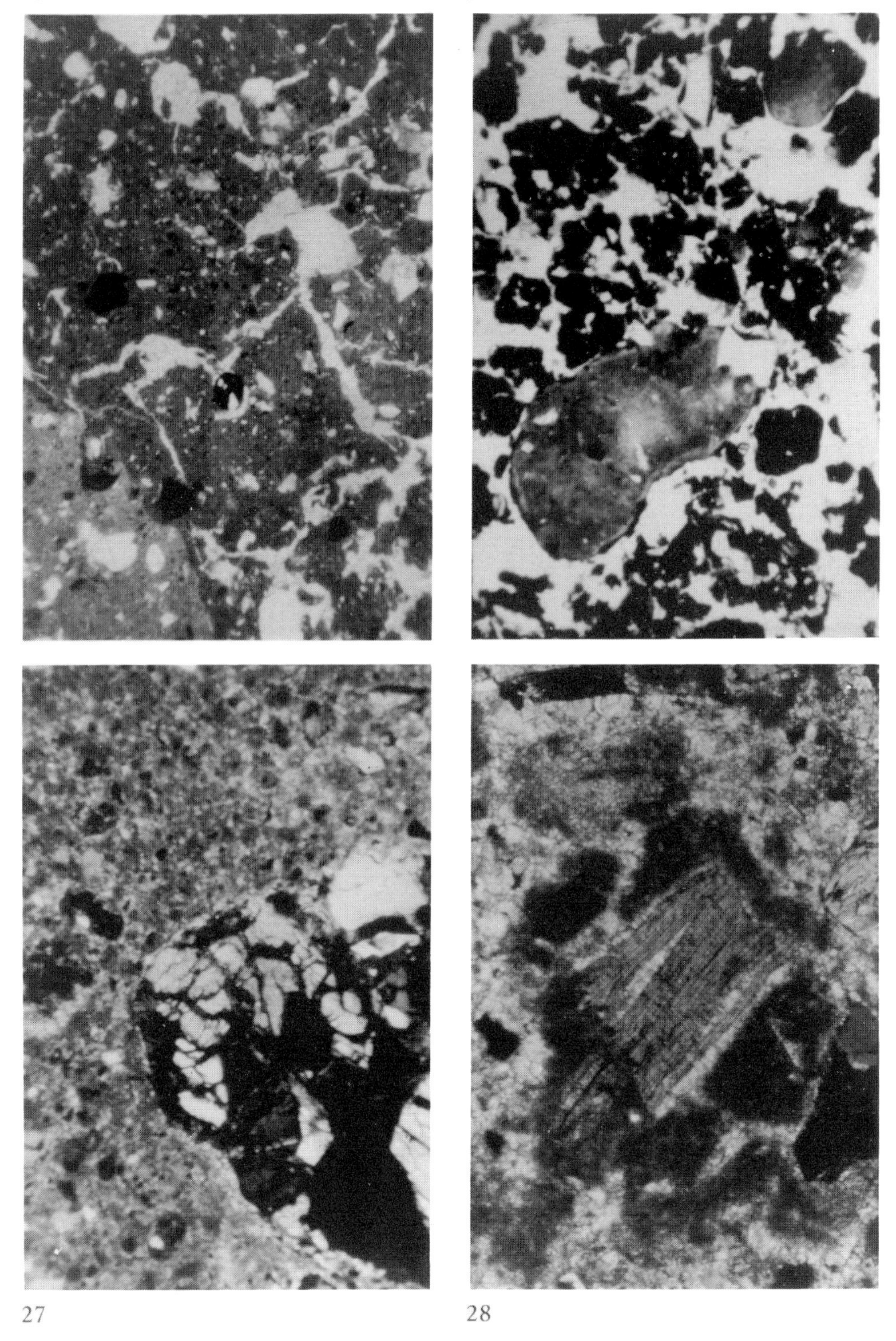

Fotos IX

Band IX

*Heft 1 S c o f i e l d, Edna: Landschaften am Kurischen Haff. 1938.

*Heft 2 F r o m m e, Karl: Die nordgermanische Kolonisation im atlantisch-polaren Raum. Studien zur Frage der nördlichen Siedlungsgrenze in Norwegen und Island. 1938.

*Heft 3 S c h i l l i n g, Elisabeth: Die schwimmenden Gärten von Xochimilco. Ein einzigartiges Beispiel altindianischer Landgewinnung in Mexiko. 1939.

*Heft 4 W e n z e l, Hermann: Landschaftsentwicklung im Spiegel der Flurnamen. Arbeitsergebnisse aus der mittelschleswiger Geest. 1939.

*Heft 5 R i e g e r, Georg: Auswirkungen der Gründerzeit im Landschaftsbild der norderdithmarscher Geest. 1939.

Band X

*Heft 1 W o l f, Albert: Kolonisation der Finnen an der Nordgrenze ihres Lebensraumes. 1939.

*Heft 2 G o o ß, Irmgard: Die Moorkolonien im Eidergebiet. Kulturelle Angleichung eines Ödlandes an die umgebende Geest. 1940.

*Heft 3 M a u, Lotte: Stockholm. Planung und Gestaltung der schwedischen Hauptstadt. 1940.

*Heft 4 R i e s e, Gertrud: Märkte und Stadtentwiklung am nordfriesichen Geestrand. 1940.

Band XI

*Heft 1 W i l h e l m y, Herbert: Die deutschen Siedlungen in Mittelparaguay. 1941.

*Heft 2 K o e p p e n, Dorothea: Der Agro Pontino-Romano. Eine moderne Kulturlandschaft. 1941.

*Heft 3 P r ü g e l, Heinrich: Die Sturmflutschäden an der schleswig-holsteinischen Westküste in ihrer meteorologischen und morphologischen Abhängigkeit. 1942.

*Heft 4 I s e r n h a g e n, Catharina: Totternhoe. Das Flurbild eines angelsächsischen Dorfes in der Grafschaft Bedfordshire in Mittelengland. 1942.

*Heft 5 B u s e, Karla: Stadt und Gemarkung Debrezin. Siedlungsraum von Bürgern, Bauern und Hirten im ungarischen Tiefland. 1942.

Band XII

*B a r t z, Fritz: Fischgründe und Fischereiwirtschaft an der Westküste Nordamerikas. Werdegang, Lebens- und Siedlungsformen eines jungen Wirtschaftsraumes. 1942.

Band XIII

*Heft 1 T o a s p e r n, Paul Adolf: Die Einwirkungen des Nord-Ostsee-Kanals auf die Siedlungen und Gemarkungen seines Zerschneidungsbereichs. 1950.

*Heft 2 V o i g t, Hans: Die Veränderung der Großstadt Kiel durch den Luftkrieg. Eine siedlungs- und wirtschaftsgeographische Untersuchung. 1950. (Gleichzeitig erschienen in der Schriftenreihe der Stadt Kiel, herausgegeben von der Stadtverwaltung.)

*Heft 3 M a r q u a r d t, Günther: Die Schleswig-Holsteinische Knicklandschaft. 1950.

*Heft 4 S c h o t t, Carl: Die Westküste Schleswig-Holsteins. Probleme der Küstensenkung. 1950.

Band XIV

*Heft 1 K a n n e n b e r g, Ernst-Günter: Die Steilufer der Schleswig-Holsteinischen Ostseeküste. Probleme der marinen und klimatischen Abtragung. 1951.

*Heft 2 L e i s t e r, Ingeborg: Rittersitz und adliges Gut in Holstein und Schleswig. 1952. (Gleichzeitig erschienen als Band 64 der Forschungen zur deutschen Landeskunde.)

Heft 3 R e h d e r s, Lenchen: Probsteierhagen, Fiefbergen und Gut Salzau: 1945-1950. Wandlungen dreier ländlicher Siedlungen in Schleswig-Holstein durch den Flüchtlingszustrom. 1953. X, 96 S., 29 Fig. im Text, 4 Abb. 5.00 DM

*Heft 4 B r ü g g e m a n n, Günter. Die holsteinische Baumschulenlandschaft. 1953.

Sonderband

*S c h o t t, Carl (Hrsg.): Beiträge zur Landeskunde von Schleswig-Holstein. Oskar Schmieder zum 60.Geburtstag. 1953. (Erschienen im Verlag Ferdinand Hirt, Kiel.)

Band XV

*Heft 1 L a u e r, Wilhelm: Formen des Feldbaus im semiariden Spanien. Dargestellt am Beispiel der Mancha. 1954.

*Heft 2 S c h o t t, Carl: Die kanadischen Marschen. 1955.

*Heft 3 J o h a n n e s, Egon: Entwicklung, Funktionswandel und Bedeutung städtischer Kleingärten. Dargestellt am Beispiel der Städte Kiel, Hamburg und Bremen. 1955.

*Heft 4 R u s t, Gerhard: Die Teichwirtschaft Schleswig-Holsteins. 1956.

Band XVI

*Heft 1 L a u e r, Wilhelm: Vegetation, Landnutzung und Agrarpotential in El Salvador (Zentralamerika). 1956.

*Heft 2 S i d d i q i, Mohamed Ismail: The Fishermen's Settlements on the Coast of West Pakistan. 1956.

*Heft 3 B l u m e, Helmut: Die Entwicklung der Kulturlandschaft des Mississippideltas in kolonialer Zeit. 1956.

Band XVII

*Heft 1 W i n t e r b e r g, Arnold: Das Bourtanger Moor. Die Entwicklung des gegenwärtigen Landschaftbildes und die Ursachen seiner Verschiedenheit beiderseits der deutsch-holländischen Grenze. 1957.

*Heft 2 N e r n h e i m, Klaus: Der Eckernförder Wirtschaftsraum. Wirtschaftsgeographische Strukturwandlungen einer Kleinstadt und ihres Umlandes unter besonderer Berücksichtigung der Gegenwart. 1958.

*Heft 3 H a n n e s e n, Hans: Die Agrarlandschaft der schleswig-holsteinischen Geest und ihre neuzeitliche Entwicklung. 1959.

Band XVIII

Heft 1 H i l b i g, Günter: Die Entwicklung der Wirtschafts- und Sozialstruktur der Insel Oléron und ihr Einfluß auf das Landschaftsbild. 1959. 178 S., 32 Fig. im Text und 15 S. Bildanhang. 9.20 DM

Heft 2 S t e w i g, Reinhard: Dublin. Funktionen und Entwicklung. 1959. 254 S. und 40 Abb. 10.50 DM

Heft 3 D w a r s, Friedrich W.: Beiträge zur Glazial- und Postglazialgeschichte Südostrügens. 1960. 106 S., 12 Fig. im Text und 6 S. Bildanhang. 4.80 DM

Band XIX

Heft 1 H a n e f e l d, Horst: Die glaziale Umgestaltung der Schichtstufenlandschaft am Nordrand der Alleghenies. 1960. 183 S., 31 Abb. und 6 Tab. 8.30 DM

*Heft 2 A l a l u f, David: Problemas de la propiedad agricola en Chile. 1961.

*Heft 3 S a n d n e r, Gerhard: Agrarkolonisation in Costa Rica. Siedlung, Wirtschaft und Sozialgefüge an der Pioniergrenze. 1961. (Erschienen bei Schmidt & Klaunig, Kiel, Buchdruckerei und Verlag.)

Band XX

*L a u e r, Wilhelm (Hrsg.): Beiträge zur Geographie der Neuen Welt. Oskar Schmieder zum 70.Geburtstag. 1961.

Band XXI

*Heft 1 S t e i n i g e r, Alfred: Die Stadt Rendsburg und ihr Einzugsbereich. 1962.

Heft 2 B r i l l, Dieter: Baton Rouge, La. Aufstieg, Funktionen und Gestalt einer jungen Großstadt des neuen Industriegebiets am unteren Mississippi. 1963. 288 S., 39 Karten, 40 Abb.im Anhang. 12.00 DM

*Heft 3 D i e k m a n n, Sibylle: Die Ferienhaussiedlungen Schleswig-Holsteins. Eine siedlungs- und sozialgeographische Studie. 1964.

Band XXII

*Heft 1 E r i k s e n, Wolfgang: Beiträge zum Stadtklima von Kiel. Witterungsklimatische Untersuchungen im Raume Kiel und Hinweise auf eine mögliche Anwendung der Erkenntnisse in der Stadtplanung. 1964.

*Heft 2 S t e w i g, Reinhard: Byzanz - Konstantinopel - Istanbul. Ein Beitrag zum Weltstadtproblem. 1964.

*Heft 3 B o n s e n, Uwe: Die Entwicklung des Siedlungsbildes und der Agrarstruktur der Landschaft Schwansen vom Mittelalter bis zur Gegenwart. 1966.

Band XXIII

*S a n d n e r, Gerhard (Hrsg.): Kulturraumprobleme aus Ostmitteleuropa und Asien. Herbert Schlenger zum 60.Geburtstag. 1964.

Band XXIV

Heft 1 W e n k, Hans-Günther: Die Geschichte der Geographie und der Geographischen Landesforschung an der Universität Kiel von 1665 bis 1879. 1966. 252 S., mit 7 ganzstg. Abb. 14.00 DM

Heft 2 B r o n g e r, Arnt: Lösse, ihre Verbraunungszonen und fossilen Böden, ein Beitrag zur Stratigraphie des oberen Pleistozäns in Südbaden. 1966. 98 S., 4 Abb. und 37 Tab. im Text, 8 S. Bildanhang und 3 Faltkarten. 9.00 DM

*Heft 3 K l u g, Heinz: Morphologische Studien auf den Kanarischen Inseln. Beiträge zur Küstenentwicklung und Talbildung auf einem vulkanischen Archipel. 1968. (Erschienen bei Schmidt & Klaunig, Kiel, Buchdruckerei und Verlag.)

Band XXV

*W e i g a n d, Karl: I. Stadt-Umlandverflechtungen und Einzugsbereiche der Grenzstadt Flensburg und anderer zentraler Orte im nördlichen Landesteil Schleswig. II. Flensburg als zentraler Ort im grenzüberschreitenden Reiseverkehr. 1966.

Band XXVI

*Heft 1 B e s c h, Hans-Werner: Geographische Aspekte bei der Einführung von Dörfergemeinschaftsschulen in Schleswig-Holstein. 1966.

*Heft 2 K a u f m a n n, Gerhard: Probleme des Strukturwandels in ländlichen Siedlungen Schleswig-Holsteins, dargestellt an ausgewählten Beispielen aus Ostholstein und dem Programm-Nord-Gebiet. 1967.

Heft 3 O l b r ü c k, Günter: Untersuchung der Schauertätigkeit im Raume Schleswig-Holstein in Abhängigkeit von der Orographie mit Hilfe des Radargeräts. 1967. 172 S., 5 Aufn., 65 Karten, 18 Fig. und 10 Tab. im Text, 10 Tab. im Anhang. 12.00 DM

Band XXVII

Heft 1 B u c h h o f e r, Ekkehard: Die Bevölkerungsentwicklung in den polnisch verwalteten deutschen Ostgebieten von 1956-1965. 1967. 282 S., 22 Abb., 63 Tab. im Text, 3 Tab., 12 Karten und 1 Klappkarte im Anhang. 16.00 DM

Heft 2 R e t z l a f f, Christine: Kulturgeographische Wandlungen in der Maremma. Unter besonderer Berücksichtigung der italienischen Bodenreform nach dem Zweiten Weltkrieg. 1967. 204 S., 35 Fig. und 25 Tab. 15.00 DM

Heft 3 B a c h m a n n, Henning: Der Fährverkehr in Nordeuropa - eine verkehrsgeographische Untersuchung. 1968. 276 S., 129 Abb. im Text, 67 Abb. im Anhang. 25.00 DM

Band XXVIII

*Heft 1 W o l c k e. Irmtraud-Dietlinde: Die Entwicklung der Bochumer Innenstadt. 1968.

*Heft 2 W e n k, Ursula: Die zentralen Orte an der Westküste Schleswig-Holsteins unter besonderer Berücksichtigung der zentralen Orte niederen Grades. Neues Material über ein wichtiges Teilgebiet des Programm Nord. 1968.

*Heft 3 W i e b e, Dietrich: Industrieansiedlungen in ländlichen Gebieten, dargestellt am Beispiel der Gemeinden Wahlstedt und Trappenkamp im Kreis Segeberg. 1968.

Band XXIX

Heft 1 V o r n d r a n, Gerhard: Untersuchungen zur Aktivität der Gletscher, dargestellt an Beispielen aus der Silvrettagruppe. 1968. 134 S., 29 Abb. im Text, 16 Tab. und 4 Bilder im Anhang. 12.00 DM

Heft 2 H o r m a n n, Klaus: Rechenprogramme zur morphometrischen Kartenauswertung. 1968. 154 S., 11 Fig. im Text und 22 Tab. im Anhang. 12.00 DM

Heft 3 V o r n d r a n, Edda: Untersuchungen über Schuttentstehung und Ablagerungsformen in der Hochregion der Silvretta (Ostalpen). 1969. 137 S., 15 Abb. und 32 Tab. im Text, 3 Tab. und 3 Klappkarten im Anhang. 12.00 DM

Band 30

*S c h l e n g e r, Herbert, Karlheinz P a f f e n, Reinhard S t e w i g (Hrsg.): Schleswig-Holstein, ein geographisch-landeskundlicher Exkursionsführer. 1969. Festschrift zum 33.Deutschen Geographentag Kiel 1969. (Erschienen im Verlag Ferdinand Hirt, Kiel; 2.Auflage, Kiel 1970.)

Band 31

M o m s e n, Ingwer Ernst: Die Bevölkerung der Stadt Husum von 1769 bis 1860. Versuch einer historischen Sozialgeographie. 1969. 420 S., 33 Abb. und 78 Tab. im Text, 15 Tab. im Anhang. 24.00 DM

Band 32

S t e w i g, Reinhard: Bursa, Nordwestanatolien. Strukturwandel einer orientalischen Stadt unter dem Einfluß der Industrialisierung. 1970. 177 S., 3 Tab., 39 Karten, 23 Diagramme und 30 Bilder im Anhang. 18.00 DM

Band 33

T r e t e r, Uwe: Untersuchungen zum Jahresgang der Bodenfeuchte in Abhängigkeit von Niederschlägen, topographischer Situation und Bodenbedeckung an ausgewählten Punkten in den Hüttener Bergen/Schleswig-Holstein. 1970. 144 S., 22 Abb., 3 Karten und 26 Tab. 15.00 DM

Band 34

*K i l l i s c h, Winfried F.: Die oldenburgisch-ostfriesischen Geestrandstädte. Entwicklung, Struktur, zentralörtliche Bereichsgliederung und innere Differenzierung. 1970.

Band 35

R i e d e l, Uwe: Der Fremdenverkehr auf den Kanarischen Inseln. Eine geographische Untersuchung. 1971. 314 S., 64 Tab., 58 Abb. im Text und 8 Bilder im Anhang. 24.00 DM

Band 36

H o r m a n n, Klaus: Morphometrie der Erdoberfläche. 1971. 189 S., 42 Fig., 14 Tab. im Text. 20.00 DM

Band 37

S t e w i g, Reinhard (Hrsg.): Beiträge zur geographischen Landeskunde und Regionalforschung in Schleswig-Holstein. 1971. Oskar Schmieder zum 80.Geburtstag. 338 S., 64 Abb., 48 Tab. und Tafeln. 28.00 DM

Band 38

S t e w i g, Reinhard und Horst-Günter W a g n e r (Hrsg.): Kulturgeographische Untersuchungen im islamischen Orient. 1973. 240 S., 45 Abb., 21 Tab. und 33 Photos. 29.50 DM

Band 39

K l u g, Heinz (Hrsg.): Beiträge zur Geographie der mittelatlantischen Inseln. 1973. 208 S., 26 Abb., 27 Tab. und 11 Karten. 32.00 DM

Band 40

S c h m i e d e r, Oskar: Lebenserinnerungen und Tagebuchblätter eines Geographen. 1972. 181 S., 24 Bilder, 3 Faksimiles und 3 Karten. 42.00 DM

Band 41

K i l l i s c h, Winfried F. und Harald T h o m s: Zum Gegenstand einer interdisziplinären Sozialraumbeziehungsforschung. 1973. 56 S., 1 Abb. 7.50 DM

Band 42

N e w i g, Jürgen: Die Entwicklung von Fremdenverkehr und Freizeitwohnwesen in ihren Auswirkungen auf Bad und Stadt Westerland auf Sylt. 1974. 222 S., 30 Tab., 14 Diagramme, 20 kartographische Darstellungen und 13 Photos. 31.00 DM

Band 43

*K i l l i s c h, Winfried F.: Stadtsanierung Kiel-Gaarden. Vorbereitende Untersuchung zur Durchführung von Erneuerungsmaßnahmen. 1975.

Kieler Geographische Schriften

Band 44, 1976 ff.

Band 44

K o r t u m, Gerhard: Die Marvdasht-Ebene in Fars. Grundlagen und Entwicklung einer alten iranischen Bewässerungslandschaft. 1976. XI, 297 S., 33 Tab., 20 Abb. 38.50 DM

Band 45

B r o n g e r, Arnt: Zur quartären Klima- und Landschaftsentwicklung des Karpatenbeckens auf (paläo-) pedologischer und bodengeographischer Grundlage. 1976. XIV, 268 S., 10 Tab., 13 Abb. und 24 Bilder. 45.00 DM

Band 46

B u c h h o f e r, Ekkehard: Strukturwandel des Oberschlesischen Industriereviers unter den Bedingungen einer sozialistischen Wirtschaftsordnung. 1976. X, 236 S., 21 Tab. und 6 Abb., 4 Tab und 2 Karten im Anhang. 32.50 DM

Band 47

W e i g a n d, Karl: Chicano - Wanderarbeiter in Südtexas. Die gegenwärtige Situation der Spanisch sprechenden Bevölkerung dieses Raumes. 1977. IX, 100 S., 24 Tab. und 9 Abb., 4 Abb. im Anhang. 15.70 DM

Band 48

W i e b e, Dietrich: Stadtstruktur und kulturgeographischer Wandel in Kandahar und Südafghanistan. 1978. XIV, 326 S., 33 Tab., 25 Abb. und 16 Photos im Anhang. 36.50 DM

Band 49

K i l l i s c h, Winfried F.: Räumliche Mobilität - Grundlegung einer allgemeinen Theorie der räumlichen Mobilität und Analyse des Mobilitätsverhaltens der Bevölkerung in den Kieler Sanierungsgebieten. 1979. XII, 208 S., 30 Tab. und 39. Abb., 30 Tab. im Anhang. 24.60 DM

Band 50

P a f f e n, Karlheinz und Reinhard S t e w i g (Hrsg.): Die Geographie an der Christian-Albrechts-Universität 1879-1979. Festschrift aus Anlaß der Einrichtung des ersten Lehrstuhles für Geographie am 12. Juli 1879 an der Universität Kiel. 1979. VI, 510 S., 19 Tab. und 58 Abb. 38.00 DM

Band 51

S t e w i g, Reinhard, Erol T ü m e r t e k i n, Bedriye T o l u n, Ruhi T u r f a n, Dietrich W i e b e und Mitarbeiter: Bursa, Nordwestanatolien. Auswirkungen der Industrialisierung auf die Bevölkerungs- und Sozialstruktur einer Industriegroßstadt im Orient. Teil 1. 1980. XXVI, 335 S., 253 Tab. und 19 Abb. 32.00 DM

Band 52

B ä h r, Jürgen und Reinhard S t e w i g (Hrsg.): Beiträge zur Theorie und Methode der Länderkunde. Oskar Schmieder (27. Januar 1891 - 12. Februar 1980) zum Gedenken. 1981. VIII, 64 S., 4 Tab. und 3 Abb. 11.00 DM

Band 53

M ü l l e r, Heidulf E.: Vergleichende Untersuchungen zur hydrochemischen Dynamik von Seen im Schleswig-Holsteinischen Jungmoränengebiet. 1981. XI, 208 S., 16 Tab., 61 Abb. und 14 Karten im Anhang. 25.00 DM

Band 54

A c h e n b a c h, Hermann: Nationale und regionale Entwicklungsmerkmale des Bevölkerungsprozesses in Italien. 1981. IX, 114 S., 36 Fig. 16.00 DM

Band 55

D e g e, Eckart: Entwicklungsdisparitäten der Agrarregionen Südkoreas. 1982. XXII, 332 S., 50 Tab., 44 Abb. und 8 Photos im Textband sowie 19 Kartenbeilagen in separater Mappe. 49.00 DM

Band 56

B o b r o w s k i, Ulrike: Pflanzengeographische Untersuchungen der Vegetation des Bornhöveder Seengebiets auf quantitativ-soziologischer Basis. 1982, XIV, 175 S., 65 Tab., 19 Abb. 23.00 DM

Band 57

S t e w i g, Reinhard (Hrsg.): Untersuchungen über die Großstadt in Schleswig-Holstein. 1983. X, 194 S., 46 Tab., 38 Diagr. und 10 Abb. 24.00 DM

Band 58

B ä h r, Jürgen (Hrsg.): Kiel 1879-1979. Entwicklung von Stadt und Umland im Bild der Topographischen Karte 1 : 25 000. Zum 32. Deutschen Kartographentag vom 11.-14. Mai 1983 in Kiel. 1983. III, 192 S., 21 Tab., 38 Abb. mit 2 Kartenblättern in Anlage. ISBN 3-923887-00-0. 28.00 DM

Band 59

G a n s, Paul: Raumzeitliche Eigenschaften und Verflechtungen innerstädtischer Wanderungen in Ludwigshafen/Rhein zwischen 1971 und 1978. Eine empirische Analyse mit Hilfe des Entropiekonzeptes und der Informationsstatistik. 1983. XII, 226 S., 45 Tab., 41 Abb. ISBN 3-923887-01-9. 30.00 DM

Band 60

P a f f e n †, Karlheinz und K o r t u m, Gerhard: Die Geographie des Meeres. Disziplingeschichtliche Entwicklung seit 1650 und heutiger methodischer Stand. 1984. XIV, 293 Seiten, 25 Abb. ISBN 3-923887-02-7. 36.00 DM

Band 61

*B a r t e l s †, Dietrich u.a.: Lebensraum Norddeutschland. 1984. IX, 139 Seiten, 23 Tabellen und 21 Karten. ISBN 3-923887-03-5. 22.00DM

Band 62

K l u g, Heinz (Hrsg.): Küste und Meeresboden. Neue Ergebnisse geomorphologischer Feldforschungen. 1985. V, 214 Seiten, 66 Abb., 45 Fotos, 10 Tabellen. ISBN 3-923887-04-3. 39.00 DM

Band 63

K o r t u m, Gerhard: Zuckerrübenanbau und Entwicklung ländlicher Wirtschaftsräume in der Türkei. Ausbreitung und Auswirkung einer Industriepflanze unter besonderer Berücksichtigung des Bezirks Beypazari (Provinz Ankara). 1986. XVI, 392 Seiten, 36 Tab., 47 Abb. und 8 Fotos im Anhang. ISBN 3-923887-05-1. 45.00 DM

Band 64

F r ä n z l e, Otto (Hrsg.): Geoökologische Umweltbewertung. Wissenschaftstheoretische und methodische Beiträge zur Analyse und Planung. 1986. VI, 130 Seiten, 26 Tab., 30 Abb. ISBN 3-923887-06-X. 24.00 DM

Band 65

S t e w i g, Reinhard: Bursa, Nordwestanatolien. Auswirkungen der Industrialisierung auf die Bevölkerungs- und Sozialstruktur einer Industriegroßstadt im Orient. Teil 2. 1986. XVI, 222 Seiten. 71 Tab., 7 Abb. und 20 Fotos. ISBN 3-923887-07-8. 37.00 DM

Band 66

S t e w i g, Reinhard (Hrsg.): Untersuchungen über die Kleinstadt in SchleswigHolstein. 1987. VI, 370 Seiten, 38 Tab., 11 Diagr. und 84 Karten. ISBN 3-923887-08-6. 48.00 DM

Band 67

A c h e n b a c h, Hermann: Historische Wirtschaftskarte des östlichen Schleswig-Holstein um 1850. 1988. XII, 277 Seiten, 38 Tab., 34 Abb., Textband und Kartenmappe. ISBN 3-923887-09-4. 67.00 DM

Band 68

B ä h r, Jürgen (Hrsg.): Wohnen in lateinamerikanischen Städten - Housing in Latin American cities. 1988. IX, 299 Seiten, 64 Tab., 71 Abb. und 21 Fotos.
ISBN 3-923887-10-8. 44.00 DM

Band 69

B a u d i s s i n - Z i n z e n d o r f, Ute Gräfin von: Freizeitverkehr an der Lübecker Bucht. Eine gruppen- und regionsspezifische Analyse der Nachfrageseite. 1988. XII, 350 Seiten, 50 Tab., 40 Abb. und 4 Abb. im Anhang.
ISBN 3-923887-11-6. 32.00 DM

Band 70

H ä r t l i n g, Andrea: Regionalpolitische Maßnahmen in Schweden. Analyse und Bewertung ihrer Auswirkungen auf die strukturschwachen peripheren Landesteile. 1988. IV, 341 Seiten, 50 Tab., 8 Abb. und 16 Karten.
ISBN 3-923887-12-4. 30.60 DM

Band 71

P e z, Peter: Sonderkulturen im Umland von Hamburg. Eine standortanalytische Untersuchung. 1989. XII, 190 Seiten, 27 Tab. und 35 Abb.
ISBN 3-923887-13-2. 22.20 DM

Band 72

K r u s e, Elfriede: Die Holzveredelungsindustrie in Finnland. Struktur- und Standortmerkmale von 1850 bis zur Gegenwart. 1989. X, 123 Seiten, 30 Tab., 26 Abb. und 9 Karten.
ISBN 3-923887-14-0. 24.60 DM

Band 73

B ä h r, Jürgen, Christoph C o r v e s & Wolfram N o o d t (Hrsg.): Die Bedrohung tropischer Wälder: Ursachen, Auswirkungen, Schutzkonzepte. 1989. Im Druck.
ISBN 3-923887-15-9.

Band 74

B r u h n, Norbert: Substratgenese - Rumpfflächendynamik. Bodenbildung und Tiefenverwitterung in saprolitisch zersetzten granitischen Gneisen aus Südindien. 1990. IV, 191 Seiten, 35 Tab., 31 Abb. und 28 Fotos.
ISBN 3-923887-16-7. 22.70 DM